ハードウェアハッカー
新しいモノをつくる破壊と創造の冒険

The Hardware HACKER

ADVENTURES IN MAKING & BREAKING HARDWARE

アンドリュー"バニー"ファン
高須正和=訳 山形浩生=監訳

no starch press

技術評論社

Copyright © 2017 Andrew "bunnie" Huang.
Title of English-language original: The Hardware Hacker: Adventures in Making and Breaking Hardware,
ISBN 978-1-59327-758-1, published by No Starch Press.
Japanese-language edition copyright © 2018 by Gijutsu Hyoronsha. All rights reserved.

Japanese translation rights arranged with No Starch Press, Inc., San Francisco, California
through Tuttle-Mori Agency, Inc., Tokyo.

The images on the following pages are reproduced with permission: pages 92-94 © David Cranor;
page 153 © m ss ng p eces;
pages 246, 257-258 © Scott Torborg;
page 277 © Joachim Strombergson;
pages 283(bottom) and 284-285 © Jie Qi;
page 286 (top) © Chibitronics;
page 343 © Nadya Peek;
page 360 (top) from Eva Yus et al.,
"Impact of Genome Reduction on Bacterial Metabolism and Its Regulation,"
Science 326, no. 5957 (2009), reprinted with permission from AAAS;
page 363 © Sakurambo, used under CC BY-SA 3.0.

The interviews on the following pages were originally published online and are reproduced with permission:
pages 220-233, originally published as "MAKE's Exclusive Interview with Andrew (bunnie) Huang
— The End of Chumby, New" by Phillip Torrone in Make: (April 30, 2012),
http://makezine.com/2012/04/30/makes-exclusive-interview-with-andrew-bunnie-huang-the-end-of-chumby-new-adventures/;
pages 389-402, originally published in Chinese as "Andrew "bunnie" Huang：开源硬件、创客与硬件黑客"
in China Software Developer Network (July 3, 2013),
http://www.csdn.net/article/2013-07-03/2816095;
pages 402-411, originally published as "The Blueprint Talks to Andrew Huang" in The Blueprint
(May 15,2014),
https://theblueprint.com/stories/andrew-huang/.

To all the wonderful, patient, and accepting people
who have supported this eccentric hacker

この奇妙なハッカーを助けてくれた、
忍耐強く、素晴らしい人々に

『ハードウェアハッカー』への推薦

バニーの語るハードウェアの話は、君がどれだけ深く聴いていっても、何の秘密もない。最も重要な部分さえシリコンやヒューズで説明される。バニーの世界にはミステリーはなく、単に調べてないことがあるだけだ。これは心の目でのぞき込んだものだ。

　　　　　　　　　　　——**エドワード・スノーデン**(Wikileaks)

この旅は、多くの天才的なキャリアを持つハッカーたちのコミュニティを1つにまとめたようなものだ。実際的で、理論的で、哲学的で、そしてしばしば心を動かされる。

　　　　　　　　　　　——**コリイ・ドクトロウ**
　　　　　　　　（サイバー小説『Little Brother』ほかの作者であり、技術についてのアクティビスト）

バニーはPCBとハンダが出会うハードウェアの世界で生きている。彼は僕が会った中で最も優れたハードウェアのエコシステムに関する先生で、さらに実際の経験を持っている。僕は何人もその世界の人間たちを知っている。彼が自分の経験をハッカーという視点から捉えて描き上げたこの本は、ハードウェアの前衛的で進歩的な世界を理解し、働こうとするだれにとっても、バイブルになるだろう。

　　　　　　　　　　　——**伊藤穰一**(MIT Media Lab)

バニーはハードウェアのハッキングについて現在最高のツアーガイドだ。モノが本当の意味でどう作られたかについての崇高な技に目を向けている。この『ハードウェアハッカー』は読者を工場の世界への旅に——我々が製造し、買っているモノを作っている世界に——技術的にも倫理的にも誘ってくれる。

　　　　　　　　　　　——**リモア"レディ・エイダ"フリード**
　　　　　　　　　　（エイダフルーツ・インダストリー創業者&エンジニア）

僕らの日々を支えているデバイスがどのように生まれるのか興味があるなら、または自分自身のプロジェクトを製造したいなら、この本はすばらしくできている。バニーの説明する中国の製造プロセスの内外は、非常に楽しみで刺激的な読書体験だ。

——**ミッチ・アルトマン**
（TV-B-GONE（訳注　さまざまなリモコンに対応した信号を出し、周辺のテレビを消してしまうガジェット）の発明者）

この『ハードウェアハッカー』は、中国の製造業カルチャーを理解する基礎であり、何千個ものモノを作る方法、そしてなぜオープンハードウェアがうまく働くかを示すものだ。

——**Hackaday**

問題解決をしているすべての人が、この本から多くのことを学べる

高須正和

この『ハードウェアハッカー』はすごい本だ。

・中国経済がいま躍進し、日本企業の多くが停滞している理由
・これからイノベーターになるためにまず何が必要なのか？
・社会がイノベーションを育むためには何をしていけばいいのか？
・自分の手で成功する製品を作るためにはどういうことが必要なのか？

などを、豊富な実体験と知識をもとに明確に書き記している。
　著者のアンドリュー"バニー"ファンは、世界的に有名なハードウェアハッキングの第一人者だ。とはいえ、「世界のハッカー界」は狭くて小さい世界なので、本書を手に取る人のほとんどとは縁がないだろう。なので、まえがきとして本書のバックグラウンドについて少し説明する。

社会制度は、研究開発の自由に影響し、
イノベーションを促進したり阻害したりする

　革新的な技術、たとえば自動車のような技術は、社会を丸ごとアップデートして進化し、それまでの良い・悪いのモノサシも変えてしまう。ロケットがミサイルにも宇宙探査にも使えるように、どの技術も犯罪利用される可能性がある。だが、もはや自動車事故や自動車犯罪を理由に自動車を社会から追い出すわけにはいかないように、新しい技術ほど可能性をきちんと見据える必要がある。

　この手の話ではたいてい、技術にくわしいエンジニア、つまりハッカーたちが可能性に注目し、法律家たちが既存の社会のモノサシで新しい技術やサービスを押し込め、規制しようとする。コンピュータ社会をリードしてきたアメリカは、新しい技術が出てくるたびに、法的にどう扱うかについても試行錯誤を積み重ねてきた。2000年ごろから「デジタルミレニアム著作権法」(DMCA)という法律をめぐってハッカーと法律家の間で論争があった。デジタルミレニアム著作権法は、暗号化されたファイルの解読や、買ってきたハードウェアの中を開けること、つまり「調べること」を禁止する法律だ。コピーガードを破って映画や音楽を勝手に流通させる海賊行為には、大多数のエンジニアたちも反対している。だが、暗号について調べることそのものが禁止されると、普段の開発行為が結果として犯罪を招くことになるリスクが上がるし、社会全体の技術発展が阻害される。

　MITでエレクトロニクスを学び、Ph.Dを取得した著者バニーは、法律に違反しない形で技術的にさまざまなハックを成功させることで、エンジニアの立場から社会に警鐘を鳴らし、最初の著書『Hacking a Xbox』や彼のブログなどで、より深く考える機会を提供してきた。エドワード・スノーデンやコリイ・ドクトロウといった、エンジニアではないが技術的な立場から社会を考える人たちが本書を推薦しているが、それはそういう理由だ。

自分の手で新しいものを作るハードウェアベンチャーの
難しさと可能性を体現

　バニーは2005年からChumbyというハードウェアベンチャーに参画し、chumby Classicとchumby One（本書では、Chumbyと表記するとChumby社、

chumbyと表記していると製品chumbyを指している）という2つの製品を世に送り出した。chumbyはネットに常時接続され、いつも電源が入っていてTwitterやニュースなどを見れる端末だ。iPhoneより先に発表された、今でいうスマートフォンやその他IoTの先駆けみたいな製品といえる。オープンソースでだれもがアプリを作れ、ストアで売れるエコシステムも備えていた。しかもchumbyは、アメリカ人の少人数ハードウェアスタートアップが、深圳のサプライチェーンを使って製造した製品だった。

先例がない中で、中国でのモノづくりを成功させたChumby。しかし、iPhoneと違ってchumbyは大きな流れにならなかった。chumbyとiPhoneを分けたものは何で、後から思い返せばどこに問題があったのか。マーケティングや企業戦略を含めた、そのプロセスや分析も本書では詳細に語られている。

また、バニーは自分自身でその経験を生かしてNovenaというオープンソースのラップトッププロジェクトでもクラウドファンディングを成功させ、さらに、Chibitronicsというスタートアップで会社そのものを成功させて今も活動している。

Facebookの創業ストーリー映画『ソーシャル・ネットワーク』やアメリカのTVシリーズ『シリコンバレー』ほか、さまざまなスタートアップについて語られているドキュメンタリーやフィクションはあるが、そこに実際のプログラミングをしているシーン、具体的に何をどうやって開発していたかは、ほとんど出てこない。それらに比べて、この本は手を動かす記述に満ちている。

こうしたシリコンバレーものの映画やテレビドラマでは、スタートアップが資金調達にまつわる人間関係トラブルで混乱していく様がよく語られる。それは事実よく見られるケースだ。バニーは彼の経験から、資金調達に頼らずサステイナブルに成長させるスタートアップを作り上げている。

技術だけでなくプロダクト企画、会社の成長、顧客とのコミュニティの作り方、そうしたすべてが本書に詰まっている。さまざまな失敗と成功、その知見はあらゆる企業に応用可能なものだ。

MITの「深圳の男」が語る、イノベーションに向いた社会制度

バニーは、MITでは「深圳の男」とされ、Little bitsほかいくつものMIT製品

の量産をサポートしている。サンフランシスコ出身で深圳にラボを置く世界最初のハードウェア・アクセラレータHAXでも、メンターを務めている。スタートアップのハードウェア製造については世界でも第一人者といえる。彼は2014年に伊藤穰一ほかMITの研究者たちに中国の深圳を案内している。

　今でこそ世界のイノベーション中心地の1つとされる深圳だが、その実態を正確に把握してる人は極めて少ない。彼が自ら体験した深圳の様子はその後の発展を見事に予見していて、その意味で本書は「深圳に学ぶ・深圳を学ぶ」ための最高の教科書になるだろう。深圳でおこなわれているモノづくりが、どのような経済活動やプレイヤー、モチベーションや社会構造の元におこなわれているかを、本書は詳細にレポートしてくれる。さらに、そのエコシステムを自分なりに活用する方法も。

　技術の発展を促進しようとすると、補助金を使った大規模な開発プロジェクトが想起される。スーパーコンピュータの開発やアポロ計画などだ。だが、それ以上に重要なのが、「今の社会を変えることを阻害せず、むしろ促進するための社会の仕組み」だ。世界のイノベーションを牽引していると言われるアメリカ／シリコンバレーも中国／深圳も、「新しいことをする」自由が大きく確保されている場所であり、それによって自由闊達な発展と多様なプレイヤーが生まれ、彼らがもたらす膨大な試行錯誤の積み重ねが発展のためにいかに重要かを本書は伝えてくれる。その意味では、イノベーションを生む当人だけでなく、サポートする立場の人にとっても貴重な本だろう。

これからの人間の仕事は「その人しかやりたがらないものを作る」こと、そのためにはハッカー精神が必要だ

　DIY雑誌の代名詞、アメリカの『Make:Magazine』初代編集長のマーク・フラウエンフェルダーは、DIYをする意味、ハッカー精神が世界を変えていくプロセスについてうまい説明をしている。

　　いまの世の中には、コントロールできないものが多過ぎる。Makeのカルチャーは「コントロールできるものを自分たちの手に取り戻そう」という考え方だ。政治や経済は自分たちでコントロールできない。だが、ものを作ることは自分でコントロールできる。この「自分は何かをコントロールできる」とい

う想いを抱くことを、メイカーはとても大事にしている。
　例えば、椅子を自作したとする。もちろん既製品より出来は劣る。しかし、自分で作った椅子には愛着が湧き、さらに「既製品の椅子が、どういう接着剤やネジを使って作られているか?」といった新しい視点が生まれる。それまでの人生では、作りの良い椅子を見ても特に何も感じなかったかもしれないが、実際に手を動かして関わってみることで、かつて無縁だったものに親しみが生まれ、まるで仲間が作ったもののように思えるようになる。こうした経験を積むことで、作り手に対する感謝や尊敬の念を持てるようになるだろう。
　メイカーになる喜びの1つは、その視点を手に入れられる所にあると、私は考えている。それにより、自分の行動や人生の質が変わってくる。自らの手で何かを作ろうとした際、最初は失敗することも多いが、成功や失敗を通じて自分と世界とのつながりが増えていく。自分自身の姿勢が変わっていくことで、家族とのやりとり、コミュニティとのやりとり、そして社会全体が変わっていく。
　(『メイカーズのエコシステム』拙著、インプレスR&D刊)

　できることをやる。できることを増やしていく。
　やったことをシェアして、同じようなことをやりたがる人とつながっていく。

　ハッカー精神を具体的な行動に落とし込むとそうなるだろう。
　インターネットとAIの時代になり、機械でも人間でもさほど変わらない成果が出るような大量の情報処理や分析は、仕事としての重要度が低下した。これからの人間の仕事は「その人しかやりたがらないものを作る」ことになっていくだろう。スタートアップブームはその現象の1つだ。「合議し、合意し、みんなの考えのもと、選択と集中をして、やらなければならないことをしていく」という20世紀のやり方は古いものになり、結果として20世紀に価値を出していた人たちが中心の日本経済は低迷している。
　解きたい問題を見つけ、自分たちの手で解くことは、AI時代に重要性を増してきた人間の仕事だ。ハッカーという言葉は1970年代からあったが、経済活動の中心になってきたのは2010年以降になる。
　自分自身がプレイヤーとして手や口を動かす、同じ興味の人とつながり、連携する——その総体が社会の活力を生んでいくだろう。新しい教育と言われているSTEM教育(海外ではメイカー教育と言い換えられる。バニーが本書で

言っているとおり、メイカーとハッカーは同じものを別の側面から取りあげた言葉なので、つまりはハッカー教育ともいえる）も、この文脈から出てきている。世界は新しいハッカーを育てようとしている。

ハッカーの手法で世の中の多くの問題、たとえばファイナンス／バイオインフォマティクス／スタートアップ／プロトタイプ／製造といった問題が解けることを、本書は雄弁に伝えてくれている。

本書にもあるとおり、結果よりも過程のほうが重要だ。問題を発見し、工夫して解き明かす、その旅のプロセスの中にハッカーの喜びがある。「日本がこの先どうなる」といった主語の大きい話に、僕は正直少しうんざりしている。大事なのは自分でできることと、同じようなことをやりたい人とどうつながるかで、そうした行動の積み重ね1つひとつが、100の分析や評論よりも自分を変え、さらには世の中を変えていくだろう。

本書の翻訳、僕とバニーのかかわり

僕は2014年から深圳で、ニコニコ技術部・深圳コミュニティを仲間たちと始め、今も深圳で毎月ミートアップを開くなどの活動をしているほか、自分のハードウェアを開発する、DIYのハードウェアを販売するなどの仕事をしている。僕の所属する株式会社スイッチサイエンスは、日本にDIYイベントの「メイカーフェア」が始まったときからずっと支援している。

深圳DIYイベント「メイカーフェア深圳」への日本からの参加者は、2014年には20名ほどだったが、2017年には150名を超えた。バニーともさまざまなイベントでよく会う。深圳でのビール会で彼は、chumbyのユーザーが僕らの中に多いのに驚いて、全員にビールをふるまってくれた。

バニーが日本語版のまえがきで「翻訳は高須と彼のチーム」と書いているとおり、今回の翻訳はチームによるものだ。本書の翻訳についての僕の貢献度は大きめに見ても30〜40％といったところで、正確には「言い出して、できるところまでやった」というだけだ。監訳の山形浩生さんほか、ガジェットを分解してブログに構造をアップする活動を続けている鈴木涼太さん、半導体とMakeの関係について研究を続けている金沢大学の秋田純一教授、シンガポールで弁理士をしていて知財に造詣の深い田中陽介さん、深圳在住で電気街のことをいつも教えてくれる村谷英昭さん、Chibitronicsの日本での展

開を考えている、今の僕の勤務先でもあるスイッチサイエンスの金本茂社長とスイッチエデュケーションの小室真紀社長、そして出版につなげてくれた技術評論社の傅智之さん、ほか翻訳時に協力してくれた多くの友人たち（ほとんどが、深圳でバニーとビールを飲んだ人たちでもある）に最大限の感謝を。

『オープンソースプロジェクトに火がついて、多くの人を巻き込んで自立するためには、最初の製品（MVP, Minimum Viable Product）を出すだけでなく、そのプロジェクトを本当に必要としているユーザーに恵まれなければならない。プロジェクトが人々の琴線に触れ、巨大なコミュニティがプロジェクトを後押ししてくれることもある。』（本書第3部第9章「Fernvaleの結末」）と本書にある。オープンソースプロジェクトについての名文書「伽藍とバザール」にも「オープンソースのプロジェクトは動くプロトタイプが絶対に必要」という同様の記述がある。僕はいろいろなことを軽々しく始めてあっさりやめるけど、本書を巡る旅は本書を必要としている多くの人々に支えられて、出版という目的地にたどりついた。

僕たちはこの本の内容に触れることをとても楽しみ、今も楽しみ続けているけど、この本が多くの人に読まれることで、日本がよりよい場所になることを期待している。ぜひこの先ページをめくって本書を楽しんでもらい、読み終わったらぜひ他人にも勧めてもらいたい。

Enjoy making!
2018年8月 深圳／シンガポール／東京
高須正和（takasu@makers.asia）

バニーから日本の読者へ

Hello, my name is Andrew 'bunnie' Huang, よろしくおねがいします！
（訳注「よろしくおねがいします！」まで日本語で送られてきた）

　この本を読む時間を作ってくれてありがとう。翻訳してくれた高須正和と彼のチームにも感謝します。個人的に、この本が日本語に訳されるのはエキサイティングだし、その翻訳者として高須以上の人物はいない。高須たちはメイカー精神を本当によく知っているから、僕の情熱や考え方が正確に訳されていると全面的に確信している。
　僕が最初に日本に来たのは、経済的奇跡の頂点だった1980年代末の日本で働く叔父たちのもとを訪ねたときだ。僕はアメリカの自動車産業の中心地デトロイトのそばのミシガンで生まれ育ったので、これはたしかに皮肉な面もある。「日本人はアメリカの技術を盗むことはできても、イノベーションはできない」というのが、当時のアメリカの代表的なポピュリストたちの意見だった。今やデトロイトは破綻し、トヨタやホンダといった会社は自動車の

イノベーションを牽引していると世界が認めている。

多感な若い頃に、通俗メディアのレンズを通してでなく、自分の目で日本を見ることができたのはラッキーだった。僕は日本の素晴らしい技術や文化に直接触れ、日本から帰るときはいつか日本語を学び、また日本に戻ってくることを自分に誓った。

僕はその約束を果たした。MITに進学して2年間日本語を学び、たくさんのアニメを見て、日本の歴史も学んだ。少しのお金ができると、休暇を取って日本に行った。その頃、日本人はすばらしいケータイ電話を作っていた。アメリカ最高の電話がMotorolaのStarTACだった頃だ。僕が秋葉原から帰り、ケータイ電話をオフィスのドアのStarTACの隣に吊していた。当時のケータイがアメリカ最高の電話に比べてどれほど小さくて機能的か、見る人はほとんどだれも信じられない思いだった。

その後何年にもわたり、日本はバブル経済がはじけて失われた数十年を過ごしたが、日本はいつも僕にとって最高の旅行先で、2年ごとぐらいに旅行した。秋葉原が電子パーツからメイドカフェの場所になり、六本木ヒルズが躍進し、お台場が復活したのを目撃した。どういうわけか、失われた数十年があったにもかかわらず、日本は挫折していない。古い樹木が密集して空を覆っているのに、力強い新芽を伸ばすだけの回復力が若者たちにはある。

10年少し前、僕はChumby社を共同創業する幸運に出会った。この本の多くの部分はChumby社の立ち上げから最近のことについて書かれている。chumbyは最初のインターネット接続の目覚まし時計で、ベッドサイドでアプリを走らせる装置としてiPhoneよりも先を行っていた。これについては、本書の物語の1つになっている。日本人はchumbyの風変わりな革のデザインに興味を示したので、市場開拓をすることになった。やがて赤坂にオフィスを開き、年に何度も東京を訪れた。それは最高の時でもあり、最低の時でもあった。僕は日本でのビジネスのパラドックスを思い知らされた。ソフトバンクの経営会議から赤坂のショットバーまで、僕は多くの日本文化を学んだ。最も大事なことは、僕は旅行者として日本にいることはとても楽しいが、本当の意味で日本人に受け入れられることは絶対にないということに気がつかされたのだった。

僕には自分を受け入れてくれる日本人の友達がいるが、奥底では日本の社会が僕を一員として認めてくれることはないと知っている。おそらく僕が日本人の妻を迎えても、僕が彼女のために日本に行くよりも、彼女が日本を離

れることのほうが多いだろう。

　当時の僕は、アメリカの外のどこに住もうかという厳しい決断をしていた。ハードウェアハッカーにとって中国の深圳が重力の中心なのは明らかなことだったが、僕は中国のグレートファイアウォールという事象の地平線の中に引きずり込まれるのはいやだった。僕はこのブラックホールに頭から飛び込むより、そのまわりの衛星軌道で平穏な場所を見つけようと思った。東京とシンガポールが候補だった。より外国人にフレンドリーだったシンガポールを選んだ。

　僕がはじめて深圳に行ったのは、2000年代半ばになる。僕は日本の80年代から今までの軌跡を学んだ経験を生かし、中国人に適用した。ポピュリストが80年代の日本について言っていたのと同じように「中国人はイノベーションができず、アメリカの技術を盗んでいるだけだ」と言っていたが、日本での経験を考えれば、そいつらがそんなことを言っているというのは、まさに技術領域でリープフロッグが起こるというまちがいない兆しだった。そこで僕は、市場の最も汚い一角がどうやってイノベーションを起こすかを知るために、山寨について興味津々で学んだ。そうした体験の一部は本書で書いたけれど、じつはそれが日本での体験や日本で学んだことを大枠にして描かれているのだと知ったら、日本の読者にとっては面白いかもしれない。中国のトップ企業は世界のイノベーションリーダーとして認知されつつあり、華強北は恐ろしい速度で小ぎれいになりつつある。秋葉原によく似た小汚い部品屋は、ハイエンドの電子ガジェットやコーヒーショップに急速に入れ替わりつつある。今の空気の中で台頭してきた疑問は、「この中国の急成長がいつ終わるのか」そして「終わったとき、彼らが失われた10年をどうやって生き延びるか」ということだ。

　読者のみなさんにこの本からぜひ読み取ってほしいのは、玄関から出て行って世界を探索するのが重要だということだ。僕は叔父が若い頃に僕たち家族を日本に招待し、当時の通俗文化の偏見を超えた世界を紹介してくれたことに感謝している。この長年にわたり、どこの出身だろうと、人は同じ基本的なニーズと感情を持っていることを理解した。欠けているのは、お互いの意図や感情を正しく解釈し、それぞれにユニークな人間の欠陥を受け入れ、サポートしてくれる文化的な背景や感受性だ。

　不幸なことに、それを普遍的に学ぶための本やマニュアルはない。なぜなら、人間関係の失敗の半分は、自分固有の問題だからだ。それでも僕は、多

くの文化とコラボレーションするリスクをとることが、自分の人生を豊かにし、可能性を広げてくれると確信している。

　僕はこの本で自分の経験をシェアすることで、みなさんももっと共同作業のリスクを取る意欲を高めてほしいと思っている。しばしば、いちばん変な人たちが、いったんよく知りあえば、最も素敵でユニークな人だったりするのだから。

Happy Hacking!
Bunnie

まえがき

　No Starch Pressの創設者であるビル・ポロックから、僕が書いた文章を編集して本にするというアイデアをはじめて聴いたとき、僕は懐疑的だった。何百ページも埋めるほど材料があるとは思えなかった。結果として、僕はまちがっていた。

　僕の母は「説明できなければ、あなたの頭の中に何があるかは意味がない」と言っていた。僕が7年生の時、アフタースクールの作文制作授業に参加した。僕はそのクラスが嫌いだったが、今ではとても感謝している。僕の大学の入試論文から今まで、授業は自分の考えをきちんと文章にする力をつけてくれた。

　この本のほとんどの内容は僕のブログに掲載されていて、すぐわかるように利益のために書かれたものではない。僕が書いている理由の1つは、複雑な問題に対して自分自身の考えを固めるためだ。他人に厳密に説明しようと

思うまでは、理解したと自分で思い込むのはかんたんだ。書くことで、自分の直感を体系化された知識に伸ばしていくことができる。それをシェアしてもらえるように、僕はCC BY-SAライセンス（訳注　クリエイティブコモンズ、表示—継承）で書いた。

　この本には製造、知的財産（特に僕は西洋と中国の視点の違いに注目している）、オープンハードウェア、リバースエンジニアリング、バイオインフォマティクスに関するセクションが含まれている。No Strach Pressのよい編集者がそこに知見と洞察に満ちた2つのインタビューを付け加えてくれた。こうした異なるトピックを通じた共通の話題は「ハードウェア」だ。ハードウェアがどう作られ、どのような法的仕組みに囲まれ、なぜ作られていないのか。そう、生物学的なシステムもハードウェアだ。

　僕は抽象的な（書かれないと存在しない）ことにはいつもあまり興味がなく、ハードウェアに興味がある。僕は自分の目よりも、手で物事を理解する機会に多く恵まれた。

　僕は子供の頃からいつも、ブロックを積み上げたり叩いたりするようなフィジカルなことで物事を理解してきた。この本は僕の最近の体験、この20年間でブロックをどう積み上げ叩いてきたかをシェアするものだ。

Happy Hacking!
—b

謝 辞

　この本を形にしてくれたNo Starch Pressのスタッフのみんなのハードワークに感謝する。特に、構想と支援をしてくれたビル・ポロック、僕の文章を本の形にまとめ、編集、アレンジしてくれたジェニフェー・グリフィス・デルガードに。

Contents

問題解決をしているすべての人が、この本から多くのことを学べる　高須正和　6
バニーから日本の読者へ　13
まえがき　17
謝辞　19
本書のダイジェストと読みどころ　高須正和　28

Part1
量産という冒険

1. メイド・イン・チャイナ

とんでもない電子部品の蚤の市　45
次世代の技術革新　51
Chumbyと金型工場　52
　深圳のスケール　54
　工場と食事　55
　品質への献身　56
　作り手が、製品の目的を知らない　59
　熟練工たち　60
　工芸職人たちの重要性　61
　組み立ての自動化　64
　精度、射出成形、そして我慢強さ　66
　クオリティへの挑戦　69
この章のまとめ　76

2. 3つのまったく違った工場の中身

Arduinoの生まれるところ　78
　まず銅板から始まる　79
　PCBパターンを銅板に印刷する　83

  PCBをエッチングする 85
  ハンダマスクをシルク印刷する 88
  仕上げとテスト 89

USBメモリが生まれるところ 92
  USBメモリはチップから始まる 92
  チップを手作業でPCB上に置いていく 94
  PCBにチップを配線する 96
  USBメモリの基板を拡大する 96

2つのジッパーが教えてくれること 99
  完全に自動化されたプロセス 102
  半自動化にとどまるプロセス 103
  需要と希少性の皮肉 105

3. 工場に発注するためのHowTo

BOMの作り方 108
  単純な自転車ライトのBOMを作る 108
  部品メーカー指定 109
  抵抗、許容差、電圧定格 110
  部品形状 111
  正確な品番指定 111
  レビュー後の自転車ライトBOM 113
  変更をあらかじめ計画しておく 115

量産設計:量産のための設計最適化 118
  なぜ量産設計が必要か? 118
  許容差を考える 119
  DFMで歩留まりを上げる 121
  製品の裏にある製品 123
  テスト vs. 検証試験 129

インダストリアルデザインにおける、コンセプトと製造の
バランスの取り方 131
 chumby Oneの仕上げ工程 132
 Arduino Unoのシルクスクリーンに見る技 135
 僕のデザインプロセス 136
パートナーを選び、いい関係を築く方法 137
 工場と良い関係を築くためのコツ 138
 見積もりを取るコツ 139
 その他さまざまなアドバイス 141
この章のまとめ 143

Part2
違った考え：
中国の知的財産について

4.公開イノベーション

僕が電話機の液晶を壊したときに起こった驚くべきこと 150
山寨とは起業家のことだ 151
 だれが山寨なのか？ 151
 猿まね以上のもの 152
 コミュニティに支えられた知的財産ルール 154
12ドルの携帯電話 155
 12ドル電話の中身 157
 公開の世界にようこそ 160
 公開をオープンソースに 163
 エンジニアにだって権利がある 164
この章のまとめ 170

5. さまざまなニセモノたち

見事な出来の偽造チップ　173
米軍用ハードウェアでのインチキ部品混入問題　178
　インチキ部品を分類する　180
　米軍サプライチェーンの設計とニセモノ　182
　偽造防止手法　183
microSDカードのニセモノ　185
　見た目の違い　186
　カードを解析する　187
　正当なmicroSDはどこだ？　189
　さらに徹底した解析　190
　データを集める　191
　僕が見つけたもの　195
FPGAのニセモノ　197
　ホワイトスクリーン問題　197
　不正なIDコード　198
　解決策　201
この章のまとめ　202

Part 3
オープンソースハードウェアと僕

6. chumbyの物語

ハッカーフレンドリーなプラットフォーム　212
chumbyの進化　214
　さらにハックしやすいデバイスに　215
　隠しごとのないハードウェア　217

Chumbyの終わりと新しい冒険の始まり　219
オープンハードウェアの時代はこの後に来る　234
　オープンやクローズドの区別はどこから来たか　235
　イノベーションするのと、座って待ってるだけのどちらがいいか？　237
　ラップトップが家宝になる時代が来る　239
　オープンハードウェアのチャンス　241
この章のまとめ　243

7. Novena 自分自身のための ラップトップをつくる

臆病者には向かないマシン　247
Novena初期のデザイン　248
　Novenaのフードを開ける　249
　外装ケース　254
家宝ラップトップのために複合材料を作る　257
　Novenaたちが育つ　258
　複合材料　259
完成に向けて　262
　ケース作りと、射出成形で起こる問題　263
　フロントベゼルの変更　266
　DIYスピーカー　267
　最終版のメインボード　268
　汎用ブレイクアウトボード　270
　デスクトップNovenaのための電源パススルー基板　272
　バッテリー輸送規定にまつわる問題　273
　ハードドライブを選択する　274
　ファームウェアを仕上げる　275
コミュニティを築く　276
この章のまとめ　278

8. Chibitronics：サーキットステッカーを作る

電子回路と工作 288
 新しいやり方を構築する 290
 工場を訪ねる 291
 プロセス能力試験をする 293
期日どおりに出荷する 295
期日どおりに出荷するのがなぜ大事か 297
今回の教訓 297
 単純に思える要求が、だれにとっても単純とは限らない 298
 決してチェックプロットを飛ばさない 299
 部品配置ミスの可能性は必ず実現してしまう 299
 いくつかのコンセプトは中国語に翻訳できない 300
 単一障害点を避ける 301
 ギリギリでの変更もときに有意義 302
 旧正月のサプライチェーンへの影響 303
 発送は高額で面倒 303
 出荷するまでは峠を越えたとはいえない 304
この章のまとめ 305

Part 4
ハッカーという視点

9. ハードウェア・ハッキング

PIC18F1320マイコンをハックする 313
 ICのカバーを外す 314

チップの構造を読み取る　315
　　フラッシュメモリを消去する　316
　　セキュリティビットを消去する　317
　　ほかのデータを保護する　319
SDカードをハックする　321
　　SDカードの構造　322
　　SDカードのマイクロコントローラをリバースエンジニアリングする　325
　　潜在的なセキュリティ問題　330
　　SDカードはホビイストのためのリソースになりえる　331
保護されたビデオコンテンツに合法的にオーバーレイする　331
　　NeTV開発の背景　333
　　NeTVの動作　335
山寨電話をハックする　339
　　山寨電話のシステム設計　339
　　ブートストラップをリバースエンジニアリングする　345
　　橋頭堡を作る　349
　　デバッガを接続する　351
　　OSを起動する　355
　　新しいツールチェーンを作る　355
　　Fernvaleの結末　357
この章のまとめ　358

10. 生物学とバイオインフォマティクス

コンピュータウィルスと豚インフルエンザウィルスを比べる　361
　　DNAとRNAはビットだ　362
　　生物固有のアクセスポート　364
　　豚インフルエンザをハックする　365
　　インフルエンザウィルスの適応メカニズム　366
　　一抹の希望　368

スーパーバグをリバースエンジニアリングする　369
　O104:H4のDNAシーケンス　369
　生物学のリバースエンジニアリングツール　371
　Unixのシェルスクリプトを使って生物学の問題を解く　373
　解けていない問題がまだ多い　375
遺伝子解析についての神話を打ち壊す　377
　神話:ゲノムを読み出すのは、
　　コンピュータのROMをダンプするようなもの?　378
　神話:病気を予測できるか?　378
　神話:「リファレンスゲノム」は存在するか?　379
ゲノムにパッチを当てる　380
　バクテリアの中のCRISPRs　380
　DNAカッティングの切断範囲を決める　384
　人間をエンジニアリングすることへの影響　385
　遺伝子ドライブによる進化のハック　385
この章のまとめ　387

11.2本のインタビュー

ANDREW "BUNNIE" HUANG:HARDWARE HACKER (CSDN)　389
　オープンハードウェアとメイカームーブメント　390
　ハードウェアハッカーbunnieについて　398
THE BLUEPRINT TALKS TO ANDREW HUANG　402

エピローグ　413
監訳者解説　山形浩生　414
索引　423

本書のダイジェストと読みどころ

高須正和

第1部 量産という冒険

　コスト、納期、品質をそれぞれトレードオフできることで、話は一変した。僕はその後、必ず違ったプロセスを見つけようとして、アイデアから製品までの期間を短縮し続けた。

　この第1部は、バニーがChumbyではじめて経験した、大量生産について書かれている。

　第1章の「メイド・イン・チャイナ」では、中国の深圳にこれまで集積してきた産業の圧倒的なスケールと、そこで働く労働者の価値観や献身性といったディテール豊富な人間性、「大量生産」を支える射出成形やテストといったそれぞれの技術、そして製造プロセスの外注、現地で手に入る書籍など、ナマの知識と体験が興奮に満ちて語られる。はじめて読むときわめて詳細に書

いてあるように思えるこの第1章は、最終的にはこの本全体を駆け足で語ったガイドラインにもなっている。これぐらい詳細に記しても、広大な深圳の製造エコシステムをサラっと撫でたにすぎない。実際に製造するプレイヤーとしての視点で見ることで、リアルさが伝わってくる。プレイヤーとして自分のハードウェアを作るスタートアップにとっても、中国の研究者にとっても、それは貴重な視点だ。

　第2章の「3つのまったく違った工場の中身」では、量産を支える工場で具体的に何がおこなわれているのかをレポートしている。あらゆる電化製品に入っているPCB基板を製造しているイタリアの工場、ありふれているが中身は高密度な半導体であるUSBメモリを製造している中国の工場、そして信じられないほど安いコストで作られているジッパーの工場が、具体的にどのような技術とプロセス、そして市場の理由によって作られているか。その検証から、「実質的な価値でなく見た目の小さな理由で製品コストが上がるプロセス」などの知見を導き出す過程は、バニーならではのものだ。ダイジェストやサマリーから入るのではなく、実体験をベースに抽象化した知識がこの本全体に詰まっている。

　第3章の「工場に発注するためのHowTo」では、実際に手元でプロトタイプしたものを工場で発注する際にどのような手順を踏むべきかが、具体的にわかりやすくまとめられている。「この章の教訓は、ハードウェア製品を最初のプロトタイプから数十万台ほどの中ボリューム製造まで立ち上げようとする人ならだれでも適用できるものだ」とあるように、この章は理解しやすく無駄のない教科書になっている。しかも、彼の教科書は単なる発注ガイドでなく、スタートアップにとってきわめて重要なキャッシュフローの改善や歩留まりの向上まで配慮されている。最小限のマニュアルであるにもかかわらず、記述は多い。その多さが、「実際にやってみるまで意識できない、プロダクト開発の難しさ」を伝えてくれる。彼はHAXやMITで経験の少ないスタートアップや学生に「深圳での量産の仕方」を教えるメンターでもあり、教わる側／教える側両方の経験から深圳の体験を深めている。

第2部　違った考え:中国の知的財産について

　議論が分かれるからというだけで、女性が投票せずに黒人がバスの後部座席にすわり続けていたら、アメリカはいまだに人種分離が続き、女性選挙権もなかっただろう。人種平等や普通選挙に比べるとリバースエンジニアリングの権利はたいしたものではないけれど、前例ははっきりしている。

　ここでは中国から出てくるおびただしい発明や模倣品について、それがどういう知財の扱いと市場原理によって生み出されるか、そしてその考え方が西欧社会でもイノベーションを生むためにどう有効なのかについて書かれている。

　中国は模倣品の中心地だが、その模倣品を生むエコシステムがイノベーションを生むためにも有効に作用している。ほとんどは自然発生的に生まれたものだが、意図的に設計されて今もイノベーションを生み続ける仕組みもある。バニーは法制度に対してもさまざまなハックをおこない、アメリカ政府のプロジェクトにも協力している。法制度も「システム」と考えることで、できることやうまく活用する方法が見えてくる。ハッカーにとって何よりも大事なのは、良い悪いといった判断の前に、「ありのままをきちんと把握する」ことだ。

　第4章の「公開イノベーション」では、深圳で見られる安価で粗悪な製品が、西欧の基準とは違う、彼らの目的に合わせて巧妙に設計されていることを、12ドルの携帯電話を分解し、自らそのコピーを作る行為を通じて浮かび出せている。山寨（Shanzhai）についてはこの本を手に取るような人なら聞いたことがあるかもしれないが、実際にどういう設計プロセスでそれらが作られているかが書かれたレポートはきわめて少ない。バニーは携帯電話を分解し、設計について調べながら、それを生んだ深圳のビジネスモデルまでをわかりやすく解説する。「山寨とは起業家のことだ」とバニーは語る。ジョブズやウォズと山寨を生んだ起業家を同じ目線で捉えるバニーの視点は、電気街に並ぶガジェットを生みだす発明家たちを見せてくれると同時に、僕らの住んでいる西欧社会の知財の扱いがいかに今の時代に合わなくなっているか、どこを改善すべきかについて有効な警鐘を鳴らしてくれるものだ。

第5章の「さまざまなニセモノたち」では、ニセモノ製品を検証するために高倍率の顕微鏡で見る、チップの表面を酸で溶かす、さらに外部の解析サービスを使うなどして深いレベルの解析を行っていく、ハードウェアハッカーとしてのスキルが遺憾なく発揮される。

　ここでは、発覚したニセモノを、販社を通じて交換を求める行為を通じて、さまざまなニセモノが不可避に生まれてしまうプロセスと市場原理が記されている。第4章「公開イノベーション」と同じく中国の技術レベルやアイデアの巧妙さを語る内容だが、アウトプットされるものはバニー自身が悩まされたニセモノ、ダークサイドだ。ここでの模造品は、バニーのプロジェクトだけでなく、米軍のサプライチェーンにも混入されて、大問題を引き起こしている。

　見事な模造品を作る技術レベルなら、正当に用いられたほうが利益を生みそうなものだ。なぜニセモノが生まれ、どう流通するかについて、この章では技術的な問題と社会問題の両方から明確な答えを与えてくれる。

第3部　僕とオープンソースハードウェア

　会社やVCの支援を受けていた頃よりはずっと慎ましい暮らしだけれど、僕はずっと独立している。黄金の手錠とアーロンチェアか、リュックサックとはるか彼方の面白そうな場所のどっちを選ぶかという話だったんだ。僕は、今も自分にとって大切なものを集めなおしているところだし、魅惑と不思議の価値について、まだゆっくりと学びなおしているところだ。

　この部は、バニーが手がけたchumby、Novena、Chibitronicsというプロジェクトを通じて、技術だけでなく製品開発／経営／マーケティングについて総合的に語るものだ。分析的な内容ながら生き生きした文章に満ちたこの本の中で、自らの体験を1人称で語るこの部はさらにエモーショナルだ。大組織ではない、個人やコミュニティ、スタートアップから起こるイノベーションについて、オープンソースという手法がどれだけ有効で、今後も可能性に満ちているかをバニーは語る。

　ほとんどのプロジェクトは、商業的にはうまくいっていない。世間に出る前に終わったものもある。そうしたプロジェクトの知見はまず共有されないから、彼の経験を追体験することは貴重だ。何よりも、製品を作り上げる具

体的な行為である、企画、プロトタイプ、資金調達、量産設計、量産、資金繰り、宣伝、カスタマーサポートといったすべてを当事者として体験した彼の言葉は重い。

　第6章のchumbyの物語は、その後のスマートフォンのコンセプトを先取りし、世界最初期のIoT端末ともいえたchumbyについて、製品開発の狙いから設計、製造、ビジネスモデルについて語るものだ。2007〜8年当時のchumbyは話題のプロダクトで、当時chumbyを扱ったいくつかのブログは200ブックマークを超える大人気、2010年になってもSonyのインターネットビューアがchumby OSを採用するなど、1つの時代を築いたといっていいハードウェアだった。もちろん今chumbyを目にすることがないように、市場では成功しなかった。製品計画の見直し、事業のピボットなどのさまざまな生々しい施策を、当事者のレポートから追体験することができる。ハードウェアをどう設計し、どう製造するかは、資金繰りやプロモーションにまで影響する。逆も同じだ。スタートアップをするのであれば、小さいチーム、究極的には1人ですべての側面をハンドリングする必要がある。そして、すべてをハンドリングできたとしても、成功できるとは限らない。
　プロジェクトを終えた後にバニーがたどり着いた、「オープンソースハードウェアの時代はこの後に来る」の節は、技術的な進化が、むしろ個人開発者の可能性をもたらす時代について、ポジティブで説得力のあるビジョンを見せてくれる。

　第7章の「Novena自分自身のためのラップトップをつくる」で題材になった完全にオープンソースのノートPCであるNovenaは、クラウドファンディングで資金を集めた、バニー自身が欲しいハードウェアだ。自分で組み立てる必要があり、ネジ回しが同梱されている。あらゆる部品は、完全なデータシートがダウンロードできるもので構成されている。ほかにもハードウェアハッカーなら技術的にも法的にもうれしくなる仕組みが満載の、「電子版スイスアーミーナイフ」だ。
　Chumbyでの彼は後からプロジェクトに参加しているが、Novenaは彼自身が始めた製品だ。Novenaを開発する彼は、Chumbyよりもさらに楽しそうに、「自分が作りたいモノを作る」喜びにあふれている。しかも、よりニッチで先鋭的なマーケットを狙ったこのプロジェクトは、プロジェクトの目的をしっ

かりと果たした。Novenaも世界のみんなが知っているとはいえない製品だが、クラウドファンディングキャンペーンは成功し、製品は出荷され、今もサポートを続けている。

　第6章・第7章とも、技術的なディテールが参考になるのはもちろんだが、特にスタートアップではそうした技術的なディテールと製品コンセプトが不可分なこと、製品ごと・開発チームごとに最適なマーケットサイズやポジションがあることの発見は、大きなヒントになる。

　技術的にも、ノートPCのような複雑なモノのすべてを少人数のチームで作りきるのはとてもチャレンジングなテーマだ。部品の調達、システムの設計はもちろん、プラスチックの射出成形や木工など、外装の構築について具体的に語られ、個人やメイカースペースのツールでは体験できない工業の段階の知識は大いに参考になる。

　第8章の「Chibitronics:サーキットステッカーをつくる」で題材になっているサーキットステッカーは、曲げられるフレキシブル基板の技術を使って子供の教育用製品を作るという、より「これまで存在しなかった」製品だ。バニーはこの「シールのように剥がして、くっつけられる電子回路」で教育向けのプロダクトを作るスタートアップChibitronicsの共同創業者となった。ChibitronicsはchumbyやNovenaに比べればはるかにシンプルで安い、コンシューマ向けといっていい製品だ。そして、このChibitronicsは成功したスタートアップとなり、いまも成功し続けている。このプロジェクトは2013年頃、メイカームーブメントやSTEM教育の流れが大きくなっているときに生まれ、ついにバニーのスタートアップは成功した。

　これまでのプロジェクトよりもデザイン性が高い製品をチームで作り、世界に類のない製品を実際に中国で製造して出荷するまでの難易度は、ほかのプロジェクトに劣らない。旧正月の具体的な影響や、船便と航空便の使い分けにまつわるトラブルなども、この章ではじめて具体的に説明されるものだ。

第4部　ハッカーという視点

　エンジニアリングとリバースエンジニアリングは、同じコインの裏表にすぎない。最高のメイカーは自分のツールをハックする方法を知っているし、最高のハッカーはしょっちゅう新しいツールを作る。

この部の序章はすべて重要で、要約しづらい。

「エンジニアリングは創造的な活動だ。リバースエンジニアリングは学習的な活動だ。その2つを組み合わせれば、どんな難しい問題でもクリエイティブな学習体験として解決できる」

そう語るバニーのスキルは、彼の好奇心がもたらした、さまざまなハードウェアのリバースエンジニアリングによってもたらされたものだ。技術がますます重要になっていく時代に向けて、技術へのアクセスと学ぶ方法の重要性を訴え、実際の行動でその価値をバニーは立証していく。

第9章の「ハードウェア・ハッキング」では、マイコンのシリコンそのものやSDカードの中身をハッキングし、いじくり回して遊ぶ。「ハードウェアは物理的に存在するので、顕微鏡を使ってどんな情報も見ていくことが可能で、ソフトウェアのように保護することは実際にはできない」とバニーは語り、その実例が披露される。

マイコンのハックでは、通常コンピュータから操作するマイコンのパッケージを開いて紫外線を当てることで書き込み保護を無効にする。デジタルの壁をアナログ的に突破するハックだ。

SDカードのハックでは、なんとSDカード内のメモリコントローラを普通のコンピュータとして使ってしまう。このハックが、アメリカのサイバーセキュリティの一環として、DARPAの予算でおこなわれたのも面白い。

NeTVのハックでは、コンテンツ保護のための仕組みを合法的に乗り越えて、テレビ番組にTwitterなどを重ねて表示する製品を開発してしまう。このプロジェクトは現在も有効で、本書の発売後の2018年、NeTV2のクラウドファンディングキャンペーンが始まった。

そしてこの章の最後、山寨電話のオープンソース化プロジェクト Fernvale で、物理的、ソフトウェア、法的な問題すべてを駆使して山寨電話をハックし、オープンソースに移植する試みが詳細に語られる。Fernvaleは、開発中により有力なプラットフォームが出てきたことで、実質的な引退に向かう。そこの記述では、オープンソースのプロジェクトを牽引することの難しさがあわせて語られる。

第10章の「生物学とバイオインフォマティクス」では、これまで紹介してきたようなハッキングの考え方やツールを生物に適用する。
　「コンピュータウィルスと豚インフルエンザを比べる」では、メモリの内容を読むようにDNAを読み、エミュレータを作るように中身を書き換える。「スーパーバグをリバースエンジニアリングする」では、SDカードのハックでおこなったように、異なる個体を比べることで特性を洗い出す。使われるツールも、Unixのシェルスクリプトだ。そして、この章の最終節「遺伝子解析についての神話を打ち壊す」では、よくある期待の中身を検証し、システムとしての限界を検証する。生き物も「ハードウェア」には違いない。

　そして最後の11章では、バニーのキャリアを総括するインタビューが2本紹介される。全体のまとめでもあり導入部にもなっていて、ここから読み始めてもいいかもしれない。

Part 1
adventures in manufacturing

量産という冒険

　僕がはじめて中国に足を踏み入れた2006年11月のころ、深圳については何も知られておらず、自分が何に首をつっこもうとしているのかもわかっていなかった。
　母に「深圳に行くよ」と伝えたら、「あんな小さな漁村に何をしに？」と聞かれた。母の理解は正しく、昔の深圳はただの小さな漁村だった。1980年には30万人だった深圳の人口は、それからの30年足らずで1,000万人を超えた。僕がはじめて深圳を訪ねてからこの本を書いている2016年までで、深圳の人口は400万人以上増えた。増えた人口だけでロサンゼルスの全人口よりも多い。
　ある意味で深圳の成長と、僕の製造業への理解はシンクロしている。中国に行く前は、僕は何も大量生産したことがなかった。サプライチェーンについても何も知らなかった。"オペレーションと物流"みたいな用語が何を意味

するのか、ちゃんとわかっていなかった。それらの言葉は、僕にしてみれば数学やプログラミングの教科書に出てくるようなちんぷんかんぷんなものだった。

それでも、Chumbyという僕らのハードウェアスタートアップのボスだったスティーブ・トムリン（Steve Tomlin）は、僕にChumbyに適したサプライチェーンを作る仕事を任せた。僕みたいなペーペーを中国に行かせるのはリスクだったけど、変な予備知識がないことは、不利になるよりもむしろ有利に働いた。当時のベンチャーキャピタルはハードウェアなんか嫌っていたし、当時の中国の製造業は小ロットでなく、何十万個も同じハードウェアを量産するための場所だった。最初の中国視察で、フォーチュン500企業向けにサービスを提供する工場を何回か回ったときには、たしかにそういう見方がもっともだと思えた。

運のいいことに、ChumbyはPCH International初のスタートアップ顧客として受け入れてもらえた。PCHで、僕は最高のエンジニアやサプライチェーンのスペシャリストたちに指導してもらえた。Chumbyは世界初のオープンソースハードウェアのスタートアップの1つだったので、経験をブログに書いてシェアさせてもらえたのも幸運だった。

僕らは、伝統的な製造パートナーが要求する、大手メーカーが発注していたような最低発注数量を満たすためにいつも苦労させられたが、その中でこれまでの常識に反するようなちょっとしたことにいろいろ気がつき始めた。どういうわけか、深圳の中国企業は、いくつかの部品の組み合わせで、リミックスするように製品を作れてしまう。山寨（Shanzhai, シャンザイ）と呼ばれるやりかたで、携帯電話をタバコのライターから金の仏像にまで組み込んでしまうんだ（山寨については第2部の第4章で詳述）。こうしたニッチな製品が成立するためには、小ロットの生産でも帳尻があわないといけない。また中国の工場が、どういうわけかありえないほど素早く、注文した回路や試験装置を1つだけの製造でも見事なクオリティで作ってくることにも気づいた。その仕組み、エコシステム——これについてはいろいろ話が出ていた——には、一般に言われている以上の何かがあると感じた。でも、そんな話を聞いてくれるほど暇な人はほとんどいなかったし、聞いてくれる人も自分に都合のいいところをつまみ食いしただけだった。

2008年のリーマンショックですべてが変わった。消費者家電の市場は崩壊し、これまでは濡れ手に粟の大儲けだった工場たちが、遊休設備でアップアップしていた。そのころ、深圳の中規模の製造業に友達が何人かできた。そこで彼らがどうやってこんなに内部試験装置を柔軟に作れるのか、「山寨」がどうやってあんな電話をプロトタイプし製造するのかを調べ始めた。
　工場の親分やエンジニアたちは、当初はあまり乗り気ではなかった。別に潜在的な競争優位の条件を隠したかったからじゃない。山寨を恥ずかしいと思っていたからだ。外国顧客は企業としての業務実施プロセスだの、ドキュメント作成だの品質管理だのを山ほど持っているけれど、そうしたオーバーヘッドのためにすさまじい費用を払ってもいる。でも、深圳の地元企業はもっと融通無碍でえげつなかった。たとえば、箱に「スクラップ」と書かれていても、それがどうした？　中に目の前の製造に役立つものがあれば、使ってしまうんだ！
　僕もそこに参加したかった。エンジニアとして、いじくり屋として、ハッカーとして、小ロットの生産は重要だった。ちょっとした組み立て上のまちがいがあっても、僕がデバッグすべき設計上の課題に比べればどうでもいい。やがてある工場を説得して、製品のある一部についてこの「品質は低いけど、メチャメチャ安いプロセス」を使わせてもらえることになった。
　その「説得」のコツは、不良品を含めて、製造した全数の代金を払うことだった。ほとんどの海外顧客はパーフェクトな製品の分しか払わず、仕様に合わない製品についてはすべて工場側が費用負担するしかない。だから工場はこの安いけれど低品質のプロセスを海外の顧客にはなかなか使わせない。
　もちろん、不良品も買い取るという契約はリスクがある。工場が「不良品を減らそう」という努力をしなくなるはずだし、理屈からいえばゴミの山を渡されても、僕は払わなきゃならない。でも、実際はだれもそんな悪辣なことはしなかった。みんなが単にできるだけ努力してくれるだけで、80％はうまく仕上がった。
　小ロット生産の費用は、大半が製造の準備と製造後のテストだ。だから20％ぐらいの部品を捨てることになってもこのやり方のほうが利益率は高かったし、ふつうなら数週間かかるはずの完成品が数日で得られた。
　コスト、納期、品質をそれぞれトレードオフできることで、話は一変した。

僕はその後、必ず違ったプロセスを見つけようとして、アイデアから製品までの期間を短縮し続けた。コスト、納期、品質との間のバランスが、ずっと多種多様になってきたのだ。

　Chumbyのあと、僕はしばらく失業状態を続けることにした。その理由の1つはもっと発見を続けたかったからだ。たとえば毎年1月にラスベガスでおこなわれるCES（Consumer Electronics Show, 世界最大の家電ショー）に行くんじゃなくて、深圳の安いアパートを借りて、出家した僧侶が寺で学ぶようにモノづくりを学ぶようにした。ラスベガスでホテルに1泊するのと同じ予算で、僕は深圳に1ヶ月滞在した。わざと英語を話す人が少ない場所を選び、そこで過ごすために中国語や中国の生活習慣を学ぶようにした（僕の一家は中華系なんだけど、両親は僕に中国語を学ばせるよりも、訛りのない英語を学ばせるのを重視した）。夜には街を歩いて裏通りをのぞき、昼間に経験した「理解できないけどすばらしいこと」を理解しようと考えた。深圳では夜明け近くまで仕事が続くが、夜の仕事のペースはずっとゆっくりしている。夜には、個別のエージェントたちが自分の利益や意図をどのように行動に移すかが観察できるのだ。

　ここから僕が学んだいちばん大事なことは、「もっと学ぶことがいっぱいある」ということだ。珠江デルタ（訳注　珠江の河口にある香港・マカオから深圳市・東莞市・広州市などの一帯を指す言葉。世界で最も製造業が集積した一帯として知られ、総人口は4,000万人を超える）の製造業のエコシステムは、とらえどころがないほど広大だ。グランドキャニオンと同じで、1回端から端までハイキングしても、すべてが理解できるわけじゃない。それでも僕は、カスタムのラップトップを作り、フレキシブル基板の新しいプロセスを開発できるくらいの知識は身につけられた。

　この本の第1部では、その何年もの修行の間に書いたいくつかのブログ記事を再構成しながら、深圳の生態系をめぐる僕の旅を追う。中国文化の一側面についての考察もある。個別製造プロセスについてのケーススタディもある。最後の第3章「工場に発注するためのHowTo」は製造を外注したい人への提言のまとめだ。お急ぎの向きは、背景を飛ばしてそこだけ読めばいいだろう。

　とはいえ、岡目八目（当事者でなく、横で見ているほうが全体像がわかる）とはよく言ったもので、いったんやってみた後なら、近道や手違いを指摘するのはたやすい。そしてその過程での試行錯誤やまちがった思いこみを忘れてしまうのも、なおさらたやすい。でも、「かんたんにだれでもできる中国製造業

への道」なんてものはない。僕は、僕の話を読んで考えてもらうことで、みんなが自分のニーズについて自分なりの（おそらく僕とは違う）答えを見つけられることを願っている。

1. メイド・イン・チャイナ

　中国に行くまでは、最新のエレクトロニクス、ジャンク品、部品がほしいなら、東京の秋葉原に行くしかないと思っていた。でも、2007年の1月に深圳のSEG Electronics Market（賽格電子市場）を訪れたとき、その考えはまちがっていたことを知った。

　SEGビルの8つのフロアには、ハードウェアマニアの欲しいあらゆるものがあふれている。しかも後になって知ったのは、これが華強北電子市場全体から見たら、氷山の一角に過ぎないということだ。

　Chumbyというオープンソースのwi-Fiコンテンツ配信ハードウェア会社でハードウェア主任エンジニアをしていた僕は、CEOのスティーブ・トムリンと一緒に中国を訪れて、オープンソースハードウェアを安く素早く製品にするいちばんよい方法を探していた。SEGでの部品価格を見ただけで、少なくとも「安く」という部分についてはまちがいなくこの国が正解だとわかった。

深圳のSEGは電子工作する人にとってのメッカだ。秋葉原よりずっとすごい!

とんでもない電子部品の蚤の市

　SEGに足を踏み入れたとたん、あらゆる電子部品の大旋風に襲われた。抵抗やコンデンサのテープとリール、あらゆるIC、コイル、リレー、ポゴピン検査装置、電圧計、メモリチップのトレー。量産についてはずぶの素人だった僕は、SEGで見たすべてに圧倒された。

　こうした部品のすべては、2m×1mの小さなブースに詰め込まれていて、そのどこでも店主がラップトップを突いている。囲碁をしている人もいれば、パーツを数えている人もいる。ホントに家族経営のパパママショップもあり、母親が赤ん坊をあやしたり、通路で子供が遊んだりしている。

　ブースによってはもっとプロフェッショナルな体制で、制服姿のスタッフもいる。こちらは電子部品のバーのようなものだ――スツールまである。

夫婦でやっている電子部品ショップ

すばらしいプロの販売業者

　秋葉原でしているような、「こっちのLED10個と、このリレーを2個ください」なんて会話は、SEGではだれもしていない。いやいや。SEGの店舗はどれも1つのカテゴリに特化していて、扱う数量も多い。もし店頭で気になった部品を見つけたら、数百個単位の入ったチューブや、トレーや、リールの形で買う。翌日すぐに生産に入れるだけの量を買えるのだ。
　マーケットを歩き回る中で、僕はポーカーのチップのように積み上げた1ギガバイトのmicroSDの山を扱う女性を見た。その向こうでは男性がKingstonのUSBメモリを小売り用のパッケージに詰めていて、そのさらに向こうでは別の女性が抵抗を数えている。

左下の角のところに、あらゆる種類のSDカードが並んでいる

　別のブースには電源やバリスター、バッテリ、ROMライターが山積みで、別のブースにはAtmel、Intel、Broadcom、Samsung、Yamaha、ソニー、AMD、富士通などのさまざまなICチップがある。いくつかのチップは明らかに中古機器から抜き取られてラベルが変えられているし、一部は新品でOEM元のレーザー刻印がある。

SEGの小さいブースでこんな量のチップが売られているのは信じがたいほどだ

僕はアメリカではまず見つけることのできない、夢見るぐらいほしかったセラミックのコンデンサをリールで見つけた。感覚が研ぎ澄まされ、頭が混乱する。次の角を曲がったときに床から天井まで、たぶん1億個くらいの抵抗やコンデンサが積み上げられているのを見て、期待のあまり笑顔が止まらなくなった。

どの店にもリールで部品が積んである

　ソニー製のカメラ部品、CCDやCMOS！　これもアメリカでは業者を拷問しても買えなかったものだ（一部のブースはデータシートまで手元に持っているから、必ず聞いてみること）。Micrelのレギュレータチップ、BlackfinのDSPチップも売られている。そのそばでは256MBのDRAMが、108個入りのトレーに載せられ、それが20段積みになったものが10個並んでいる。

アメリカで僕が使っているオンラインショップ Digi-Key の在庫全部ぐらいの DRAM が目の前に!

　そしてその向こうには、同じくチップでいっぱいの店が6つもある。ある店では店主が誇らしげに4GBのNAND Flashのトレーを並べている。ちょっと価格を聞いて、お金を払って、さっさとお別れをすれば、それがすべて手に入る。

4GB のフラッシュチップを目の前で見れるなんて!

今までの話は、SEGの最初の2階部分にすぎない。SEGにはさらに6つのフロアがあって、コンピュータ、ラップトップ、マザーボード、デジタルカメラ、CCTV（監視カメラ）、USBメモリ、マウス、ビデオカメラ、ハイエンドのグラフィックスカード、液晶モニタ、シュレッダー、照明、プロジェクター——もうなんでもござれ。

　週末のSEGでは、とんでもないギラギラしたAcerの制服コンパニオンが商品を売りつけようとする。このSEGマーケットは、最新の技術はないかもしれないけど、CESとComputex（訳注　台湾で年に一度おこなわれる世界最大のコンピュータトレードショー）を合わせたような熱気でいつも満ちている。ただし違うのは、こちらは最新技術を見せびらかすのではなく、そうしたブースに引っ張りこんでハードを買わせるのが狙いだということだ。

　トレードショーはちょっとストリップのようなもので、ガラス越しに見つめてため息でガラスを曇らせることはできても、手にすることはできない。だけどSEGは違う。僕らのサイフから何塊（Kuai、人民元を数える単位）かを渡せば、新聞紙にくるまれたほやほやのパーツが買える。ここはDigi-Key（訳注　世界的な電子部品の通販会社）がミネソタの倉庫にまちがってサルを入れてメチャメチャにしちゃったような、とんでもない中国のカオスに満ちた電子部品の蚤の市だ。もちろん、2007年に見てここに挙げたほとんどのパーツは今では骨董品だ。4GBのフラッシュチップはもうゴミ同然だし、1GBのUSBメモリなんてお話にならない。でもこのときそれらは最新鋭だったし、今でもSEGは実際に手に入る技術が何かを知るのに、いちばんいい場所だ。

次世代の技術革新

　SEGから3つぐらい先のブロックに深圳の書店があった（現在は閉店している）。その本屋のいちばん目立つ書棚には、「組み込み電子回路のためのCMOS高周波回路の設計」（スタンフォード大教授：Thomas Lee）やUCLAのBehzad Razavi教授のような、電子回路設計の古典になっている洋書が積んであった。

　僕はたった8.5ドルでLeeの本を買った。Jin Au Kongのマクスウェル方程式の本？　5ドル。なんてこった！　僕は彼からMITでマクスウェル方程式を習ったんだぞ！　僕は手当たり次第、6〜7冊の本をカバンに詰め込んだ。アメリカで買ったら、700ドルはしたはずだ。ここでは35ドルで、付録CDま

でちゃんとついてくる。665ドルも節約できた。アメリカから香港までのエコノミークラスの航空券が買えてしまう！

　中国では電子部品も知識も安い。深圳の本屋で買える知識は、本当にすぐ使える。その知識が必要な部品は通り1つ下ったSEGにあり、そこから車を北に1時間も走らせれば、どんなエレクトロニクスのアイデアでも実現して文字どおり船に満載できるほど量産してくれる工場が200軒はある。

　しかも低レベルな工場なんかじゃない。僕は有名なブランドの、1550ナノメートル、シングルモードの光ファイバトランシーバが生産されて試験されているのをこの目で見た。深圳はあらゆる面ですばらしく恵まれた場所で、実際に見ないとその豊かさを理解することはできない。

　深圳には、あらゆる大企業が創業されて走り始めたばかりの、80年代のシリコンバレーの物々交換会じみた雰囲気が満ちていて、それがさらに25年間ムーアの法則が走り続けたコンピュータの進化と、インターネットの情報流通速度で拡大されている。

　この街に住む1,200万人の人たちはほとんど設計や製造に携わり、多くの人が英語を学んでいて、みんな働くのに夢中だ。どこかに未来のジョブズとウォズニアックがいて、次の革命を静かに進めているのはまちがいない。僕も深圳の一部で、次の革命への恐怖と興奮でいまだに武者震いしている。

　これがChumbyのために深圳へでかけて覚醒した、僕の物語の発端だ。

Chumbyと金型工場

　2006年の9月、Chumbyチームはたった6人ほどで、ティム・オライリー主催のFOO Campというカンファレンスで200台のプロトタイプを配ったところだった。プロトタイプは参加者に好評だったので、chumbyのアジア量産にゴーサインが出た。

　ボスのスティーブと僕はあらかじめアメリカの信頼できるベンダーに、その製造作業を受託するための最低ラインの見積もりを出してもらった。中国の工場との交渉価格でそれを目安にしようと思ったのだ。さらに中国で経験がある友達たちにたくさん電話して、6つの工場を見学するツアーをおこなった。500人程度で運営される特化された工場から、4万人の従業員を集めたメガ工場まで、じつにいろいろな工場を見た。

　実際に見ないと、中国の工場は理解できない。写真は撮影者の撮ったフ

レームの中でしか伝えてくれない。直接見ないと、施設の質や規模は感じられない。中国の工場はおおむね訪問を歓迎するし、僕は訪問できない工場と仕事はしない。もちろん、どの工場でも1週間前ぐらいにアポイントを取ったほうがいいけれど、仲よくなれば話もオープンで何でも教えてくれるようになる。

　オープンといえば、工場を選ぶうえでchumbyがオープンソースのハードウェアであることはすごく有利だった。まず設計やデザインの情報を盗まれる心配はなかった（すでにこっちからみんなに配っていたんだから）。だから部品リストなど重要な話をするときにも、面倒なNDAは不要だった。おかげで中国の工場にも評判がよかったと思う。僕らがオープンにすればするほど、彼らも僕らに対してオープンになってきた。

　第2に、オープンにしたことで工場は僕らを相手に駆け引きしようとしなくなった。どの工場も僕らに対して見積もりを出して入札できた（実際に、頼んでもいない業者からいい価格で見積もりが来た）。だから、それでかなり値切り合戦をしなくてすんだ。

　製造について、いくつかの選択肢を検討した結果、スティーブと僕はPCH China Solutionと仕事することにした。PCHが自ら運営する工場は数軒しかないけど、さまざまなカテゴリの信頼できる検証されたベンダーとのネットワークを持っている。もちろん中国のベンダーが多いけど、アメリカやヨーロッパの提携先もある。当然ながら、PCHからの製造委託を受けている工場は、中国で僕たちが訪れた中でも最高の工場だった。PCHはアイルランドに本拠地があるため、職員エンジニアのほとんどはアイルランド人で、英語でコミュニケーションできる。PCHのエンジニアは知識があって勤勉で、オマケにいつも最高のビールのありかを知っているようだった。中国にギネスのタップがこんなにたくさんあるとは！

　工場を1つ見学するだけでもすさまじい情報量だし、半ダースもの工場をまわればなおさらだ。だからエレクトロニクス製造業の細部で迷子になってしまうのもたやすい。でも僕らがChumbyでPCHと作ると決めるにあたっては、いくつかきわめて魅力的に思えた、重要な細部がいくつかあった。

深圳のスケール

中国で働いていると、まずその規模に圧倒される。僕はミシガンの自動車工場もシアトルのボーイングの工場も行ったことはないけど、深圳の規模を見ればこのどちらもはだしで逃げ出すんじゃないだろうか。2007年の時点で深圳には900万もの人々がいた。

深圳の規模を理解してもらうために、ニューバランスのスニーカー工場を紹介しよう。そこでは4万人が働き、月に100万足以上のスニーカーを作っている。材料の革から完成した靴になるまで50分かかるだろう。プラスチックと革が完璧に組み合わさった靴は、すべてのパーツが工業用ミシンによる手縫いだ。工場のベルトコンベアは1つの工程が30秒ずつかかるように設計されている。

もちろん、iPhoneやiPodが製造されているFoxconnの工場は、靴の工場なんか比較にならないほど大きい。

なにしろ高速道路に専用の出口があるぐらい大きい

Foxconnは25万人以上の従業員が働く巨大な施設で、独自の自由貿易制度の適用を受けている。工場の敷地に入るときにパスポートを見せて通関する必要があるそうだ。これで原子力ロボットの番犬がいたら、まるでニール・

スティーヴンスンの『スノウ・クラッシュ』に出てくる国家企業フランチャイズだ。

工場と食事

　古い中国のことわざで、「民以食為天（min yi shi wei tian）」というものがある。「食べ物は神様」とか「食べ物は天国にも等しい」という意味だ。同時に「政府（昔の中国では天と同じ意味で使われる）は人々に食べ物を与えないと長続きしない」という統治の格言とも読める。さらには、何かを先延ばしにする言い訳としても使われる。「まずは食べましょう。それは天と同じぐらい重要なので」というわけだ。

　解釈はいろいろあるけれど、このことわざは今の中国にも当てはまると思う。工場がうまくいっているかを見る重要な基準の1つは、工場の食べ物の良し悪しだ。従業員は通常、工場が用意したアパートに住んで、提供される食事を食べることになるから、いいものを食べることは重要だ。

　工場によっては、じつはかなりいい食事を出す。たとえばchumbyの製造のために工場のラインに入った時には、何日も同じラインで働く作業員たちと同じものを食べていた。蒸した魚、ゆでた豚、卵焼き、野菜の素揚げ、肉野菜炒めやご飯とスープ。リンゴは自分で好きなだけ取っていい。

Chumby のプリント基板製造工場での食事

僕が訪れたどの工場でも、ゲスト用には従業員とは別の食器が用意されていた。ある工場では、僕は使い捨ての箸と皿を使うことになった。工場労働者は金属の食器を使うが、外国から来た僕は工場の身体検査を受けていなかったので、同じ食器を使って僕から何かが感染することを避けたのだ。
　前の節の規模の話に戻ると、工場によっては驚くほどの規模の食堂を持つ。Foxconnの工場では1日に豚を3,000頭も喰うとか。深圳では豚がiPhoneに変わるんだ！

Foxconnの工場に向けて高速道路を走っている、豚を満載したトラック

品質への献身

　実際にPCHとchumbyの製造を始めてから、2007年の6月のある出来事で深圳の作業員たちがどれだけ真剣に作業していたかわかった。
　そのとき僕は、chumbyのマザーボードをアップデートしてFETプリアンプを内蔵したマイクをとりつけることにした。FETが正しいバイアス電流を受けるように、マイクは回路に対して正しい向きでつける必要がある。
　PCHから受け取った最初のサンプルはマイクが逆についていたので、僕は

電話で極性を変えるよう指示した。翌週に工場訪問をするつもりだったから、そのときに修正サンプルを見せてほしいと言った。工場についてマイクテストをしてみたら、まだマイクが機能しないのでがっかりしてしまった。

なんでだろう？　マイクの付け方は2通りしかないのに。

じつは、マイクを組み立てているラインには2人のオペレータがいて、1人が赤と黒の電線をマイクにハンダ付けし、もう1人がその電線をマザーボードにハンダ付けしていた。このオペレータたちは逆にするよう指示されたので、赤と黒の電線を入れ替えてハンダ付けしたのだった。電気的にはまったく変わっていない（こういうのが中国の工場でよくある問題だ）。

予定では、翌日に450枚の最初のパイロット基板を作ることになっていた。どこか少しでも遅れるとchumbyの製造スケジュール全体が遅れる。僕らは基板のステンシル（基板上の文字や図、たとえば部品を置く指示などが書いてある）を作りなおし（ついでにオーディオCODECのQFNパッケージICの歩留まり問題にも対処していた）、昼頃に準備ができた。午後6時には新しいステンシルで最初の基板のテストができた。最終工場テストをしたら、マイクはまた動かなかった。工場のみんなにとって、これはかなり嫌な瞬間だった。製造上の欠陥はすべて工場の責任になるからだ。

僕は作業服を着てラインに向かい、問題の検討を始めた。

夜が明ける頃まで僕は工場に残って解析を続けたが、chumbyの製造に関わったマネージャーもエンジニアたちも全員一緒だった。すごいプレッシャーだった。僕らのすぐ横のラインは、欠陥がありそうな基板を450枚も作りつつある。原因がまだわからないし、予定を遵守しなければならないので、僕はそのラインを止めたくはなかった。

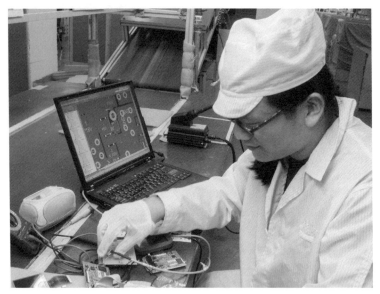

この日、僕は午前3時を過ぎてもまだハードウェアのデバッグをしていた

　その夜通し、僕は工場労働者の小軍団を控えさせて、必要なツール——ハンダごて、試験装置、予備のボード、X線検査装置、顕微鏡など——を持ってこさせた。すごいのは、だれもためらわず、不平を言わなかったことだ。だれも問題から目をそらさなかった。エンジニアたちは瞬きもせず友達との夕食をキャンセルしてくれた。手が空いた人はプロジェクトのほかの面をサポートしてくれた。こんな献身的なチームは、僕がMITで自律型水中ロボットをやったとき以来だ。そしてこれが午前3時まで続いた。
　恥ずかしいことに、この問題は結局PCH側のせいじゃなかった。僕がこの日アメリカのチームから受け取った最新のファームウェアだった。ビルドツリーにうっかりチェックインされてしまった出来の悪いパッチのおかげで、マイクを無効にするバグが含まれていたのだ。
　さらに驚いたことに、PCH側の問題でないとわかった後も、だれも怒ったり不平を言ったりしなかった（いやまあ、営業担当の女性にはかなりなじられたけれど、それはこっちの自業自得だ。僕の中国語がまだ下手くそだったので、彼女は親切にも徹夜で製造ラインの僕につきっきりで通訳してくれたのだ）。単に原因がわかっ

てほっとしただけだ。

　僕らは帰宅し、ぐっすり眠った後、遅めの朝11時に工場に戻った。chumbyの製造マネージャーであるクリスティはもう来ていて、僕に「いつもどおり毎朝8時出勤です」と言った。僕は本当に申し訳ない気分になった。彼女は昨日も僕につきあって遅くまで起きていて、僕が寝ている間に早く来てくれたのだ。8時出勤なのに、どうして遅くまでつきあってくれたのか、尋ねてみた。彼女としては普通に帰宅して、翌日続きをやればよかったんだから。

　すると彼女は「このプロジェクトを仕上げるのが私の仕事で、私はいい仕事がしたい」と、にっこりほほえみながら言ってくれた。

作り手が、製品の目的を知らない

　もう1つ忘れられない話がある。

　ある日、chumbyの品質責任者であるシャオ・リーが工場から出て行く僕に、「chumbyはどんな製品なんですか？」と尋ねた。僕は中国語が、彼女は英語があまり上手に話せなかったので、基本的なことから説明することにした。

　まず、彼女に「ワールドワイドウェブって知ってる？」と尋ねた。彼女は知らないという。インターネットって聞いたことあるかと聞いても、それも知らないという。

　僕は唖然として、何を言えばいいのかわからなかった。目の見えない人に青色をなんと説明したらいいんだろう。

　シャオ・リーはコンピュータを開発し、テストするプロだ。プロジェクトによっては、たぶん何十万回も繰り返しコンピュータを組み立て、Windows XPを起動させる。僕の隣にASUSのマザーボードを組み立てているラインがあって、僕はマイクの問題を解決している間、何十億回もあのクソッタレな起動音を聞かされ続けたのだ。その彼女が、インターネットを知らないという。

　僕はコンピュータに触る人は1人残らずインターネットに触れていると思い込んでいたけれど、この瞬間に同時にシャオ・リーは自分のためのコンピュータや、ましてブロードバンドアクセスを買う余裕がないことを忘れていた自分が、なんともお坊ちゃんじみた尊大な野郎に思えて恥ずかしくなった。彼女は勉強するチャンスがあればそのすべてが理解できるほど賢かったが、おそらく仕送り用のお金を稼ぐために忙しかったのだ。

けっきょく僕は彼女に、chumbyをゲーム機と説明することしかできなかった。

熟練工たち

深圳の労働者は自分たちが何を作っているかについては詳しくなくても、献身的にはげむうえに、すごく腕がいい。同じ工場で働く、chumbyの包装をする労働者を観察してみたことがある。彼は化粧袋を1つ5秒で縫い上げる。それも全力投球でなく、iPodで音楽を聞きながらやるのだ。

さらに、どうやら彼は同僚の中でいちばん速いわけですらない！　同じ工場で7年働いている労働者は倍の速度で作業を仕上げるという。そのもっと速い労働者を見学にいったが、すでに昼飯を食べに行っていた。すでに仕事を全部終えてしまったからだ。後には完成した化粧箱の巨大なかごが2つ残されているだけだった。

同じような話で、僕は服の洗濯タグ（あなたの服にもついているやつ）がどう作られているかを知ってびっくりした。僕は機械でプレスして作られていると思っていたが、アレは手塗りで作られている。1人の労働者が白いタグにステンシルを置き、驚くほどの精度でペイントし、次のタグに取りかかる。タグが多色刷りの場合は速度を保つため、色ごとに作業担当者が違う。

僕はPCHに、その手の作業を機械化してオートメーションでおこなってる工場があるのか尋ねた。彼らは、「機械化されている工場もあるけど、ああいう単価の安すぎる仕事だと、金型を作ってオートメーションするためには数十万、ときに数百万以上のとんでもない規模のオーダーが必要になる」と答えた。

それを聞いて、マクドナルドのハッピーセットのオマケの話を思い出した。あのオマケ、塩ビのオモチャは、通常はネジで組み立てられている。オモチャをスナップ式ではめられるようにするだけの精度で射出成形装置を作るよりは、あの程度の製造台数なら工賃を払って全数を人間にネジ留めさせるほうが安いのだ*。

chumbyのハードにも同様のトレードオフがある。chumbyの基板には4つ

---

* 2007年のこの訪問時点から大きく賃金が上昇したので、今はこのやり方をしてるとは思わないけど。

のコネクタがある。アメリカのベンダーに頼むと1つが1ドル、ほかの3つは0.4ドルぐらい。PCHの腕利き購買担当（彼女はあらゆるベンダーの畏怖の対象だった）は、深圳で0.10ドルと0.06ドルのコネクタを見つけた。でも、そのコネクタは組み立て機械に対応したプラスチックの持ち手がついていなかった。

どうしたかって？　もちろん、人間が組み立てた。

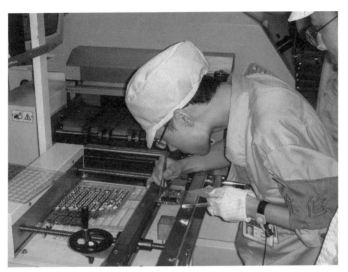

彼がコネクタを1基25セントほどで組み付けてくれたおかげで、chumbyは1台あたり2ドル安くなった。スタバでコーヒーが買える！

工芸職人たちの重要性

深圳の工芸職人として、チャオ師匠を紹介したい。chumby製造プロセスで会った人だけれど、読者のみなさんもこれまで何度か彼が作ったものを使ったり見たりしているはずだ。

彼が働いていた工場のサンプル室に行ったとき、僕はアメリカの販売店で見たり、自分が買ったことがあるモノがサンプルとしてたくさん置いてあるので驚いた。トップブランドがこの工場で自社製品を作っている。そして僕の知る限り、そこでマスターパターンを作れるのはチャオだけだった。彼はBraunの化粧箱、マイクロソフトの付属品ケース、ドラッグストアで売られ

ている多くの大ブランドの医療用保護帯など、さまざまな製品の製造に参加している。

手前がチャオ師匠。うしろはPCH China SolutionsでChumbyのプロジェクトを担当した優れたエンジニア、ジョー・ペロット（Joe Perrot）。

　チャオ師匠は古い意味での「工芸職人」の名にふさわしい人だ。これまで最高の家具は工芸職人の経験と勘で手作りされてきた。今の僕らはIKEAで、CADで設計され、サプライチェーン管理され、図解マニュアルどおりに組み立てる家具キットを買う——そして、それでもそんなにみすぼらしい代物にはならない。結果として「工芸」という言葉は、DIY店マイケルズで買ってきて、暇な週末に仕上げるようなスクラップブックや裁縫キットを指すものに貶められてしまった。機械のなかった時代には、まともな品質のものを作る唯一の方法が「工芸」だったことをみんな忘れてしまった。
　それでも、じつは今も工芸職人は重要だ。まだCADツールは、実際に作る前に結果をシミュレートする段階に達していないからだ。
　繊維製品の型紙づくりは、工芸職人を必要とするプロセスの好例だ。型紙というのは、布の裁断のガイドとなるような2次元形態の集合だ。こうした形態は、複雑な3次元形態へと縫製される。ある3次元形態を2次元面に投影

し、しかもそのパーツの間の無駄を最小限にするだけでもかなり難しい。布は伸びるし歪むし、布の部分や方向によって伸びが違うし、歩留まりを上げるには縫い代のバイアスも十分に必要なので、型紙づくりはなかなか自動化できないのだ。

chumbyの外装ケースは、さらに複雑さが1段加わっている。軟らかいプラスティックの枠に革を縫い付けて作るようにしていたからだ。この場合、縫製でプラスティックがわずかに歪み、革を引っ張るので、縫う方向と目の細かさで縫い代バイアスが変わってきてしまう。こうした力を正確に再現して、縫い合わせたときにあの手の製品がどんなふうに見えるかを予測するようなコンピュータシミュレーションは、絶対無理だろう。作れるものなら、ぜひやってほしい。

でもチャオ師匠は、この型紙作成の熟練技能により、そうした力をすべて織り込んだ型紙を、じつに素早く、ほんの数回の手なおしだけで完成させてしまった。厚紙とハサミと鉛筆、そして熟練の技術で作られた彼の試作品は、驚くほど巧妙でうまく考えられていた。彼の古い時代の職人技能に感謝するように。たぶんみなさんが使ったり恩恵を受けたりしている何かにも、チャオ師匠の熟練の技が生きているだろう。

チャオ師匠の作業場には1台のコンピュータもなかったけど、多くのハイテク機器が彼が作ったもので包まれている。

組み立ての自動化

　Chumbyの仕事をするまでは、僕はほとんどのものはオートメーションで作られていると思っていた。もちろん、各種の繊維工場を見学して即座に印象は大きく変わった。とはいえ、ハイテク製品、電子機器などは中国でもやはりオートメーションが進んでいる。むしろオマケのオモチャみたいな低価格製品が手作業で作られていた。そういう工場は、相変わらず大量の人間がベルトコンベアに並び、手で回路基板に部品を載せ、ハンダ槽につけている。

　大量生産のやり方に関するおもしろい両極端として、CoB（Chip on Board）がある。プラスチックパッケージ化されていないICのベアチップを直接PCB基板にくっつけるやり方だ。CoB実装されたIC部品は、プラスチックパッケージのように見た目が綺麗に組み付けられたものにはならず、エポキシ樹脂がこんもり盛られた独特の姿になる。僕はいくつか10Gbイーサネットのトランシーバなどで高密度のハイエンドCoBアセンブリを使ったけど、安いものではなかった。

　でも、ここ深圳では多くのオモチャ工場がCoBを使って、ICのパッケージコストを節約しているんだ！　オモチャ工場は自動ワイヤーボンディング装置を導入して、それを人形の頭の射出成形や、動物のぬいぐるみの縫製のラインの隣に置いている。ワイヤーボンディング装置を自社で持てば小銭が節約できるというだけの理由だ。オモチャ工場がコスト削減にどれほど敏感かを如実に物語る話ではある。

　典型的なワイヤーボンディング装置は、人間の髪の毛ぐらいの細いワイヤーを、それよりちょっと大きいだけの基板の取り付け部に着ける作業を、1秒に数回おこなう。じつに高速な精密機械だ。あまりに高速だから、見ていると部品が1回りするだけに見えるが、じつは16分の1回転ごとにちょっと静止して、チップと基板の間にワイヤーが接着される。

　でもワイヤーボンディング前に、人間がチップ基板に接着剤を塗布して基板の指定位置に固定する必要がある。そしてボンディングの直後に、チップには人の手で慎重にエポキシ樹脂が流し込まれて封止される。つまり、このワイヤーボンディング装置はこの単純なオモチャ製造ライン唯一の機械で、残りは人間なのだ。そのプロセスを見て、僕はアメリカのデパートで10ドルで売っている、しゃべるバービー人形の製造に注ぎこまれている技術について、新たな畏敬の念を抱くに到った。

chumbyの製造プロセスも同じように、チップマウンタというマシンを使ってちょっとだけオートメーション化している。チップマウンタ（または表面実装装置）は表面実装部品をプリント基板に載せて、ハンダ付けできるようにしてくれるのだ。

中国の chumby PCB 組み立て工場には、数多くのラインがあり、世界で実績のある FUJI 製のチップマウンタが稼働している。

　実際にチップマウンタが動作する姿はとても幻惑的だ。chumby PCB実装工場のチップマウンタは、1時間あたり1台で1〜2万もの部品を配置できる。つまりそれぞれのマシンが、毎秒3〜6個の部品を配置する。その組み立ては目にも止まらない速さで、すべてがぼんやりとした姿にしか見えず、畏怖を抱かせる。chumby工場で僕が見たチップマウンタは機関銃のような仕組みだった。チップガン自体は固定され、その下で基板のほうが動き回る。チップマウンタは本当にそれぞれの部品を「見て」、それを正しい向きに直してから基板に置く。

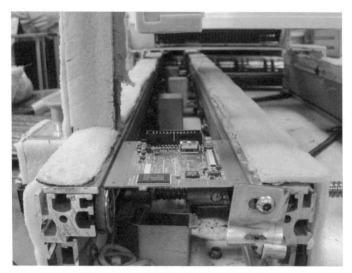

これがchumby中枢基板の組み立てラインの終わり!

　chumbyのPCBアセンブリをしてくれた工場は、有名なPCのマザーボードを作っているようなところなので、こんな複雑な基板を1日1万個作っても平気らしい。でも部品の配置のようなプロセスは自動化できても、製品を作るうえで機械には絶対できないことはほかにいくつもある。

精度、射出成形、そして我慢強さ

　chumbyはほかの多くのガジェットと同じく、プラスティックのケースの中に基板が入っているから、ケースを製造する射出成形について学ばなければならなかった。エレクトロニクス出身で機械系とは縁のない僕にとっては難行苦行だった。

　理屈はシンプルだ。空洞のある金型を作り、その空洞に溶かしたプラスチックを高圧で流し込み、冷やして形になったモノを取り出す。小学校時代に粘土で作った型と同じだ。

　いやはや、そんな単純な話ですめばありがたかった!

　たしかにプラスチックは流れるけれど、でも決してさらさら流れてはくれ

ない。ゆっくりとしか動かないし、流れる途中で冷える。プラスチックの色はその温度変化に影響を受け、金型の設計がまずいと、最終製品にもその流れの線（フローライン）やプラスチック同士の継ぎ跡の線（ウェルドライン）が出てしまう。さらに完成品をどうやって金型から取り出すか、金型をどう作って仕上げるか、プラスチックを金型に入れるためのゲートやランナーはどこにつけるかなどについて、問題はテンコ盛りだ。

ありがたいことに、PCHはこういう話をすべて知っている専門家を中国に擁していたから、僕はおおむね見ているだけで学べた。

射出成形を形容詞1つで表すとすれば、「精度」だろう。きちんとやれば、金型は髪一筋よりも細かいレベルでの精度を実現するのに、これが硬い金属でできている。これほど耐久性のある材料からこれほどの精度を出すのは生やさしいことではなく、鋼鉄のかたまりから金型を工作機械が削り出すのを見るのは感動的だ。

chumbyケース用の金型切削機械は、数百キロもあるはずの鋼鉄の塊をすごい勢いで押したり戻したりした。そして、その金属をじつに素早く切削する！

chumby製造に使われた金型切削機械。隣で立っている人と比べるとその大きさがわかる。

でも、切削加工は金型製造でいちばん荒っぽい部分でしかない。おおまかな形を切削してから、その金型は放電加工機（EDM）に入れられる。そこでは電子の奔流が、鋼鉄の表面から顕微鏡でしかわからないような塊をそぎ落とす。これはとんでもなく緩慢なプロセスだ。いろんなEDMの仕事ぶりを見てきたけれど、ほとんどペンキが乾くのを眺めるに等しい。それでも、EDMは死ぬほどの精度を持ち、脅威的で再現可能な結果を出してくれる。

　プロジェクト管理の面からいえば、製造に使える品質の射出成形用プラスチックのすさまじいリードタイムこそが僕にとって最大の驚きだった。なんだかんだで、chumbyの金型が鋼鉄の塊から最初に使えるだけのものになるまでに、4週間から6週間かかった。僕は工場がとんでもなくサバを読んでいるのではないかと疑って、実際に中国にでかけて切削工場の作業ぶりを実地に見なければならなかった。

　リスク管理の面からみてもっとおっかないのは、金型の中をプラスチックがどう流れるか予測するような、まともなシミュレーションツールがないことだ。製品に、フローラインやウェルドラインなどの目に見える欠陥があっても、新しい金型でそれが改善されるかわかるまでには、また4〜6週間待たなくてはならない。イタタタ！

　ありがたいことに、中国でChumbyが使った金型工場はこういう問題を予測して、加工機は金型に金属を残し気味にするような加工をしてくれた。問題解決のために金型の材料を削るほうが、そこに金属を追加するよりもずっとかんたんだからだ。昔の大工の格言みたいなもんだ。長さは2度測れ、切るのは一度だけ。そしてどうしてもまちがって切るときには、長目にまちがえろ。

　chumbyのバックベゼル作りに使った金型は特に複雑だった。というのも、オーバーモールディング（2色成型）というプロセスを使ったからだ。もしchumby Classicをお持ちなら、裏側を見てほしい。硬いABSベゼルを取り巻く形で、ゴム状のTPEの縁がある。多くの人は、これが輪ゴムを糊付けしたものだと思った。でもじつは、TPEはこの背面パネルに射出成形してくっつけてある。これには2ショット金型というものが必要だ。

chumbyのケース、背面の金型。これが最終形。

　実際には2つの金型があり、片方の金型が回転して、別の材料システムをプロセスの適切な時点で成形するようになっている。

　僕らが毎日見ているありふれたプラスティック製品の製造にもたいへんな労力が注ぎ込まれている。高品質な製品を作るには、これが欠かせないのだ。でも、同時に安い価格という期待だってまったくもって無視できるものではない。

クオリティへの挑戦

　明らかに、中国製品の低価格への期待と一緒にやってくるのは、品質管理上の大きな課題だ。中国製品についてのメディア報道を見ると、オモチャに鉛入り塗料を使ったとか、工業用の化学物質を食べ物に使ったとか、低価格化のためにいろいろまずいことをやっているのがわかる。

　そういう報道を見ると「ハンロンの剃刀」というアメリカのことわざ、または「陰謀論より失敗論」というイギリスの警句（訳注　いずれも「失敗を悪意とまちがえるな」という意。海外のレストランで自分の注文が忘れられたことを差別と誤解するような考え方に対して戒めるこ

とわざ）をきちんとおぼえておかなければならない。これを言い換えると「無知によって適切に説明できるものを、悪意のせいにしてはいけない」ということだ。

たしかに、一部の製造業者たちは儲けのためなら手だてを選ばない。でも、まちがいの多くは、単に無知からもたらされるものだと思う。一般的な工場のほとんどは、最終的にその製品がどのように使われるか知らない状態で「とにかくコストを下げろ」とプレッシャーを受けるから、そういうまちがった決定をしてしまう。工場はまた、えらくふわっとした要求や隠された仕様の製品も扱わざるをえないし、また顧客によってはあれこれつまらない要件を山ほど押しつけてくる——そしてどちらの場合も、そうした顧客のほとんどはきちんと後からフォローもしてくれない。こうなると多くの工場が「とりあえず出荷してみて、仕様の不足についてクライアントから文句を言われなければ、それはどうでもいい仕様だったんだろう」という対応をとることになる。これは決していいやり方ではないから、顧客はいつも監査をきちんとやって、品質基準を高く保つよう注意し続けなければならないということだ。

アメリカと中国の間の断絶

このやり方の背後にある根本的な問題は、多くの中国住民が、アメリカで当然と思われている基本的なことを理解していないし、そうあるべきだとも思っていないということだ。その逆も言える。中国の労働者の多くも教育を受けているけど、アメリカのような「ガジェット文化」の中で育ったりはしていない。だから、ある製品の仕様を主観的に理解できるかどうかは、まったくはっきりしないのだ。

たとえばアメリカ人のエンジニアに「あのパネルにボタンをつけて」と言ったら、たぶんルック＆フィールの面で予想とかなり近いものが出てくるだろう。みなさんとエンジニアとはパネルについたボタンというものについて共通の体験をしていて、共通の期待を持っているからだ。中国でそれをやったら、なんだか野暮ったくて無骨なものが出てくるだろうけれど、すさまじく安くて、作って試験するのもじつにかんたんなものになっている。実務的な理由からいえば、この最後のいくつかの理由は望ましいけれど、アメリカのガジェットマニアは細部にこだわり、野暮ったい武骨なものはとにかく買わない。

でも、最終的に安い商品を欲しがる——いや要求するのも、そうした消費

者だ。だから僕たちは中国で製造する。問題は、消費者たちはラベルにあるのが「MADE IN USA」なのか「MADE IN CHINA」なのかという以上の、製造プロセスなんかについてじつは気にしていないということだ。ガジェットに「MADE IN USA」というタグをつけたら、いくらぐらい価格を上乗せしていいだろう？　アメリカの労働者は中国の10倍ぐらいの給料をもらっている。考えてほしい。平均的なアメリカの工場労働者は本当に中国の労働者の10倍分の価値を出せているだろうか？　これはなかなか厳しい乗数だ。

　もちろん、アメリカでの製造に価値がないと言っているわけじゃない。アメリカで物を作ったほうが、僕にとってもずっと面倒が少ないし、リスクも減る。じつは、ほとんどの初期のプロトタイプはアメリカで作る。国内ベンダーはすさまじい付加価値を提供してくれるからだ。でも、大量生産をアメリカでやるのは価格的にどう考えても引き合わない。価値が機能セットを正当化できないから、だれも買わないだろうし、僕が国内ベンダーだけを使って、費用の上乗せ分をそのままお客に転嫁したら、怠け者と言われてしまうだろう。

製造プロセスに巻き込まれにいく

　結局、製品のコストを抑えようと思ったら、中国で製造するのがいちばんいい。そして、品質を担保しようと思ったら、自分で中国の工場まで行くのがいちばんいい。もちろん工場は僕が行く日の前には大掃除をして準備しているが、しっかりした眼と正しい質問をすれば、映画セットのような即席の書き割りにだまされることはない。

　僕がChumby用の工場を選んだときは、いつもQC（品質評価）部署を訪れた。僕は製造前の金型サンプル（ゴールデンサンプル）を見るのと同じぐらい、きちんと準備されたQC標準がバインダーに収められていることを重視し、いくつかのバインダーをランダムに抜き出してそれに対応するゴールデンサンプルを並べ、従業員に内容を理解しているか尋ねた（ひどいところだと、バインダーの背表紙だけそろえて、中の紙にはランダムデータが書いてあった）。

　また、工場が設備投資をしてるかも重視した。訪れた中でいちばんいい工場は、熱・機械・電気の限界検査設備を整頓された部屋に据え付けてあり、検査エンジニアもそこにいて、本当に設備を使っている（単なる見世物として機械を買う中国の会社は絶対にあると思う）。

　でも、たぶんオモチャ会社や食品メーカーは、僕のようなエンジニアを中

国に派遣し、定期的にチェックしたりしないんじゃないか。これに対してAppleは幹部クラスのエンジニアを定期的に深圳に2週間以上派遣している（通常はApple社内で『指輪物語』の悪の帝国にちなんでモルドールと親しみをこめてあだ名されているFOXCONNの工場に行く）。だから僕は深圳の外国人バーで、Appleのエンジニアとよく出会った。

　Chumbyの製造では、僕らのパートナーPCH China Solutionsが中国の現地で欧米式の管理と品質管理を提供していたことがとても重要だった。工場で何か問題があった場合、PCHはすぐに工場にだれかを送って何が起きているかを確認した——電話の呼び出しごっこもないし、FedExでの時間稼ぎもしない。そして中国の工場主のほうも、こちらが玄関までやってきたら、おおむねきちんと対応してくれる。

　Chumbyの品質管理は、このように包括的におこなわれていた。ほぼ初日には、まずエンジニア（僕）が工場に実際に出向いて状況を確認する。その工場に「何ができて何ができないか」を調べるのが重要だ。実際にラインを流れているものが何で、どんな方法で作られているのかを見る。そして、製品のエンジニアリングをおこなうときには、なるべくその工場にとって、いちばんなじみのあるプロセスと技術を使うようにする。

　僕らスタートアップは、新しい革新的なモノを作らなければならない。それには新しいことをしなければならないので、何を最も重視するかを選んで、そこに専念する。新しいものはすべて、まともにできるようになるまで何週間もの苦闘が必要だからだ。このやり方は、ごく細かいところにまで当てはまる。たとえば、その工場では商品をプラスティックのブリスタパックで包装するのが通例だったとしよう。こちらは、製品を紙で包みたい。その場合、紙で包むプロセスの開発に思いっきり専念するように計画を立てよう。選んだ工場のライン工員たちは、紙で包んだ製品なんかこれまでお目にかかったこともない可能性が十分あるからだ。

　もちろんchumbyのために新しいやり方を開発するとき、僕は自分が工場にいるほうが好みだったし、今でもそうだ。ラインに入って、自分のデバイスを作ってくれる工員たちに、その作り方を実演するというのは、またとない体験だ。たとえば僕はchumbyの組み立てライン工員たちに、液晶の基板に銅テープを貼り付けて、まともなEMI電磁シールドを作るやり方を自ら教えた。

　複雑な形状の薄い金属の板に合わせてテープを折り曲げ、かつほかの部品

に接触させてショートせずに、目的の基板にはしっかりと接続する作業に伴う細かい点を説明するのは難しい。片面の接着剤があまりいい絶縁材にならないといった細かい話は、基本的な物理の知識を必要とするけど、ライン工はそんな知識は持ってない。もっと困るのは、そういう概念を説明しようとしたら、通訳のまったく知らない技術的な専門用語がたくさん出てくることだ。

僕の場合にも、完成品の3DCADデータやサンプルの写真でもうまく全体の考え方を説明できなかっただろう。テープが硬かったので、折れずに曲げるためにはある独特の動きを必要としたからだ。このプロセスを遠くから説明して、サンプルの承認を写真でおこない、最終的にFedExでサンプルユニットを配達させて承認するとなると、数週間かかる。目の前でやれば数分だ。そして言葉の壁があっても、表情やボディランゲージを見ればあるステップの重要性を理解できたか判断できる。そうした反応を見て、曖昧だったり習得しづらかったりするプロセスはすぐに見なおすのだ。

普通、こういうレベルの細かさと親密さでプロセスを実演できたら、工具たちは数週間もかかったりせず、ものの数時間で正解を身につける。僕がchumby製造プロセス開発の間、やたらに中国に滞在した理由の一部もこれだ。

だれもがChumbyの品質プロセスに参加した。写真のいちばん左はCEOのスティーブ・トムリン、1人おいてアートディレクターのスーザン・ケア（訳注　MacとWindowsとOS2とNeXTと、とにかくこの世の主流OSのGUIのほとんどをデザインした天才デザイナー）。縫製工場で、ロゴ用のシルクスクリーンの確認しているところ。

自家製リモートテストシステム

　それでも、Chumbyとしてはいつでもだれかを中国に送れるわけじゃない。この僕ですら、中国に住むのは避けたかったから、品質管理とものごとをうまく手配するのはしばしばPCHに任せておくようにしたし、実際に彼らはすばらしい仕事をしてくれた。

　リモートで確認すると、新しいプロセスの導入には数週間かかることが多い。その場にいてちょっと変えてその場で承認しないと、そうしたちょっとした変更ごとに、何かをFedExでほぼ往復させるはめになるからだ。そういうプロセスを何度か繰り返した挙げ句、僕は工場で数時間の確認が、だいたい2週間ぐらいかかることを学んだ。僕が工場にいればものの数時間ですむのに。

　そういう2週間の作業は、すぐに溜まってすごい遅れになる。

　アメリカから中国工場でのプロセスを監視するためには、製品の検査結果をリモートで電子的にモニタリングするのが不可欠だった。僕は組み立てラインから出てくるすべてのデバイスをプログラムし、パーソナライズし、起動し、確認し、測定するテスター群を開発した。検査プロセスのすべてはログに溜まり、1日の終わりにアメリカのサーバーに送られる。

　このデータを使って、工場のフロアで起こる大量の問題を「デバッグ」できるようになった。たとえばあるテスターのところにいるオペレータが、バーコードスキャナーで問題を抱えていることがわかった。また、毎日の歩留まりや、製造速度が遅すぎないかもすぐにわかった。こうした自家製の監査能力を備えるのはとても強力だった。工場も僕がリモートから見ていることを知っていたからだ。じつはそうした能力を備えると、工場との関係は改善する。工場は歩留まり問題の費用を負担させられる（少なくとも当初は）から、問題が手に負えなくなる前に設計エンジニアが適切な助言をしてくれると喜んだ。

chumbyのテストのために中国の工場に置かれた2台のノートPC。
このPCを中国に持ち込むのにもいろいろ問題があった。

工場テストの進化

　試験プロセスまで確立できたら、工場は自律的に動き出す。たとえばchumbyのプリント基板工場では、最終検査の最初の段階は手作業だ。1人の工員がすべての回路基板を調べ、ボール紙のテンプレートを使って別のオペレータが部品の欠落を確認する。それからユニットは自動化されたテストプロセスに進む。

　PCHも工場も定期的に、鉛などの有害物質による汚染がないように、chumbyに有害物質制限試験（RoHS）を実施した。RoHSはヨーロッパ向けの製品を作るときには義務づけられているが、皮肉なことにアメリカ向けだと要らない。でも、工場はアメリカだけに向けた製品を作るときもRoHSを実施していた。ラインに潜在的な汚染があったら、そのラインで作った製品をヨーロッパに出荷できなくなってしまいかねないからだ。

　それだけの試験をおこなっても、アメリカに戻った後でChumbyは品質管理の目的で抜き取り検査を続けた。品質管理のため、しょっちゅうデバイスを注文し、特性検査をして分解することで、運営手順が遵守されていること

を確認した。

それでもミスは起こる

　ここまでやっても、どんな製品でも、何かの問題は起こる。すべての製品は、社内の品質管理をパスした後にも起こるバグを潰すフェーズをくぐりぬける。これは最高のカスタマーサービスやサポートセンターと一緒に取り組む仕事で、この段階では問題を解決し、その再発を防ぐために、きわめてアジャイルで革新的になる必要がある。

　Chumbyにいたときには、過去の事例にないトラブルが起きたとき、僕は自分でその顧客に電話して、何が起こっているのかを聞いた。何がおかしくなったかを知って、問題を解決し、それがほかのだれにも再発しないようにしたかったから！

　何よりも僕はマイクロソフトのゲーム機Xbox 360で有名になった「レッドリングオブデス」を避けたかった。Xbox 360を使っていて大きなハードウェア障害が起こると、電源ボタンのまわりのリング型のランプが赤く光り、動作が停止する。この問題は、Xbox 360が何万台も売れ、何年も使われてから起きるものだ。レッドリングオブデスのような状況は、製品エンジニアにとっては最悪の悪夢だ。

　だから、chumby（またはどんな製品でも）を無事出荷できたからといっても、それは始まりにすぎない。真の問題は、その後で起こる。

　製造プロセスでこんな段階に達してしまったら、ご幸運を祈るしかない！

この章のまとめ

　ここまで書いてきた物語は、製品を大量生産する方法を学ぶ中で僕が経験してきた冒険——および失敗——をお見せしたものだ。次の2つの章は、あまり物語っぽくなくて、もっと思索的になる。第2章では、3つの工場の仮想的な見学をおこなって、そこから何を学べるか見よう。最後の第3章では、これまで製造について僕が学んだことをすべてまとめた。

2. 3つのまったく違った工場の中身

　コンピュータのしくみを理解するには、ケースを開けて中を見てみる必要がある。同じように、製造プロセスを理解するには、工場を訪ねて製造ラインを追いかける必要がある。製造プロセスは「イノベーションである製品開発の後に待っている、必要だけれど退屈なもの」ぐらいに思われているけど、実際は開発と製造は密接に結びついている。発明家が1つの製品について一度しか考えないとしたら、工場では同じ製品についていつも毎日、時には何年にわたって考え続けている。

　イノベーションにおける工場の重要さは、あらゆるものがつながっているグローバル社会ではむしろ大きくなっている。今や「Appleの工場」「ナイキの工場」なんてものは存在しない。おなじみのブランドがキュレーションしている個別プロセス（たとえばジッパー製造とかPCB製造とか）の専門家である工場の集まりがあるだけだ。だから、ライバル会社の製品が同じ工場の隣の

ラインで走っているなんてことも珍しくない。個別分野の専門知識が、ブランドを超えて1カ所に固まっているということは、自分の製品のある側面をどう改善するかを学ぶ最高の場所は、ほかのみんなの製品で同じ側面を作っているのと同じ場所であることが多いということだ。

製品改善で僕が得た最高の知見の一部は、製造ラインで技術者が働いているのを見て、彼らが同じことを何度も繰り返す中で彼らの見つけた最適化のコツを学んだものだ。

この章では、ありふれたモノを作る3つの工場を見学する。PCB基板（具体的にはArduinoで使われているもの）、USBメモリ、服のジッパーだ。舞台裏を見ることで、実際の製品でおこなわれている製造とデザインのトレードオフがわかり、その改善方法について考えを深められるだろう。PCB工場ではArduinoの裏面にどうやって高解像度のイタリア国旗を印刷するかについての秘密を学んだ。USBメモリ工場では、ハイテクとローテクが思いがけない方法で組み合わさっていた。ジッパーの工場では、こんな慎ましい製品ですらプロダクトデザイナーにとって有意義な教訓を与えてくれるのを発見した。

Arduinoの生まれるところ

時は2012年7月。前のスタートアップ企業Chumbyが操業停止してから、6ヶ月ほどたった頃だった。1年間休みをとって、いろいろ考えたり、いくつかやりたいことをやるつもりだった。その1つがイタリア旅行だった。僕のガールフレンドがArduinoチーム（当時はまだ分裂騒動が起きる何年も前だった）に連絡してくれて、スカルマーニョにある工場にアポイントを取ってくれた。

Arduinoオフィスのメンバーたち、特にマネージングディレクターのダビデ・ゴンバは多忙なのにわざわざ工場を見せてくれた。彼らは僕がカメラ小僧であることと、ハードウェアへの愛を表明する間、辛抱強く待ってくれたし、おかげでまちがいなくすばらしい写真がたくさん撮れた。

スカルマーニョはイタリアの北部、ミラノから車で西に1時間半ぐらいかかる。トリノ郊外のオリベッティの工場にも近い。この小さな街はArduinoの公式版の基板製造、部品取り付け、配送をすべてまかなっている。工場が見られるというので大興奮だったけれど、なかでも見学のハイライトはArduinoのPCB基板を作っているSystem Elettronicaという工場だ。System Elettronicaの魅力の1つは、オーナーがイタリア国旗の緑／白／赤に工場を

塗っていたということだ。工場のフロアでも赤と緑に塗り分けられた柱でその精神は窺えた。

でもそんな内装なんか見ている場合じゃなかった。そのフロアは、ピカピカのArduino Leonardosを作るところだったんだから。僕はその製造プロセスを全部見学した。

Arduinoはどのようにして生産されるだろう？

System Elettronica の工場フロア。2012年8月に撮影。

まず銅板から始まる

　Arduino Leonardo基板の材料は銅箔の間にエポキシ樹脂を染み込ませた板状のガラス織布を入れて絶縁と積層接着させる、FR-4と呼ばれる板状の素材だ。板は厚さ1.6mm（PCBの最も一般的な厚さ、1/16インチに相当）で、だいたい幅1m、長さ1.5mだ。

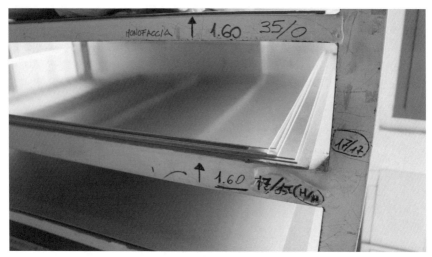

やがて Arduino となる銅板

　PCB製造プロセスの最初は穴開けだ。部品穴、ビア（多層PCBの層同士をつなげる細かい穴）、取り付けのための穴、メッキされたスロットなど、すべての穴をドリルで開ける。PCB製造では回路パターン印刷より前に穴は開けられる。パターン印刷では最終的な基板に銅、印刷された回路、ハンダ付けのための場所など、必要な場所だけマスキング素材が写真印刷される。ここで開けられる穴のいくつかは、その印刷時に回路配線の位置を合わせるために使われる。削って穴を開けるこのプロセスは、汚くて荒っぽいプロセスだから、先に回路パターンを印刷してしまうと、傷がつきかねないのだ。

CNC接続のドリルがArduino基板に穴を開けていく

穴のサイズに合わせて自動で取り替えされるCNC "ドリルラック"

まっさらな銅板は3枚ずつ重ねられ、一度にCNCで3層分の穴が開けられる。

ビアを含めて、すべての穴はCNCマシンで開けられる。これはスルーホールを持つすべてのPCBに当てはまる。だからこそ、ビアの数はPCBのコストを決める大事な要素だ。
　ここSystem Elettronicaで見たこのドリルマシンはかなり小さいのに注意。中国の工場で見たものは、こんな3枚どころではなく数十のパネルに、4〜6本のドリルデッキが同時に穴を開けて何倍もの速度で処理をする。これはトラックぐらいの大きさがある。そんなやり方をする理由は、精密なロボット式ポジショニング組み立てこそがドリルマシンの高価な部分だということだ。ドリル自体は安い——ただの回転するモーターがビットを回すだけだ。だから、スループットを上げる1つのやり方は、ドリルをいくつかまとめて1つのでっかいかたまりにして、それを一緒に動かすことだ。個別のドリルは相変わらず、個別のパネルの束に穴を開ける。でもX-Y位置決め1つのお値段で、イタリア旅行で見かけたドリルの4倍から6倍の数をこなせる。こういうでかい機械はじつに高速でガンガン動くから、ビアが1つドリルされるたびに、数メートル先でも地面が揺れる。
　パネルに穴を開け、洗浄し、バリを取ったあとは、次の工程に進むことになる。

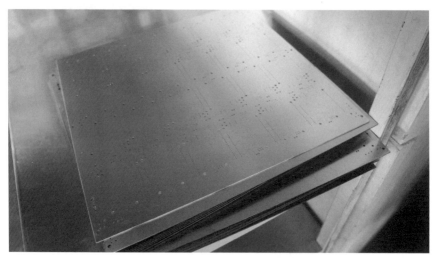

穴開けが終わったArduino Leonardoの基板

PCBパターンを銅板に印刷する

次のステップでは、前のステップの銅シートにフォトレジストという感光剤を塗って、回路のパターンを印刷する。System Elettronicaでは、高コントラストのフィルムとライトボックスを使って転写している。ほかの工場では、レーザーダイレクトイメージング——ラスタスキャン型のレーザーを使う——でPCBにパターンを焼き付けていた。ダイレクトレーザースキャナを使う方法は少数を即納する形のプロトタイプ工場に多く、フィルム版を使うのは量産工場が多い。

右が露光前の同パネル、左が回路パターンを転写した後

まだ処理されていない裏面をライトボックスにセッティングして回路を焼き付ける

　回路パターンの転写が終わった銅板は現像工程に送られる。この工場だと、現像装置は回路の現像とハンダマスク（訳注　ハンダが載る部分以外を絶縁し、保護するラッカーのような層。ソルダーレジストとも呼ぶ）を同時にやってくれる。

この機械が現像プロセス

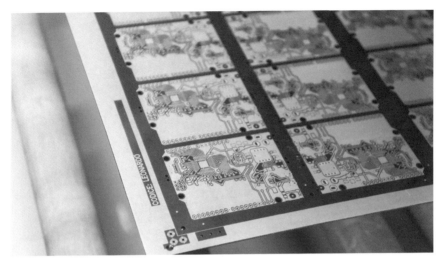

この現像が終わったパネルの写真は、System Elettronica で撮影した中でもお気に入り。
「CODICE：LEONARDO」の文字がなんだかカッコイイ。

PCBをエッチングする

　回路パターンを焼き付けて現像した後、銅パネルは薬品槽をいくつも抜けて、エッチング（不要な銅を腐食させて取り去るプロセス）され、メッキされる。
　エッチングの化学反応がうまく進むように、パネルは薬液の中でゆっくりと前後に揺らされる。この動きはまた、エッチングされて溶けた銅をパネルから遠ざけ、取り除くべき銅の量にかかわらず均一にエッチングできるようにする。この薬品槽の中にパネルをくぐらせるプロセスは、スカルマーニョの工場では完全に自動化されていた。パネルの処理には一連の強アルカリ薬剤を使うので、酸素に触れるのを最小限に抑える必要があるためだ。酸素があるとものの数秒で基板がダメになってしまうから、槽から槽への移動は素早くおこなう必要があるし、ある槽にパネルが漬かる時間は一定でなければならない。さらに槽の薬品は人間に有害だから、ロボットが作業するほうがずっと安全だ。

エッチング槽内でパネルは前後に揺らされる

　この一連の化学処理で、事前にマスキングされてない基板のすべての表面に白いメッキ（たぶんニッケルや錫）が施される。それまではメッキのなかったスルーホールのビアや部品穴にも、ここでメッキができている。

薬品槽で処理された後の Arduino Leonardo のパネル

この段階で、レジストとメッキされていない銅がはぎとられ、むきだしの FR-4とメッキされた銅だけが残る。処理の最終段階で、ピカピカの銅仕上げができる。

不要な銅がエッチングで除去されている

明るく光沢のある銅のPCBパネル。
この写真を撮ったときは別の製品を作っていたので、これはArduinoではない。

ハンダマスクをシルク印刷する

磨かれた銅パネルは、ハンダマスクと、部品のラベルや基板上のロゴなどをシルクスクリーンで印刷（シルク印刷）するプロセスに進む。これらをつけるのは、トレースパターンととても似たプロセスで、露光マスクと現像／ストリッパ（レジスト剥離）装置を使う。

ハンダマスクとシルクスクリーンの両方を備えたArduinoボードのパネルが出てきた！

Arduinoファミリーの場合、シルクスクリーン印刷はじつは2層目のハンダマスクになっている。Arduinoの基板に見られる入念なアート作品――特に裏面のイタリアの地図――を解決してくれる、シャープでかっこいい層を作り出すために、特殊な乾式フィルムによる白いハンダマスクが調達された。ほかにシルクスクリーン層を作り出す技法としては、小ロット基板工場向けの高解像度インクジェット印刷とか、そしてもちろん名前どおりのシルク越しにインキをぎゅっと絞り出す、通常のシルクスクリーン技法がある。

仕上げとテスト

化学処理がひととおり終わったら、高温ハンダレベラーで基板をコーティングする。

コーティングがすむと、すべての基板が100%試験される。試験はロボット駆動のプローブ（訳注　電気接点に当てる針状の端子）によりすべての回路トレースの接続性と抵抗を計測するのだ。僕が見たプロセスは、フライングヘッドテスト（飛行プローブとも呼ばれる）と呼ばれ、何本も針状のプローブが突き出た数組のアームが試験をおこなう。Arduino Leonardoのトレースはものすごい数だから、かなりの数のプロービングが必要だ！　ありがたいことに、ロボットアームは毎分何百箇所も、目にとまらないほどの速度で動き、試験をおこなう。

　　注記　フライングヘッドテストのほかに、クラムシェルテストと呼ばれるものもある。クラムシェルテストでは、すべての接点を同時にチェックするために剣山のようにプローブが生えた治具が試験をおこなう。ただし、このクラムシェルは作るのにもメンテナンスにもとても手間がかかり、PCBを設計するガーバーデータが更新されると作りなおさなければならない。小ロットだとフライングヘッドテストのほうが費用対効果と柔軟性が高い。

ほぼ完成したPCBが積み重ねられ、個々のボードに切り分けられる最後のステップを待つ。

この工場ではPCB基板のパネルを製造するだけで、別の工場で実際の部品を配置する。こういう場合、パネルが次の工場に送られる前に、PCBを小さく切り分けて、表面実装マシン（SMTマシン）に収まるようにする。パネルはもう一度積み重ねられて、CNCマシンによりまとめて切り分けられる。これで基板はやっと次の工場に行く準備が整う。

何枚かのArduinoのパネルが積み重ねられ、切り分けられる

SMTを効率よくするため、2列×6行単位で切り分けられた基板

約 25,000 本の裸の Arduino PCB。これでこの PCB 工場を出る準備は OK、このあと部品が実装され、世界中のメイカーに出荷、販売されていく!

　Arduino のPCB工場を見るために寄り道したのはよかったと思う。ほかにもいくつかPCB工場を見たけれど、どこも独自の特徴があり、歩留まりを向上させるためのさまざまな小技もあるし、独自の制約もあってデザイナーのほうでそれを補う必要もある。また、きれいな見た目を作るために、シルクスクリーンを使わずにハンダマスクの追加の層を使うといった小技を見るのもおもしろかった。シルクスクリーンの解像度はインクを乗せるシルクの目の細かさで制限されるのに対し、ハンダマスクを制限するのは光学機器と化学現像なので、けたちがいの解像度を出せるし、最終的な見た目の品質も上がる。最終的にケースに入る製品なら、シルクスクリーンくらいの低解像度でもかまわない。どうせエンドユーザーは中の基板を見ることはないからだ。でも、Arduinoでは基板そのものが製品だから、クオリティを上げる必要がある。

USBメモリが生まれるところ

　イタリアのArduino工場見学から数ヶ月後、Linux Conference Australia（LCA）2013で、ありがたいことに「Linux in the Flesh：Linuxのハードウェア組み込みのいろいろ」というタイトルの基調講演をさせてもらえた。Linuxが日々見かけるいろんなデバイスに入っているという話をしたのだ。この章はLinuxに関するものではないけれど、僕と、ひいてはLCAを工場とつなげる話ではある。

　僕がLCAの主催者から受け取った記念品の1つは、LinuxのマスコットであるペンギンのTuxの見た目をした小さなUSBメモリだった。このデバイスを見たとき、ちょうど会議の約1週間前に、まさにこういうUSBメモリの製造工場を訪ねたのは見事な偶然の一致だと思った。USBメモリ基板の組み立てプロセスを最初から最後まで見学したのだけれど、意外にもArduinoの製造プロセスよりもかなり自動化されていなかった。

USBメモリはチップから始まる

　USBメモリは、裸のフラッシュメモリチップから出発する。PCBに実装される前に、これらのチップはメモリ容量と動作を確認される。

フラッシュメモリチップ検査の作業台。
円形の切り欠きがある左側の金属の長方形が検査用のプローブカード。

この工場の作業台では、むきだしのシリコンダイのままのフラッシュチップの山が、プローブカードでのテストと組み付けを待っていた。プローブカードには、フラッシュチップのシリコンウェハの表面に、人間の髪の毛よりちょっと広いぐらいの微細なパッドに触れるための、非常に正確な位置決めのピンがある（この作業台での工具が輪ゴムを使ってアナログ電流計をプローブカードに押しつける様子が大好きだ）。

プローブカードの拡大写真

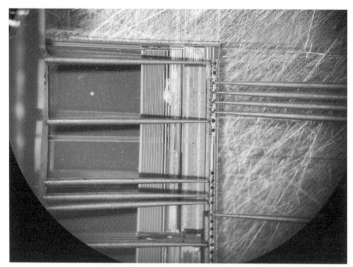

プローブステーションの上の顕微鏡で見ると、フラッシュチップの端にある四角いパッドに針が触れていることがわかる。人間の髪の毛の太さは70ミクロンだが、各パッドは100ミクロンほどしかない。

面白いことに、僕が見たこのチップの試験は、クリーンルームなんかまるで使わずにおこなわれた。工具はピンセットと手持ち式吸盤バイスを使って手でチップを扱い、プローブカードを手動で治具にマウントしたのだ。

チップを手作業でPCB上に置いていく

USBメモリのチップは、本当に「手」で作業されてPCBの上に置かれる。これは珍しいやり方ではない。僕の訪れたどの工場でも、小さな裸のシリコンチップをこのように手作業で取り付けていた。

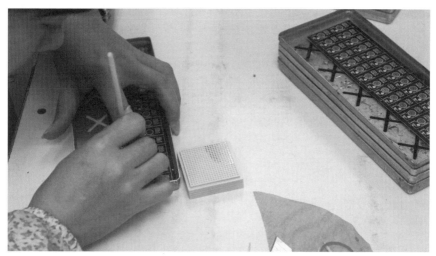

USB のコントローラ IC は、PCB のパネルに配置される。
きわめて小さな裸のシリコンダイが、手のそばの右側のワッフルパック内に置かれているのが見える。

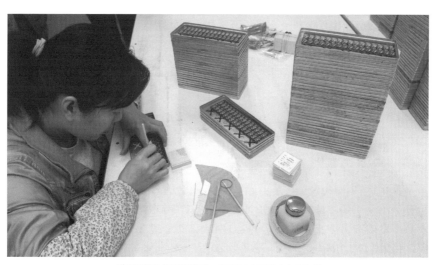

ダイ配置の仕事場をズームアウトして見たところだ

僕が見たときにむきだしのダイ配置作業をした女性は、竹から手仕事で削り出した、箸のような道具を使っていた。いまだにこの手順がどうなっているのか正確なところはわからないけれど、精一杯の見当としては、この竹串がシリコンダイにくっつくちょうどいい表面エネルギーを持っているので、シリコンが竹串の先端にくっつくらしい。糊はシリコンダイにあらかじめ点状に塗布されていて、彼女が竹の棒でシリコンダイの糊に触れると、糊の表面張力でダイが容器から引っ張り出され、竹串にくっつくのだ。

僕が使っているUSBメモリ内のチップが、改造箸で扱われたというのはすごく奇妙な感じだ。

PCBにチップを配線する

チップがPCB上に置かれると、自動ボンディング装置で基板にワイヤー配線（ボンディング）される。これはコンピュータ支援の画像認識を使ってボンドパッドの位置を見つける（だから、手動でダイを置いてもなんとかなるわけだ）。ワイヤーボンディングは、集積回路をパッケージに接続するプロセスで、自動ボンディングマシンは、ずっと回路基板を回転させつつ、ワイヤーをICにとんでもない速度で接続する。このプロセスを見学していたとき、まちがったボンディングのワイヤーをオペレータが手作業でむしり取ってつけなおし、さらにそのワイヤーをマシンに再セットしていた。これらのワイヤーは髪の毛より細く、パッケージとICダイ上のボンドパッドは顕微鏡で見なければならないほどの大きさだから、この作業は並の手先の器用さではできないものだ。

USBメモリの基板を拡大する

Arduino工場が複数のLeonardoボードを1枚のパネルで作っていたように、USBメモリ工場では8枚のUSBメモリ用基板を1枚のパネルで作っている。それぞれのスティックはフラッシュメモリチップと制御ICで構成されていて、制御ICがUSBとむきだしのフラッシュとの間をつないで、不良ブロックのマップやエラー訂正なども含む、なかなか大変な仕事をこなす。制御ICは、おそらく数十MHzで動作する8051クラスのCPUだった。

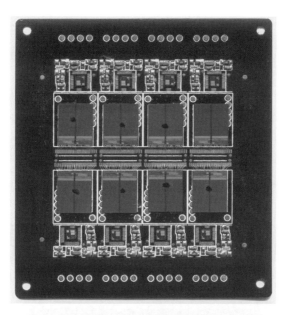

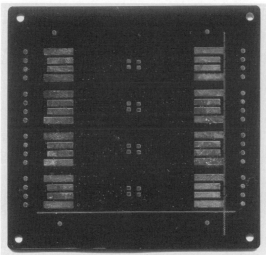

僕が訪問したときにお土産にもらった、ダイがマウントされ途中までボンディングがすんだ PCB。
いくつかのボンディングワイヤーは移動中に潰れてしまった。

面白いことに、ケースに入れる前のPCBは曲がるぐらいやわらかい。

フラッシュメモリのチップには、Intel製の刻印がハッキリ見える

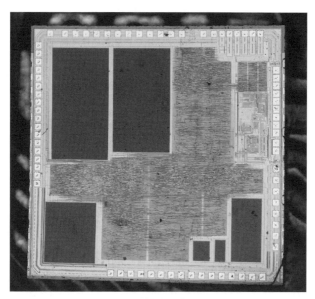

こちらは制御チップのダイ

　パネルのボンディングと試験がすんだら、エポキシで覆われ（オーバーモールド）、個別のスティックに切り分けられて、販売準備が整う。
　が、エレクトロニクスの製造についてはこのくらいでいいだろう。こんどは別の工場を見てみよう。

2つのジッパーが教えてくれること

　友人のクリス"Akiba"ワン（Chris "Akiba" Wang）は、僕と同じような経歴だけれど、若い頃の彼は僕なんかよりずっとかっこよかった。彼は90年代にLL Cool JやRun DMCの公演のバックダンサーだったのだ。その後、大規模な半導体企業に勤めた後、独立して独自のハードウェアプロジェクトを設計・製造するという夢を実現した。彼は短距離、低電力ワイヤレスネットワークの専門家で（Bluetooth Low Energyに関する書籍を共同執筆し、Arduinoに802.15.4無線を搭載した「Freakduino」を販売している）、現在は国連や慶應大学に対するコンサルテーションをおこない、FreakLabsを運営し、Wrecking Crew

などのさまざまなダンサーたちとコラボして、ステージショーのためのユニークな照明システムを作っている。

2013年にMITメディアラボの学生を深圳に案内したときに、Akibaも一緒だった——前出のUSBメモリ工場を見学したのもそのときだ。それ以来、彼は深圳にますますのめり込んでいった。彼の作品はパフォーマンスアート、ウェアラブル、エレクトロニクスの分野にまたがるから、彼の工場のネットワークは僕とまったく違う。だから、僕は彼の世界を学ぶ機会があるといつも大喜びだ。

2015年1月、Akibaは友人のジッパー工場に案内してくれた。この工場見学はとても楽しみだった。どんなありふれた製品を作っていようと、どの工場にも新しい学びがある。この工場はArduino工場ともUSBメモリ工場ともまるで違い、従業員数ははるかに少なく、高度に自動化されて、製品を垂直統合で一気に作ってしまう。どういうことかというと、この施設は金属インゴット、おがくず、米をジッパーの部品に変えるんだ。

約1トンの金属インゴット、93％の亜鉛と7％のアルミニウムでできている

燃料として使われる圧縮されたおがくずのペレット

工員たちが食事する米

完成したジッパーのプルタグ（引っ張る部分）とスライダー

この工場の製造プロセスを実際に見てみよう。

完全に自動化されたプロセス

　金属インゴット、おがくずペレット、米の3つの投入と、産出されるジッパーの間には、プルタグ、スライダーを作る完全自動化されたダイカスト（鋳造、ダイキャストと表記することもある）のライン、ジッパーを取り外して磨くためのタンブラーと振動ポット（僕は「ビブラポット」と呼びたい）、バリ取りをしてプルタグをスライダーにくっつける一連の機械とがある。僕が見た限り従業員は1ダースもいない。でも、この工場はたぶん月に100万個以上のジッパーを作れるだろう。

　ジッパーを1体に組み立てるビブラポットには幻惑された[*]。2つのビブラポットがあり、1つにはプルタグが入っていて、もう1つにはスライダーが入っている。その両方が同じ可動レールにぶちまけられると、その両方がだんだん整列して正しい方向を向く。まるで魔法のように見えた。それぞれが自分用のレールに並んで、ラインの終わりでそれが一緒にプレスされて、見慣れたジッパーにまとめられる。そのすべてが1台の完全自動化機械でおこなわ

---

[*]　正式名称は本当に知らない。だから、ここではずっとビブラポットと呼ぼう。

れるのだ。

　ポットに手を入れてみたけれど、部品を動かすための撹拌棒はない。強い振動が感じられるだけだ。手の力をゆるめてみると、その手がポットの中のほかのものと一緒に動き出した。ポット全体が、ちょっと偏った振動をしているので、中のものは円運動をするようになる。これによりプルタグとスライダーはいくつかのレールに押しやられる。そのレールは、品物の非対称性を利用する形にしてあり、正しい向きでレールに乗った部品だけが次の工程に向かうようになっているのだ。

半自動化にとどまるプロセス

　これだけ自動化された工場でも、僕の目にした作業員たちの多くがしている作業が1つあった。彼らは違う種類のジッパー用のプルタグを、スライダーの入った別のビブラポットにつながった装置に手作業で入れていたのだ。その装置は、やはりプルタグとスライダーをつなげるものだ。

　もちろん、僕は尋ねた。「こちらのジッパーの組み立ては自動化されているのに、あっちのジッパーは手作業が残っているのはなぜ？」

　じつはその答はきわめて細やかなもので、結局のところは形の問題だった。

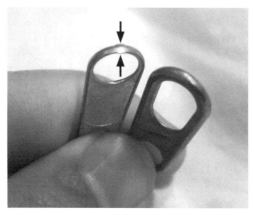

2つのジッパー。
左側のほうは、プルタグの中央に上下に非常に微妙な突起があるのが見えるだろうか？

目視ではかろうじてわかるぐらいの小さな突起の有無が、何百万というスライダーとプルタグをくっつける作業を、完全に自動化できる場合と、人間が必要な場合との違いをもたらしているのだ。この理由を理解するために、ビブラポットの仕組みのある決定的なステップを振り返ろう。ある作業員が親切にも、プルタグを正しい方向に向けて並べるポットを停めてくれたので、その肝心なステップの写真が撮れた。

プルタグはこのビブラポッドの振動で方向がそろう

　プルタグがレールに乗ってやってくるとき、その向きはランダムだ。右向きのやつもあれば、左向きのもある。でも、スライダーは小さい方の穴につなげる必要がある。あの小さな突起のおかげで、左側のレールに落ち込むときに、重力の作用によってすべてのプルタグが同じ方向でぶら下がるのだ。
　半自動で作られるジッパーには、この突起がない。左右対称に近すぎるので、振動ポットによって整列させることができない。この小さな突起を付け加えたら手作業なしにできるのかと工場主に尋ねたら、当然そうだという。
　だったら、すべてのジッパーにその小さな突起をつければいいだけの話だというのは、バカにでもわかると僕は考えたが、ジッパーのデザイナーはふざけるなという。この突起はとても小さいけれど、消費者でも触るとわかる。それを設計の欠陥だと思う人もいるのだ。おかげでデザイナーは、どうして

も完全になめらかなプルタグを要求した。そんなものは当然、自動整列をかんたんで確実に可能にしてくれるような特徴を持っていないわけだ。

需要と希少性の皮肉

　スライダーとプルタグをつなげる作業員の仕事を何分か見れば、プルタグを手作業で1日8時間そろえ続けるという苦行から人を1人救うために、ほとんどの人はジッパーの先の突起くらい、喜んで我慢したくなるはずだと思いたい。あるいは、たぶんエンジニアが果てしない時間をかけて、プルタグとスライダーの向きをそろえるための、もっとややこしい手法を考案してもいいだろう。でもこれには2つの問題がある。

- ジッパーの顧客は、そうしたエンジニアリングの工夫に対してお金を出す気はないだろう。
- 非熟練労働者に工賃を払って手作業でやらせるほうが、差し引きで考えれば安上がりだ。

　このジッパー工場のオーナーは、すでにほかのプロセスをすべて自動化していたから、たぶんこのなめらかなジッパー製造の自動化についても懸命に考えてきたはずだ。ロボットは作るのも維持するのもお金がかかるけど、人間は自分で他人の真似ができるし、おおむね自分で自分をメンテナンスできる。この工場の3番目の投入要素をご記憶だろうか——米だ。ロボットをこの工場に導入するなら、そのスペアパーツは米より安くないとならない。

　でも現実には、この考え方をエンドユーザーに説明するのは手間がかかりすぎる。じつは市場で起こるのはまったくの正反対。なめらかなジッパーの組み立てにはさらなる労力がかかるので、そのジッパーはそれだけ高くなる。おかげで、ハイエンド製品に採用される。すると、変な突起のないじつにすべすべのジッパーこそは、品質管理と細部への気配りの結果なのだという誤解が強化されてしまうわけだ。

　僕が相手にしている世界は、こういう小さなフラストレーションで満ちている。たとえばほとんどの消費者は、ツルツルの鏡面仕上げのプラスチックのほうがザラザラしたサテン仕上げものより高品質だと信じている。どちらも構造的な機能の面では違いがない。でも、鏡面仕上げのほうがずっと手間

がかかる。射出成形の金型を細心の注意で苦労して磨かねばならないし、すべてのプロセスで労働者は白い手袋をしなければならない。毛筋ほどの傷がついているだけで、欠陥として大量のプラスチックが廃棄され、輸送するときにも鏡面仕上げの面はフィルムで保護しなければならない。

　これだけの努力や無駄を経たあげくに、ユーザーがまっ先にすることは何だろう？　鏡面仕上げの1面に、汚い指紋をベタつける。開封から1分以内に、そこは鏡面ではなくなる。あるいはもっとひどいのが、保護フィルムをつけたまま使い、最終的にはサテン仕上げよりも見た目を悪くする。

　サテン仕上げと比べて見よう。サテン仕上げなら保護フィルムなんかいらないし、工具にとってもユーザーにとっても扱いやすく、長持ちして、歩留まりもずっといい。ユーザーが使っても、小さな傷が隠れるし、指紋も細かい汚れも見えない。たぶんサテン仕上げのほうが、鏡面仕上げよりも長期的な顧客体験は上だろう。

　でも、ショールームのディスプレイでも製品写真でも、鏡面仕上げのほうがたしかにきれいに見えるんだ！

3. 工場に発注するためのHowTo

　前の2つの章は、僕が多くの失敗をしながら深圳広域の製造エコシステムを学び、共に成長していった経験を書いた。2013年の1月に、この稼業を理解してから、MIT Media Labに大学院生たちにサプライチェーンと製造に関する指導を頼まれ、深圳のツアーを実施した。Akibaと会ってUSBメモリ工場を訪問したのもこのツアーでのことだ。この章は、僕が何週間もかけて教えたものを数十ページにまとめようとしたものだ。

　少量生産には、資金のある企業が数千個単位でプロトタイプを作るようなやり方とは違った課題やトレードオフがある。僕は時間をかけてそれを学んだけれど、各種の駆け出しならではのまちがいを、6年もかけて追体験するほど暇な人は多くない。すでにアジャイルなハイテク系スタートアップ企業にいる人なら、たぶんあれこれ探検してまわる余裕なんかまるでないだろう。

　この章の教訓は、ハードウェア製品を最初のプロトタイプから数十万台ほ

どの中ボリューム製造まで立ち上げようとする人ならだれでも適用できるものだ。ここでのまとめは、詳細なロードマップというよりは、一般的なガイドラインと思ってほしい。もちろん、いつだって悪魔は細部に潜むものだし、革新的なハードウェアを作る楽しみの1つは、解決すべき斬新で面白い課題が果てしなくあるということだ。

BOMの作り方

　量産をしようとするメイカーは、すべてを外注するのが唯一の現実的な手法なのだとすぐに気がつく。でも生産外注は、回路図＋現金＝製品というほどかんたんじゃない！

　地元の組み立て工場を使うときでも中国でやるときでも、明確で完全なBOM（部品表, Bill Of Matelial）が、生産外注の第1歩だ。回路基板のハンダマスクの色に至るまで、自分の回路基板についてのあらゆる想定を、曖昧なところがない形で明記しないと、第三者の委託先は設計を忠実に再現できない。生産遅延や欠陥、見積超過の最大の原因は、ドキュメンテーションがなかったり、不完全だったりすることなのだ。

単純な自転車ライトのBOMを作る

　事例として、自転車のセーフティライトのKickstarterキャンペーンを成功させたとしよう。555タイマーを使用して小さいLEDの列を点滅させる回路が含まれている。すごいマーケティングキャンペーンの結果、数ヶ月で数百件の注文を出荷しなければならない。

　最初に作る自転車ライト用のBOMは、Altiumなどの設計ツールから自動ではき出されるもので、こんな感じだ。

Quantity	Comment	Designator
1	0.1μF	C1
1	10μF	C2
3	white LED	D1, D2, D3
1	2N3904	Q1
1	100	R1
2	20k	R2, R4
1	1k	R3
1	555 timer	U1

自転車ライトのための基本的なBOM

　アメリカの大学で電気工学を学んだ学生なら、このBOMと回路図でプロトタイプを再現できるだろうけど、製造原価の見積もりには十分じゃない。このBOMはエレクトロニクス部分しか見ていない。LEDライトを作るには、ほかにPCB基板、バッテリー、プラスチックケースの部品、レンズ、ネジ、シリアル番号などの各種ラベル、マニュアル、ビニール袋やダンボールなどの包装を考える必要がある。こういう小さい製品は個別発送には小さすぎるから、いくつかまとめて出荷するためのカートンボックスも必要かもしれない。ダンボールは安いけど、無料じゃない。カートンボックスの注文が遅れると、届いて最終梱包を終えるまで在庫は出荷できずに、倉庫で待つことになる。

　また、以下の重要な情報も必要だ。

・それぞれの部品の承認済み製造元
・受動部品の許容誤差、材料、電圧仕様
・すべての部品のパッケージタイプ情報
・各メーカー固有の型番

　こうした情報をそれぞれくわしく見よう。

部品メーカー指定

　きちんとした工場なら、PCB基板に実装されるすべての部品について、製

造業者を指定したリスト（AVL, Approved Vendor List）を要求する。製造業者は販売ディストリビューターではなく、実際に作っている会社だ。たとえばコンデンサはTDK、村田製作所、太陽誘電、AVX、パナソニック、Samsungなどが製造している。多くの人がBOMにDigiKey、Mouser、Avnetといったディストリビューターを挙げているので今だにビックリしている。

　コンデンサなんてだれが作っても同じだろうと思うかもしれない。でも、つまらないコンデンサでも、製造メーカーが重要になる場合はまちがいなくある。たとえばスイッチングレギュレータのフィルタ用コンデンサを考えなしに交換したら、定格が同じでも動作が不安定になって基板が燃えることさえある。

　もちろん、設計の中で一部の部品は本当に製造業者なんかどこでもかまわない。そういう場合は、BOMのAVLに「any/open」と書いておけば、工場の側で自分たちの好みの提供元を探してくれる。

抵抗、許容差、電圧定格

　「any/open」と書く受動部品でも正しいものを選んでもらうためには、以下の重要なパラメータを指定する必要がある。

- 抵抗では、少なくとも許容差とワット数を指定する必要がある。1kΩで許容差1%、1/4Wのカーボン抵抗は1kΩで許容差5%、1Wの巻線抵抗とまったく違うものだ！
- コンデンサについては、少なくとも許容差、電圧定格、および固形か液体かのタイプも指定する必要がある。製品によっては、ESRやリップル電流許容値などのパラメータも必要だ。50μVの10μFで許容差10%の電解コンデンサは、16V定格の10μFで許容差20%のセラミックコンデンサと比べて、高周波での性能がまったく違う。

　インダクタはかなり用途に特化しているから、BOMに「any/open」と書くのはオススメできない。パワーインダクタの場合、コア構成、直流抵抗、重畳許容電流、温度上昇許容電流、電流などの基本パラメータを指定するけれど、抵抗やコンデンサとは違ってパッケージングの標準はない。さらに、回路性能に重大な影響を及ぼす可能性があるシールドやポッティングなどの重

要なパラメータは、しばしば部品番号で暗黙に指定してある。だから、インダクタは完全な仕様を記述するのがいちばんいい。RFインダクタについても同じことが言える。

部品形状

　電子部品の外装（パッケージタイプ）や形状、ねじ穴の位置などのフォームファクタについても完全に指定すること。外装のパラメータの仕様が不十分だったりまちがっていたりすると、組み立て時に問題になる。パッケージやフォームファクタにはEIA（Electronic Industries Alliance）やJEDECなどのコード（0402、0805、TSSOPなどだ）があるけど、それ以外をBOMで指定するときには、次のようなパッケージ情報も加えよう。

　　表面実装するなら：
　　　部品の高さを確認しよう。特に1206より大きい抵抗やインダクタの場合、部品が高くてケースに入らないことがある。基板をきついケースにスロットインする形式かどうか、特に注意が必要だ。
　　スルーホールなら：
　　　リードのピッチとコンポーネントの高さを必ず指定すること。

　IC全般にいえる話として、製造元の内部コードだけでなく、パッケージに対応する共通名や型番も指定すべきだ。たとえばテキサス・インスツルメンツの「DW」タイプのパッケージ・コードは、SOICパッケージに対応する。こうした一貫性のチェックができることで、まちがいが防げる。

正確な品番指定

　設計するときは、部品を略称番号で考えることが多い。代表的なインバータの7404がその好例だ。有名な7404は6個入りインバータで、数十年にもわたり使われてきた。エンジニア同士なら、7404といえばインバータの代名詞だ。
　でも製造に入ったら、パッケージの種類や製造元、ロジックファミリなどを指定する必要がある。ある6個入りインバータの完全な部品番号は

74VHCT04AMTCといったもので、これはフェアチャイルド製の、VHCTシリーズでTSSOPパッケージ、それもチューブ入りのものを意味する。この余分な文字は非常に重要だ。ちょっとした違いでも大きな問題を引き起こしかねない。まちがったパッケージの部品を指定し、注文してしまったら、使えない部品のリールを抱え込むことになったり、細かい信頼性の問題を引き起こしたりする。

たとえば、僕がKovanというロボットコントローラを設計しているとき、VHCTシリーズの部品番号を、VHCと誤って置き換えられてしまった。VHCのパーツを使うと、インバータ入力のスレッショルド電圧をTTLからCMOSレベルに変えてしまい、おかげで一部のユニットは、入力信号に対する反応が非対称になってしまった。運よく僕は生産ラインが本格稼働する前にその問題を発見したので、それ以外のユニットはすべて正しい部品が使われ、潜在的なやりなおし――またはヘタをすると、怒った顧客からの返品――を大量に避けられた。運のいいことに、このまちがいの唯一のコストは、生産前に検証していたプロトタイプをいくつかやりなおすだけですんだ。

ほかにもいくつか、部品番号の1文字が何千ドルもの損失につながる例を出そう。

LM3670スイッチングレギュレータの正式部品番号は、LM3670MFX-3.3/NOPBだ。/NOPBを省略しても、それに対応した部品はあるし、発注もできる――でもそのバージョンは有鉛ハンダを使っている。これは、EUのようにRoHS準拠（鉛フリーハンダでないと出荷できない）を要求する地域に出荷する製品だったら大惨事だ。

また、部品番号のXは、また別の、より細かい違いを示す。Xがついていると3,000個のリール、Xがないと1,000個のリールで届く。多くの工場では部品購入のときにRoHS向けのドキュメンテーションもまとめるから、/NOPBが欠けていれば確認されるけれど、リールあたりの個数について問題視して確認されることはほぼない。

でも、工場は平気でも、あなたはリールあたり数量を気にしなくてはいけない。製品を1,000台しか製造しないのに部品をX付きで注文したら、工場には2,000個のLM3670が余ることになる。そして、その余った分もあなたが負担せざるをえない。BOMであなたがX付きで指定したからだ。いろんな事情で予備部品を一緒に注文することはよくあるので、多めの注文に対して工場から再確認が来ることはまずない。

一方で、1,000個単位で届くものは3,000個単位より割高だ。だから、製造台数が増えたのにXを抜いて注文し続けると割高になる。いずれにせよ、工場はBOMどおりに忠実に見積もるし、数量指定をまちがえると、それだけ儲けが減る——あるいは赤字になりかねない。

結局言いたいのはどういうことか？　どの細かい桁や文字にも意味があるから、細かいところに注意しないと本当に損をしてしまう、ということだ！

レビュー後の自転車ライトBOM

1.部品メーカー、2.抵抗や許容差や電圧定格などの公差、3.部品形状、4.正確な品番、それらが組み合わさると、前のBOMリストはこうなった。見てみよう（次ページに表）。

エンジニアならだれでもプロトタイプを作れる最初に見せたようなBOMと、どんな工場でも製品を大量生産できるこのBOMとでは大きな違いがある。特に、MOQ（最小注文数量、Minimum Order Quantity）とリードタイム（注文してからどのぐらいで届くか）の列に注目しよう。

プロトタイプの少量生産だと、この列は関係ない。通常はディストリビュータから部品を買うし、彼らはMOQの制約もほとんどないし、翌日配送用に在庫を持っているからだ。でも、規模を拡大して量産する場合は、卸ルートで買ってディストリビュータのオーバーヘッドを削減すると、大金の節約になる。卸では、MOQとリードタイムが重要だ。

ありがたいことに、工場は見積もりプロセスの一環としてMOQとリードタイムを調べてくれる。でも、最初からこうした情報を把握しておくと便利だ。ある部品のMOQがとても多い場合、工場は余分な部品をたくさん買う必要があり、プロジェクトの実質費用が上がる。リードタイムがあまりに長い場合、短い部品で設計しなおそう。リードタイムの短い部品を使うと、時間も節約できるし、キャッシュフローも改善される。売上が立つ4ヶ月も前に、長いリードタイムの部品のために現金を留保しておくのは、だれだっていやだ。

このBOMには、最初のものにはない、パッケージやバーコードラベルなど非電子部品も含まれている。こういうその他アイテムは忘れられがちだけれど、最初のBOMでユーザーマニュアルを忘れていたら、しばしば最終サンプルを承認用に開封するまで忘れられたままでいることが多く、そうなれば

Qty	Value	Package	Designator	AVL1	AVL1 P/N	MOQ	Leadtime
1	0.1 μF, ceramic, 25V, 10%, X5R	402	C1	Taiyo Yuden	TMK105BJ104KV-F···	10000	8 wks
1	10 μF, ceramic, 16V, 10%, X5R	1206	C2	TDK	C3216X5R1C106K(085AB)	2000	12 wks
3	white LED, water clear lens	T-1 3/4	D1, D2, D3	Lumex	SSL-LX5093UWC/G	3000	12 wks
1	2N3904	SOT-223	Q1	ON Semiconductor	PZT3904T1GOS	1000	6 wks
1	100 ohm, 1/2W, 5%	2010	R1	Panasonic	ERJ-12SF100U	5000	8 wks
2	20k, 1/16W, 1%	402	R2, R4	any/open		10000	8 wks
1	1k, 1/16W, 5%	402	R3	any/open		10000	8 wks
1	NE555D	SOIC-8	U1	TI	NE555D	1000	4 wks
1	PCB, FR4, 1.6mm +/- 10%, green soldermask, HASL, white silkscreen, 5cm × 8cm		PCB	TBD	FLASHYLIGHT_GERBERS_V1.ZIP	1000	4 wks
1	Plastic ABS, bottom case, satin finish, lead free, black			TBD	FLASHYLIGHT_BOT_V1.STEP	1000	16 wks / 4 wks
1	Plastic ABS, top case, satin finish, lead free,black			TBD	FLASHYLIGHT_TOP_V1.STEP	1000	16 wks / 4 wks
1	Plastic polycarbonate, lens, mirror finish, leadfree, clear			TBD	FLASHYLIGHT_LENS_V1.STEP	1000	16 wks / 4 wks
4	Screw, M2x4, pan head philips, self-tapping 5mm			any/open		4000	stock
1	Battery Snap, 9V, 15CM red and black 26 AWG wires (5mm Leads)			Kaweei	CBS-150	5000	1 wk
1	Instruction manual, A4 sheet, black and white, two sides printed			any/open	flashylite_manual_v2.ai	1000	3 wks
1	10cm × 12cm PE plastic bag, clear			any/open		1000	1 wk
1	Bar code label, serial number and date code, CODE39 5mm × 15mm			any/open	barcode_sample_v1.pdf	1000	1 wk
1	Cardboard box, 6cm × 6cm × 10cm, natural color, 50lb stock			any/open	see included box sample	1000	1 wk
0.02	Master carton, 60cm × 40cm × 20cm			any/open		100	1 wk

改善後の自転車ライト BOM

最後に慌ててマニュアルを用意することになる。ユーザーマニュアルや化粧箱が時間どおりに完成しなかったことで出荷が遅れた製品は多い。紙切れ1枚のために10万ドル相当の在庫を倉庫で無駄に寝かせておくのは頭にくるものだ。

きっちりしたBOMのほかに、製品の試作品（ゴールデンサンプルと呼ばれる動作するもの）をCADファイルと一緒に工場に渡すのも、ベストプラクティスだ。この可動プロトタイプは、BOMにあいまいなところが見つかったときに、工場が賢い判断をするのに役立つ。工場のために手作業でプロトタイプをもう1つ作るのは面倒かもしれないけど、僕の経験では、数時間のハンダづけ作業のほうが、工場と数週間もメールをやりとりするよりもずっとマシだ。

> **注記** ビジネスモデルを考えるとき、コストは部品と箱を入れてもまだ足りない。この詳細版のBOMでさえ、工場のマージンや組み立て作業、梱包や出荷の工賃、送料、関税などは入ってない。こういう「ソフトコスト」については「パートナーを選び、いい関係を築く方法」の節で説明する。

変更をあらかじめ計画しておく

もちろん、設計もBOMも完璧でも、指定した部品が製造停止（EOL, End-Of-Life）になれば変えざるをえない。そして、認めたくはないけれど、自分の設計上の想定が実際の消費者とご対面してみたら全然違っている可能性は絶対にあるのだ。

工場に正式な製造依頼をする前に、設計変更のプロセスを工場側ときちんと決めておこう。最初の見積もり後の変更を工場に伝える場合は、書面で正式なECO（Engineering Change Order）を出すのがベストプラクティスだ。ECOには最低限、こんなことが含まれているべきだ。

- 個々の変更部分の詳細と、そしてなぜ変更が必要かについての手短な説明
- 後で変更を参照するときに便利な、一意的なリビジョン番号
- ECO文書を工場が受け付けたことを記録しておく手法

カジュアルな電子メールに頼ったりせず、ECOを徹底するべきだ。さもないと、工場のバイヤーがまちがったパーツを買うかもしれない。それどころか、工場がそれを組み付けてしまい、全体を捨てたりリワーク（再加工）する羽目になりかねない。工場のエンジニアと一緒にトラブルシューティングをしたときですら、僕は正式なECOを作成して製造スタッフに伝え、解明した結果を正式なものにする。僕もエンジニアなので書類作業は嫌いなんだけど、製造では1回のつまらないまちがいで何万ドルもかかりかねないので、それを考えるとECOを徹底しようという気になる。

　次のページには、僕が実際に作成し、時間とお金を節約できたECOを載せた。

　この日付に注目してほしい。2014年2月27日。このECOは中国の工場が数週間休みを取る旧正月の直前に発行された。旧正月明け、中国の工場では多くの未熟練労働者が入れ替わり、しばしば作業指示書がなくなったり忘れられたりすることが多い。ECOが忘れられていないか心配だったから、工場が操業再開してからもマネージャーと相談して、ECOがちゃんと適用されているか確認した。大丈夫だよと言われたけれど、それでもまだ何か不安だったので、確認用に回路基板の写真を送ってもらった。結果は、恐れていたとおり。休暇明け最初の生産バッチは、僕のECOを反映してなかった。

　このくわしいECOのおかげで工場はすぐまちがいを認め、生産分すべてを直して、その修正費用を工場側で負担した。でも、この指示をかんたんな電子メールでおこなって、具体的なバッチや作業指示書を参照していなかったら、おそらくかなり曖昧な部分が残って、リワーク費は請求できなかったろう。工場側としては、僕の変更依頼が次のバッチ以降の話だと思ったと言ったり、そもそもそんな正規の指示を受け取っていないと強弁したりできる。電子メールはかなりカジュアルな通信形態だからだ。いずれにせよ、数分のドキュメンテーションで、何日もの交渉と数百ドルのリワーク費用が節約できたわけだ。

ENGINEERING CHANGE ORDER

Date: 27 February 2014
Sutajio Ko-Usagi Pte LTD
bunnie@███.com

ECO number: 0001   version: 2
Project: ███
Subassembly: ███ sensor and microcontroller ███
Reference PO: PO-0018 and PO-0016

Background

Per request by engineer ███, pull-ups on inputs to the microcontroller and trigger sticker are to be modified to enhance flexibility and better target user use-cases.

On the microcontroller, R2, R3, and R4 (all 22M, 5%) shall be omitted, to allow the inputs to be used in applications that bar the presence of a pull-up.

On the trigger, R16 shall be changed from 10k, 1% to 22M, 5%, to allow for resistive-touch style sensing of the input pin.

CHANGE ORDER DETAILS

| ORIGINAL | | NEW | | |
Designator	Value	Designator	Value	Comments
R2	22M, 5% 0603	R2	DNP	BOM change only
R3	22M, 5% 0603	R3	DNP	BOM change only
R4	22M, 5% 0603	R4	DNP	BOM change only
R16	10k, 1% 0603	R16	22M, 5% 0603	BOM change only

MATERIAL DISPOSITION

No extra material needs to be ordered to execute this change.

Excess material resulting from this change shall be held by ███ and applied to future builds. No expected change to PO or cost for assembly.

Version history

version 2 – changed 0805 to 0603 for part footprints, was a typo.

実際に使用されたECO。正式な文書化プロセスのおかげで、このECOに関連した製造上の混乱は、こちらの望むとおりの結果を得ることができた。

量産設計：量産のための設計最適化

最終的にBOMをまとめる際には、製造プロセスから最終的に出てくる売り物になる製品の数、つまり歩留まりも重要だ。歩留まりを考えるのはエンジニアにとって退屈な課題だが、起業家にとって、まともな歩留まりを実現できるかどうかで、ビジネスの成否の一部は決まる。ありがたいことに、設計段階でそれを考えておけば歩留まりを改善できる。

なぜ量産設計が必要か？

ソフトウェアと違って、物理的なモノにはどれもちょっとした不完全さがある。ときには、そうした不完全さが相互に打ち消し合うこともある。ときには、それが結託してパフォーマンスを低下させる。生産量が増えるほど、製品の一部は必ず売り物にならない。ロバスト（訳注 環境を変えても同じように機能する）な設計をしておけば、そうした不良品の割合がとても小さくなり、機能試験も単純なものですむから、さらにコストを下げられる。逆に不具合に厳しいギリギリの設計をすると、全体を細かく試験しなければならないし、歩留まりが大きく下がる。不具合の出たユニットの修復には余計な労力と部品代がかかり、それは最終的に利益を圧迫する。

なので、通常出るぐらいの部品のバラツキを吸収するくらいのロバストさを出す再設計は、エンジニアの作業台で作るプロトタイプから量産に移行するときの大きな課題だ。このプロセスは、DFM（Design For Manufacturing、量産設計）と呼ばれている。

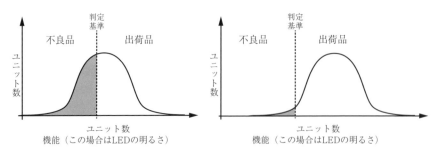

左はDFMの前、半分近くのユニットが出荷できずにはねられる。右はDFM後、製品は変わらないが、多くの製品が出荷できるようになっている。

DFMがなぜ大事かを理解するには、上のグラフを見てほしい。左右はどちらも、あるパラメータの統計分布を示す、正規分布曲線（ベルカーブ）だ。x軸は注目したいパラメータ、y軸はそのパラメータに該当したアイテムの数だ。たとえばLED数千個の輝度をプロットすると、横軸xが輝度で、縦軸yがその輝度を出すLEDの数になる。合否を分ける線がベルカーブのどこにあるかで、製造の歩留まりが決まる。

DFM後の右側のカーブでは、ほとんどのLEDは十分明るく、製造在庫のほとんどが出荷できる。左側だと出荷できるのは40％といったところだ。多くのハードウェア会社の粗利が30〜50％だから、40％を廃棄しているようではビジネスにならない。リワークして歩留まりを向上させるために時間と労力を使うか、品質基準を下げるしかない。基準を下げれば、製品は望んだほどの高品質にはならないけれど、少なくともビジネスは継続できる。

許容差を考える

DFMの目標は、製品がいつも試験に合格するようにして、粗利を下げるか、品質基準を下げるか、廃業するかという不愉快な選択に直面せずにすむようにすることだ。でも、DFMを適用するときには、まず部品のいくつかの側面を考える必要がある。

電気的な許容差

設計にあたって考えるべき許容差のうちすぐに思いつくのは、受動部品の許容差だ。抵抗器の実際抵抗が表示値の＋/−5％なら、回路のほかの部分がその上限や下限でも十分に扱えるようにしておこう。

能動部品のデータシートに書かれたパラメータ——バイポーラトランジスタの電流h_{FE}（トランジスタ増幅率）、電界効果トランジスタ（FET）の閾電圧（V_t）、LEDの順方向電圧（V_f）など——もかなり激しい差がある。必ずデータシートをチェックして、最小値と最大値の間に大きな差があるパラメータには気をつけよう。この差はmin-maxスプレッドと呼ばれることが多い。たとえば、Fairchildの2N3904のh_{FE}のmin-maxは40〜300までであるし、KingbrightのSuperbright LEDのV_fは2〜2.5Vといった感じだ。

データシートに書かれた公称電圧以外にも、コンデンサと入力ネットワークでは定格電圧が特に重要だ。僕は、少なくとも公称電圧の2倍まで定格と

認められたコンデンサを使うようにしている。可能であれば、5Vのレールには10Vのコンデンサを、3.3Vのレールには6.3Vのコンデンサを使う。

なぜかというと、コンデンサの仕組みを考えてほしい。セラミックコンデンサでは、電圧が上がるにつれて貯められる電力、つまり静電容量は減少する。コンデンサが耐えられる最大電圧だと、貯められる容量は許容差の最低のところにくるわけだ。また、入力ネットワーク（回路の中で、利用者が何かを差し込んだりする部分）はすさまじい放電を受けたり、何かで一時的に大きな電流が発生することはありえる。だから、望みどおりの信頼性を実現するには、コンデンサの定格には特に注意しなければならない。

そして最後に、部品のチェックがぜんぶ終わった後で、PCB基板の設計時に銅線の幅と多層基板のレイヤーの厚みのばらつきにも十分注意すること。インピーダンス整合に敏感なシステムや大電流を扱うシステムには影響してくるので。

機械的な許容差

電子的な許容差だけでなく、機械的な許容差も考えなければならない。PCBもケースも設計データと完全に同じサイズになるわけではないから、ケースも多少の余裕をもって設計しよう。基板サイズのズレをまったく許容しない設計だと、基板の裁断がちょっと大きすぎたり、ケースがちょっと小さすぎたりして、工場は半分くらいのPCBをムリヤリ押し込むことになる。すると、回路か基板に予想外の機械的な損傷が出る。

また、製品の外観損傷についての許容範囲もお忘れなく！　製造製品は、プラスチックに埃が交じったり、微細な傷は引け跡、こすれなどが起こりかねない。検品時の合格基準を工場と事前に詰めておこう。たとえば「0.2mmを超える点状の汚れ2個以下、0.3mmを超える擦り傷がない場合はOK」といった具合だ。ほとんどの工場は、こうした基準を記述して執行するための独自の方式を持っている。こうしたパラメータを事前に議論しておけば、工場はそうした欠陥を避けるように製造プロセスを工夫できる。これは余計なユニットを製造して、後付で決めた基準にあわないものを捨てるというやり方より安くつく。

もちろん、欠陥を減らすのも無料ではない。製品を安く抑えるには、光沢・鏡面仕上げを避け、損傷が自然に隠れてしまうテクスチャー（シボ加工など）やマット仕上げを検討したほうがいい。

DFMで歩留まりを上げる

　具体的にDFMを考えてみるために、BOMの際に触れた自転車ライトのプロジェクトを考えてみよう。プロトタイプでは、3つのLEDが並列に配置され、それぞれに抵抗が接続されて電流を決めるようになっていた。ある輝度でのLEDに流れる順方向電圧（V_f）は20％ぐらいの幅があり、この場合なら2.0～2.5Vぐらいになる。

　抵抗限流（resistive current limiting）、つまり抵抗でLEDに流れる電流を制限する手法は、この変動を増幅する。なぜかというと、効率的な回路は、電流制限抵抗器を通るときに少し電圧を降下させるので、電流を決めるパラメータ（抵抗による電圧降下）がV_fのばらつきに敏感になってしまうのだ。LEDの輝度は電圧でなく電流で決まるため、抵抗限流でLEDの輝度をコントロールしようとすると、輝度がえらく不均一になりかねない。

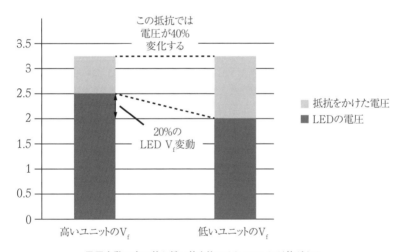

電圧変動の高い値と低い値を比べると20％ほど差がある

　上の例では、20％のLED V_f変動（2.0V～2.5V、LED製造業者の仕様による）により、3.3V固定の電源用の電流設定抵抗両端の電圧が40％変化する。つまり、流れる電流の量も40％変化する。LEDの輝度は電流に正比例するので、最大40％ほど明るさが変わることになる。ほとんどの場合は、こういう設計でも

問題ない。この問題があらわになってしまうのは、低いV_fのユニットと高いV_fのユニットが隣りあって配置された場合だ。

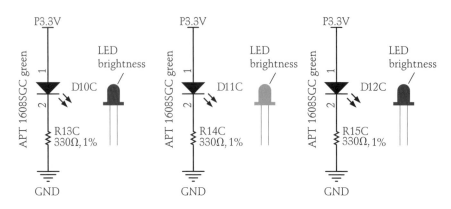

このように、それぞれのLEDの光量を抵抗を使って制御しようとすると、明るさが大幅に変わることがある。

プロトタイプの開発中に作った1つや2つのユニットは見事な出来だったかもしれないけれど、量産段階だとそれなりの割合でかなり深刻な輝度の不均一が発生して、そのユニットをはねなくてはならない。ほとんどのハードウェア商売は低い利ざやでやりくりするので、完成品の10%でも製造不良で失うとひどいことになる。

これを防ぐ対策の1つは、不合格ユニットをリワークすることだ。工場で明るすぎたり暗すぎたりするLEDを見つけ、適切なものと交換する。ただ、このリワークもコストを引き上げ、最後の最後になって、とんでもない請求書がつきつけられることになる。おめでたい設計者は、品質の低さをすべて工場のせいにして、費用負担について文句を言おうとするけれど、そんなことをするよりは、大量のユニットを生産にまわす以前に、すべての設計をDFMチェックし、小さなロットでパイロット製造をしてちゃんと見当をつけ、事前にそういう問題を避けるべきだ。

不合格品の費用を見ると、一般的な部品のばらつきを補う追加回路にいくらかけられるかわかる。たとえば、80%の歩留まりで10ドルの売上原価（COGS, cost of goods sold）の製品は、実質で12.50ドルになる。

実質コスト＝COGS×総製造数÷使い物になった数

COGSを2.5ドル上げて歩留まりを100％にすれば収支トントンだ。でもこの式を見ると、原価を1ドル上げて歩留まりを80％から99％に改善できれば、粗利が1.38ドル改善する。

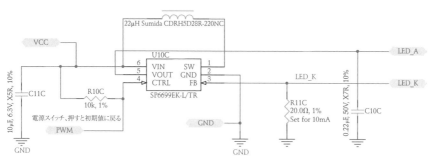

この3つのLEDについて、DFMでおこなった修正

今回の自転車の安全ライトの場合、その1ドルをSP6699EK-L/TRのような電流フィードバックブースト用のレギュレータICにかければいい。するとLEDを並列でなく、直列につなげられる。設計はLEDごとに抵抗をつけるよりはるかに複雑だけれど、レギュレータICがついた直列回路に3つすべてのLEDをつなげることで、どのLEDも同じ電流が流れることになり、輝度のばらつきはほぼなくなる。

このブーストレギュレータの費用は3つのLED電流制御用の抵抗（ほんの数セント）よりはるかに高いけど、製造歩留まりを上げられるなら十分以上にもとが取れる。実際にこのやり方は、LCDパネルのバックライトなど、均一なLED輝度を必要とするときに標準的に使われている。携帯電話の液晶バックライトはだいたい12個のLEDを使うけれど、こういう回路のおかげで、個別LEDのV_fの大きなばらつきにもかかわらず、むらが決して出ない。

製品の裏にある製品

許容差の次に忘れられがちな設計作業は、テストプログラムの開発だ。工

場では、これを探してくれとはっきり指示された問題点しか検出できない。だから、どんなにかんたんな機能でも試験の対象にする必要がある。たとえばchumbyでは、LCD、タッチスクリーン、オーディオ、マイク、すべての拡張ポート（USB、オーディオ）、バッテリー、ボタン、ノブなどを含むユーザーの目にふれるすべての機能に明示的な工場試験をした。じつにかんたんなボタンでも試験の対象だ。こういう単純すぎる部品の試験はつい省略したくなるが、試験しないものは返品につながることは保証してあげよう。

僕は工場用のテストプログラムや治具を、「製品の裏にある製品」と読んでいる。試験装置は実際の製品より複雑で、開発が難しいこともある。特に最終製品が単純な場合は。

実際のテストプログラム例

ケーススタディとして、僕のプロジェクト Chibitoronicsのサーキットステッカーを考えてみよう。Chibitronicsについては第8章で詳しく説明する。

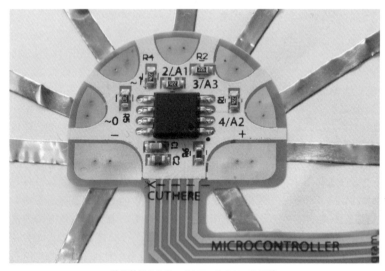

貼り付けられるマイクロコントローラ回路

これは、8ビットのAVRマイコンと、いくつかの抵抗とコンデンサで構成さ

れている、とても単純な回路だ（ちなみ前出のECOはこの製品用のものだ）。僕は協力者と一緒に2日間かけて、Adobe Illustratorを使って最終的な形を考えた。それからAltium（訳注　回路設計に使われるCADソフト）を使った回路設計に1日使った。ファームウェアをArduino IDEでコーディングするのに1週間かかった。開発プロセスに2週間かかったことになる。マイコンは音、光、タッチを処理できるセンサーと組み合わさっているので、テストプログラムは4つすべてに対して同時に実行される。

Chibitoronicsのサーキットステッカーのテストマシン

　この写真の試験装置は、Linuxが走る32ビットのARMコンピュータと、HDMIモニターに表示されるグラフィカルUIを備えている。この装置の裏には、FPGA、テスト用のアナログ波形を生成する付属電子回路、ステッカーに接触してテストするための機械的なポゴピンの仕掛けがある。この試験装置の設計プロセスを分解するとこうなる。

- PCBをAltium（設計ソフト）で設計するのに数日間
- FPGAをXilinx ISEでプログラミングするのに1週間
- Linuxドライバのハックに2週間
- UIをQtで作るために、2ヶ月ほどがんばってC++でハックする
- SolidWorks（訳注　CADソフト、外装や機構デザインに使われる）で数日をかけて、すべての外装と機械部分を作る

　全体として、このマイクロコントローラステッカーを作るのには2週間ぐらいかかるが、そのための試験装置づくりに2ヶ月かけたことになる。

　なんでこんなにここで頑張るのかって？　時は金なりだし、不良品や返品を処理するには、これ以上の時間がかかるからだ。この試験装置を使って1回テストするのは、30秒もかからない。その30秒間でテスターは2つのマイクロコントローラをプログラムし、光・音・タッチをテストし、5Vと3Vそれぞれで動作を確認してくれる。同じことを人間がやるには、熟練労働者でも数分かかり、しかも信頼性はこの装置に及ばない。

　この試験装置のおかげで、不良材料による返品はゼロになったし、画面でグラフィカルにどの部品が不良かチェックできることで、工場が正確にどの部分がダメかを判断してすばやくリワークできる。

テストプログラム作成のガイドライン

　原則として、どんな製品でも、エンドユーザー用と製造時に工場の人が試験するためのものという、2つの関連した製品を作る。工場でも、試験をするのは電気エンジニアではないんだから、工場用のテストだってエンドユーザー用と同じぐらいユーザーフレンドリーで、シンプルにボタンを押すだけで確実に動作するように作らなければならない。でも、先に消費者用の製品に試験用の適切な機能をあらかじめ設計して入れておいたら、工場用の関連試験製品のほうはずっと素早く高速に作れる。

　それと、試験プログラムの作成を工場にアウトソースするのは絶対ダメだ。それが工場のサービスとして提供されている場合でも。工場はこちらの設計意図を理解してないことが多いため、工場作成の試験プログラムは効率が悪かったり、まちがった動作を試験したりする。さらに工場には、なるべく多くの材料を、なるべく素早く合格させようというインセンティブがある。だから工場が作るテストプログラムは荒削りで不十分になりがちだ。

いくつか、設計のためのガイドラインを挙げておこう。

100%、全部の機能をカバーしよう

どんな単純な機能や補足的な機能、ステータスLEDや内部電圧センサーなどでも、見落としちゃだめだ。試験一覧を作るとき、僕は製品を外部（用途から）・内部（設計から）の両方から見るアプローチを取る。

まず外部から製品を見て、ユーザーが製品とやりとりをおこなうあらゆる項目をテストする。試験プログラムは、動作に影響しない表示だけのものまで含めて、すべての項目をカバーしているか？ すべてのLEDが点灯し、すべてのボタンが押され、すべてのセンサーが刺激され、メモリ装置すべてがアクセスされているか？ プロモーション用資料の内容が、すべて確認されているか？ そういう資料に「トップクラスの」RF感度とうたってあったら、単に無線機能がありますよという宣伝をしたのとは話がちがう。

次に、内部について考えてみよう。回路図を元にすべてのポートを調べ、監視すべき主要な内部ノードを検討しよう。製品にマイコンが入っていたら、試験一覧をクロスチェックして、どのドライバがロードされているかを調べ、検査を忘れているコンポーネントがないかを確認する。

なるべく一気にセットアップできるようにする

ユニットごとの試験セットアップに必要な時間を最適化しよう。このためにポゴピンやコネクタをあらかじめ束ねた治具がよく使われる。テストするオペレータが何十個もあるテスト箇所をテスターで計測したり、何十ものコネクタを差し込んだりするのは、時間がかかるしミスも発生しやすい。

中国の多くの工場では、わずかな費用でこういう治具の設計を手伝ってくれるけれど、設計の時に適切な試験ポイントを入れてあれば、かんたんで効果的に治具の設計ができる。

順番でわかりやすく、なるべく自動でテストできるようにする

いちばんいいテストは、ボタンを一度押したらすべてが実行され、OK／NGが出てくるものだ。実際は、試験を止めてオペレータの操作が必要になる部分が出てくるけれど、それをなるべく最小限にしよう。

たとえば「Wi-Fi接続の試験中にオペレータがSSIDを選ぶ」みたいなことをやめて、試験用のSSIDをテストスクリプトの中にハードコーディングして、自動でつながるようにするべきだ。

オペレータに伝えるには、言葉でなくアイコンと色を使おう

こちらの言いまわしを、すべてのオペレータが理解できると思わないほうがいい。

きちんと製品1つずつごとに監査ログを取ろう

試験装置にバーコードスキャナを組み込んで、試験結果を製品のシリアルナンバーと関連づけて記録しよう。または、試験時のタイムスタンプが入ったユニークなコードを試験装置が印刷するようにして、どのデバイスが試験に合格したか証明しよう。

ログは壊れた製品が返却されてきたときにどこがおかしいか把握するのに役立つし、全製品がテストされたこともすぐに確認できる。試験作業のシフトが8時間続くと、オペレータはまちがって不良品を「良い」箱に入れてしまったりなど、ミスを犯すこともある。出荷されたすべての製品が完全な試験を受けて合格していると確認できれば、そういう問題を特定して分離するのにとても役立つんだ。

テストそのものをかんたんにアップデートできるような仕組みを考えよう

普通のプログラムと同様、テストプログラムにもバグはある。また、製品の不具合修正があったりアップグレードがあると、テストも更新しなければならない。

その度ごとに工場まで行かなくてすむような、更新と修正の仕組みを作っておこう。僕のテスト機材の多くは、VPN経由で「家に電話」できるし、SSHで試験治具そのものにログインしてバグを修正できる。僕のいちばん単純なテスト機材ですら、Linuxラップトップ相当品を元にしている。これは、ファームウェアの更新に専用アダプタを必要とする専用マイクロコントローラよりも、Linuxのほうが更新も保守もかんたんだからだ。

このガイドラインは、設計の時点から試験がかんたんにできるよう考えてあるなら、かんたんに実践できる。僕が設計したほとんどの製品はLinuxを使っていて、製品自体に内蔵されたプロセッサを活用し、ほとんどの試験をそれで走らせ、試験利用者のインターフェースも処理させる。画面などユーザーインタラクションがない製品では、AndroidスマートフォンかWi-Fi（またはシリアル通信）で接続されたラップトップを使って、テスト用のユーザーインターフェースを表示できる。

テスト vs. 検証試験

製造試験は製造工程でのエラーをチェックするためのものだ。数値のバラツキや設計上の問題は調べてくれない。もし材料コンポーネントの標準的なバラツキのせいではねられる製品が多いようなら、さかのぼって設計をやりなおすか、部品を買いなおすべきだ。

消費者用の製品だったら、全製品に5分間の負荷をかける総合的なRAM試験をする必要はないはずだ。理論的には、全部の部品が正しくハンダ付けされていれば、RAMもきちんと動いてくれるような設計になっているはずだ。だから、つかえたり接続されていなかったりするアドレスピンがないかをかんたんに調べればすむ。有名メーカーのチップは、通常はきわめて不良品が少ないから、試験の対象はシリコンチップじゃない。むしろ、ハンダ付けやコネクタ、そして部品の欠品やとりちがえがないかを確認する（ただし、クローンチップやノーブランド品、再生品、部分試験しかしていないチップなどで値段を下げているなら、そういう部品の小さな検証プログラムを作っておくほうがいい）。

スイッチの検証

製造試験と検証（バリデーション）の違いを説明するために、スイッチを作るときのそれぞれの違いを見てみよう。

スイッチの製造テストは、オペレータにスイッチを数回押してもらい、感触が正しいか調べ、電気的に接触しているかを、単純なデジタル表示器で確認する。一方、スイッチの検証試験（バリデーション）は、製品をいくつか無作為に抜き取り、有効数字5桁のテスター（5桁テスターという）でスイッチの接点抵抗を正確に測り、製品を高い湿度と温度に数日間さらしたり、スイッチを自動的に1万回オンオフする治具に入れる。その後で、5桁テスターで接

点抵抗を測り、劣化が見られないか調べる。

当然ながら、このレベルの検証は全製品に対してはできない。検証プログラムは、スイッチの性能をその製品の期待寿命にわたって評価する。製品試験ではスイッチが正常に製造されていることを確認するだけだ。

> **注記** もちろん、製造した何千台かごとに、ランダムに数台の製品を抽出して検証試験を再度やるべきだ。何台抜き取り調査をすれば望んだレベルの品質を達成できるかは、専用の数式と表がある。インターネットで「manufacturing validation test table.」と検索してみよう。

でも、いったいどれだけ試験をすれば十分なのだろう？ 費用から、閾値を決めることができる。追加で試験をおこなうごとに、設備＋設計費用（固定費）と、試験時間（オペレータの工数）という変動費がかかる。どこかの時点で、それ以上試験をするよりは、返品を受け入れたほうが安くなる。もちろん、医療用や工業用など、不良機器に伴う損害賠償がずっと巨額の製品では、試験のハードルもずっと高くなる。逆に、無料で配るようなノベルティグッズなら、試験の必要はグッと下がる。

自分のテスト治具をデザインしろ

最後に1つ、「試験治具の設計にもしっかりとしたエンジニアリングを適用しろ」ということ。chumbyでは、50ピンのフラットケーブルアダプタが、イモハンダでランダムに接合不良を起こしていた。アダプタ検証用の試験を考えてくれと工場に依頼した。すると、工場は最初、アダプタのすべてのピンにLEDをぶら下げ、試験電圧をケーブルの片方にかけて、点灯しないLEDを探せばいいと提案してきた。でも、イモハンダは単につながったり、つながらなかったりしているだけじゃない。単に抵抗が高いだけの接合不良もあった。LEDを点灯するくらいの電流は流れても、設計上で欠陥が生じるくらいの高い抵抗が出ることもあるわけだ。

次に工場は、テスターを50台買って、それをすべてのピンに当てて、手作業で抵抗を測ろうと提案した。これは高価だし、まちがいが必ず生じる。オペレータが50台のメーターそれぞれの画面を1日に数百回見て、異常値を信頼できる精度で見つけろということだ。

かわりに僕は、アダプタを直列にデイジーチェーン接続して、合計の抵抗を1つのメーターで確認することにした。接続部をすべて直列接続すること

で、1つの数値で50の接続をすべてチェックできる。これは、LEDの輝度を見るといった主観的な観察ではない。

この例からわかることは、ケーブルアダプタのイモハンダをチェックなんていうすごくかんたんな試験でも、いい方法と悪い方法があるということだ。部品が複雑になれば、それだけ細かな条件の試験が必要になり、効率的でまちがいのない試験を設計する技能をフル活用することが本当に大事になる。

インダストリアルデザインにおける、コンセプトと製造のバランスの取り方

製品がすべての検証試験にばっちり合格しても、消費者が気に入ってくれなければ成功じゃない。お忘れなく：セクシーな見た目は売上を増やす。一般的な消費者には、製品の外観のほうが、中に入っているCPUやRAMよりも、2倍くらいは重要なんだ。

Apple製品がやたらに高い理由の1つは、その美しいインダストリアルデザインだ。だから多くの工業デザイナーは、Appleのチーフデザインオフィサーであるサー・ジョナサン・アイブのように、自社の製品をデザインしようとする。

インダストリアルデザインというのは、実際に作る前に製品の見栄えを設計する手法のことで、いろいろ流派がある。ある流派では、禁欲的なデザイナーが美しい純粋なコンセプトモデルを仕上げたあとで、プロダクションエンジニアが実際の機能をつけるためにその純粋なデザインを台無しにする。別の流派はもっと実務的なデザイナーを呼んできて、安価で歩止まりのいいデザインを生み出すためにプロダクションエンジニアと緊密に協力し、ごりごりと妥協をする。

僕の経験では、どっちもどっちだ。コンセプトモデル主導のやり方は、そもそも製造できない製品になってしまい、遅れや高価格化を招く。実務重視のアプローチは、とても安っぽく見える製品になり、消費者にあまり価値が高いと思ってもらえなくなる。

本当のコツは、両方のバランスの取り方を理解することだ。それには、工場に入って、製造の仕組みを理解することから始めなきゃならない。僕の経験から、ChumbyとArduinoの工場プロセスがどのようにそういうバランスに影響するかについて説明しよう。

chumby Oneの仕上げ工程

　仕上げ工程は難しいし、製品の外観を左右する。僕がchumbyを手がけたときは、ミニマリスト的な素材そのものの仕上げを考えていた（材料そのものの仕上げは、素材の持ち味を活かし、塗装もステッカーも使わないものだ）。

　ミニマリストのデザインは製造がとても難しい。特徴が少ないために、ちょっとした染みでも目立つからだ。また、バリ、脚、へこみ、しわ、傷、継ぎ線など、製造でつきものの欠陥がすべて、消費者の前にむきだしになるからだ。だからこのデザイン流派では、しっかりした製造ツールを使い、それを製造過程の間ずっとチェックし、維持しなくてはならない。

　工場にそうした設備や技能に投資する十分なお金がない場合は（つまりフォーチュン500企業でもない限りは）、最初に「どういう設計が可能か」を学ぶことだ。それは語彙を学ぶようなもので、その語彙はどのような材料が入手でき、仕上げができ、どの程度の許容誤差が達成できるか、どんな固定技術が使えるかなどで決まる。こうしたものはすべて、製品を生産する工場の能力に大きく左右される。

　だから、設計プロセスのごく初期に実際に工場を訪問すると、よい設計ができると思う。工場訪問をした後なら、一部のデザイン語彙は捨てることになるけれど、新しい語彙を発見するかもしれない。この語彙は、外装デザインだけでなく、すべての製造プロセスに大きく関わってくるから、設計の最初の段階でなるべく早くパートナー工場について調べておくことで、設計のやり方そのものが変わる。日々工場で仕事をしているエンジニアはプロセスイノベーションを開発していて、それが工場を訪問しないと見えてこない新しい設計の可能性を拓いてくれることもある。

　製造プロセスが実際にデザインに影響する例として、chumby Oneを見てみよう。元のコンセプトデザインでは、漫画のセリフのフキダシみたいに、正面を向いた外装エッジに青い枠があった。chumbyがインターネットからちょっとした情報を利用者の世界にしゃべりかけるイメージだ。

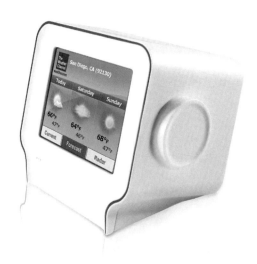

chumby One の最初のイメージ

　だけど、表面が持ち上がったエッジのところに青い枠をつけるのはすごく難しかった。エッジはシルクスクリーン印刷ができるほど平らじゃなかったからだ。インクパッドを用いた印刷（別名タンポ印刷）は湾曲した側面にも印刷できるけれど、chumby Oneのエッジの配置がまずかったので、ちょっとでもふちにインキが漏れたら酷い見栄えになった。デカールやステッカーも、こちらの望むような配置にならない。結局、塗料を入れる小さな溝を彫り込んで、ステンシルを作ってスプレー塗料でハイライトを作った。

　歩留まりはひどかった。いくつかのロットでは40%以上のケースを塗装の失敗で捨てることになった。幸いプラスチックは安いので、2つに1つのケースを塗装に失敗して捨てても製品価格に与えたコストは0.35ドルにすぎなかったけど。

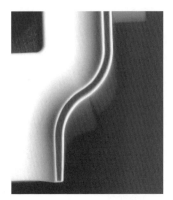

ペイントでの処理。塗料が薄すぎ、塗りすぎ、足りなすぎ

　製造中に、新しい工場でもchumby Oneの製造が始まった。新しい工場はプラスチックの射出成形の設備が違っていて、ダブルショット金型が使えた。シングルショットの射出金型に比べ、2倍の工作機械が必要だけれど、同じ金型に色や材質すら異なる2つのプラスチックを組み合わせられる。これを使って青い帯を塗るのでなく、ダブルショットで作ろうとしてみたんだ。

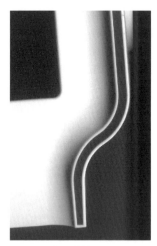

ダブルショットでできた、完璧なchumby Oneのリッジ

これは最高にうまくいき、製造したすべてのユニットにクッキリした青いラインが現れた。塗料を使わないので、もっとシャープできれいな仕上げにもなる。でもこのプロセスは費用がかかるので、捨てたケースが1つもないにもかかわらず、0.94ドルのコストがかかる。半分のケースを捨てながら塗装するほうが安かったけれど、塗装ケースの最高の仕上がりでさえ、ダブルショットでできる品質とは比べものにならなかった。

Arduino Unoのシルクスクリーンに見る技

　製造プロセスをちょっといじって製品の見た目をよくする、もう1つのすばらしい例はArduinoの基板だ。Arduinoの背面、じつに詳細なイタリア地図のアートワークと繊細なレタリングは、シルクスクリーン印刷じゃない。これらの基板を製造する工場は、実際には青と白の2つのハンダマスクを置いている。

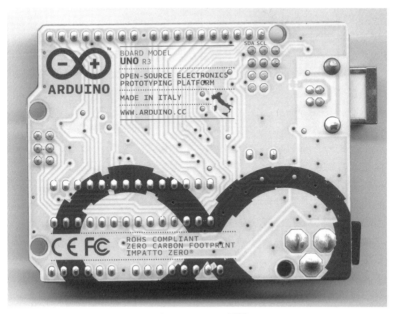

Arduino Uno R3 の裏面

Arduinoが製造されるとき、第2章の「Arduinoが生まれるところ」の節で説明したハンダマスクの写真印刷プロセスがおこなわれる。このプロセスではシルクスクリーンよりもはるかに優れた解像度や均質性やアライメントが得られる。Arduinoは基板そのものが製品の外観なので、これまでの加工法では難しい独特の高品質な見た目がこの技法で得られた。

　つまり、ダブルショットか塗装か、シルクスクリーンか2重のハンダマスクかといった工場の能力は、費用に大きな影響を与えることなく、製品の見た目の品質を大きく左右する。でも、工場の人たちは、そういうプロセスを理解していないことが多い。デザイナーが工場と直接やりとりしないと、製品もその可能性を活用できない。

　残念なことに、多くのデザイナーは何か問題が起きるまで工場を訪れない。そのときには金型の切削は終わっている。すべての問題を解決するクールなやり方を見つけたとしても、おそらくもう手遅れだ。

僕のデザインプロセス

　デザインはとても個人的な活動なので、どのデザイナーも独自のプロセスを持っている。でも、独自のプロセスを見つけるための枠組みがほしいなら、スタートアップ企業の低予算で製品を開発するときに僕が使う一般的なプロセスを挙げよう。

1. まず紙のスケッチブックに書いてみて、デザインの魂とアイデンティティを決め、そのコンセプトにあった材料と語彙を決める。でも、それは変更するかもしれないものとわきまえて、あまりベタ惚れしないように。
2. 材料ごとに設計を分解し、それぞれの材料ごとに、生産を扱える工場を見つける。
3. 工場を訪問して、実際に生産ラインで作られているものを見よう。サンプル室にある、単発のユニットだけで考えちゃダメだ。製造は実践を通じて向上するものだし、製造オペレータからエンジニアまで、工場で働く人々は、あまり使ったことのない変な技能よりも、毎日やっている作業のほうがずっと上手にこなせる。
4. 工場でできることについての理解に基づいて、デザインをやりなおす。それを繰り返そう。微調整で済まない場合は、1からやりなおそう。デザ

インの純粋性を損なわずに妥協をおこなうのは、この段階がいちばん楽だ。
5. デザインの詳細を詰めよう。工場でできることとすりあわせながら、どこの面をスライド式にするか、ケースのはめあわせ線、仕上げ、固定のやり方などを決めよう。
6. これまでの結果で図面をアップデートし、工場のエンジニアと一緒に表面処理や製造時の固定方法、内部のリブなどについて検討する。
7. 3Dプリントや3Dのモデルを使って設計を検証する。
8. 許容差の誤差で影響が出やすい場所を特定し、早い段階で製造ツールを修正することで、金のかかる後のツール修正を最小限にしよう。たとえば射出成形なら、金型を追加で削るほうが、足すよりもラクなので、最初のテストショットは金型の金属を多めに残すようにしよう。こういうチューニングが効くメカニズムの1つがボタンだ。ボタンは3DプリンタやCADから実際の触感を想像するのが難しいので、押したときの感触を仕上げるためには、金型をちょっと削るのが必要になる。

　もちろん、このやり方は絶対的なルールというわけじゃない。自分の経験と、工場とのやりとりの中で、別の段階を加えたり、一部を繰り返したりしよう。でも、よい工場を見つけられたら、このやり方はスタートポイントとしてそんなに悪くない。

パートナーを選び、いい関係を築く方法

　ハリー・ポッターの杖のように、発注者が工場を選ぶだけでなく、よい工場のほうが発注主を選ぶ。だから、ベンダー（業者）という言葉を忘れて、パートナーとして考えよう。もし工場とまともにつきあっているなら、君から指示を出すだけじゃなくて、製造プロセスの改善とそれに伴うトレードオフについて率直に話しあえる関係になるはずだ。それが最高の製品を実現する唯一の方法だ。

　工場とのいい関係は、支払い条件も改善し、キャッシュフローの改善にもつながる。工場がツケ取引を認めてくれれば、ベンチャーキャピタルからの調達や銀行からの借り入れ、Kickstarterでの資金調達にも代わるものになる。だから僕は、よい工場には投資家と同じ敬意を持って接する。それがどうい

うことか理解してもらうために、工場の選び方と仕事の仕方について、いくつかコツを挙げよう。

工場と良い関係を築くためのコツ

　第1に、製品とあった規模の工場を選ぼう。もし大きすぎる工場を使うと、工場の業務手続きが煩雑になってまともに相手をしてもらえなかったり、肝心なときに大きな顧客のために君の製品が生産ラインから押し出されるリスクがある。工場が小さすぎると、必要なサービスを受けられない。
　原則として、老板（laoban、中国語で工場のボスのこと）に定期的に会えるぐらいの範囲で、いちばん大きい工場と仕事をするのがいいだろう。なぜなら、老板と直接交渉ができないなら、工場の人たちにとって君は「いないのと同じ」だからだ。工場との最初の会議から老板がいて、工場ツアーをしてくれたり、昼食時に率直な質問をしてくれたりするようならよいしるしだ。
　第2に、「正直が最善の策」ということわざに従おう。僕は工場がオープンなBOMで見積を出さないようなところ、コンポーネントとプロセスとマージンを明示したBOMを出さないところとは一緒に仕事をしない。見積もりにはあまりにたくさんの機能があるから、透明性がなければ、機能を削るかどうかを元にした、コスト削減の議論はできない。また、ある部分のコストを削減したら、理解できない形でほかの部分の費用が増えるといった、モグラ叩きみたいな議論になるようなら、さっさと逃げ出すことだ。
　特にスタートアップの人たちは、いまの最後のヒントをおぼえておいてほしい。スタートアップの初期段階はあまりキャッシュがない。大規模な資金調達をしたとしても、お金で工場に言うことを聞かせるやり方はすぐ行き詰まってしまう。工場も賢いから、スタートアップのキャッシュに限界があることを知っている。もしも工場に対して提供できる最高のものが山ほどの現金なら、そんな価値はたかが知れているのだ。いちばんうまくいった場合でも、工場にお金が本当に入るのは、何年もたって製品が大量に売れるようになってからだ。だから、スタートアップはお金以外の価値を工場に提供することをオススメする。
　くだらないと思うかもしれないけれど、気持ちのいい建設的な人物になると、工場にいろいろ便宜を図ってもらうのにも大きく役立つ。製造はストレスが多くて利ざやの少ない商売だ。工場ではだれもが1日中、いろんな難し

い問題に対処しなければならない。もしも工場を下請けの奴隷として扱わず、親しい友達のように接すれば、お金持ちのクライアントよりもいいサービスを受けられるというのが僕の経験だ。まちがいはいろいろ起こる。悪い状況を学ぶ機会に変えられるようにすれば、自分のほうが愚かな（そしておそらくお金のかかる）ミスをしたときに、助かることもあるだろう。

見積もりを取るコツ

　オープンかどうかはさておき、見積もりがあまりに安すぎるときは、本当に何かおかしいことが多い。工場と価格交渉するときには、1歩下がって、そもそもそれが筋の通った見積もりかを調べよう。赤字で受注する工場は、実際の製造で埋め合わせようとして、どんな手口でも使う。製造で失敗する多くの例は、そうした不健全な費用構造に原因がある。工場は何よりも、自分たちが生き延びることを優先する。そのためには、ロットに不良ユニットを混ぜて利ざやを増やしたり、儲からないプロジェクトには新米エンジニアを割り当てて、熟練エンジニアはよい顧客に割り当てて収益を確保したりすることもある。

　見積もりをチェックするときには、まず以下の情報が含まれているか調べよう。

- ・各部品の価格
- ・最小発注数量（MOQ, Minimum Order Quantities）に伴う余剰部品
- ・工賃
- ・工場の間接費
- ・NonRecurring Engineering（NRE）費用（訳注　初期開発費の一括負担）

　これらの項目のいくつかをくわしく見てみましょう。

余剰部品をキッチリ見よう

　余剰部品（excess）とは、僕が「ホットドックとパン問題」と呼ぶものだ。ソーセージは10個入り、パンは8個単位でパックになっているとする。40個を買わなければ無駄なく使い切ることはできず、ソーセージかパンが余る。
　同じように、多くの部品は3,000個入りのリールでしか販売されない。

10,000個の製造にはリール4本が必要だが、余剰部品が2,000個も出る。工場はカットテープや部分リールを買うこともできるけれど、その余りを仕入れ業者がさばく必要があるため、部品1つあたりのコストははるかに上がる。

余剰部品は悪いばかりじゃない。将来の製造に使える。製造が続けば余剰部品も次のロットで定期的に現金に変わる。それでも、どこかで生産は中断か終了になり、余剰品を含めた請求書が発行され、その分だけキャッシュフローは苦しくなる。もしも見積書に余剰部品の項目がなければ、工場は余った部品を含めたリール1本分の請求をしたのに、余剰部品は自分たちで取っておくかもしれない。深圳のグレー市場の製品の多くは、そこから来ている。あるいは、その分について予想外の請求書をあっさり送ってくることもある。そういうものは、しばしば最悪のタイミングで来る——製品の売上はもう発生していないのに、請求書だけがどんどんきたりする。いずれにしても自分のビジネスモデルのゆりかごから墓場まで、すべての状態を事前に知っておく必要があるだろう。

工賃を見積もる

工賃の見積もりはとても難しいけれど、ありがたいことに、この本で扱うようなハイテク製品の組み立てを中国でおこなう場合、工賃が総費用に占める割合はわずかだ。部品点数200ほどの一般的な基板を少量組み立てようと思ったら、アメリカでは1枚あたり20〜30ドルほどの工賃がかかるが、中国では2〜3ドルほどだ。中国の工賃がいきなり倍になり、アメリカの工賃が半分になっても、中国はまだ競争力がある。

この考え方は、原材料がすごく安く、工賃が最終製品費用のほとんどを占めるため、中国からもっと安い国に出ている低付加価値製造業（服飾など）と対照的だ。僕は工場と工賃でもめることはめったにない。工賃をケチれば、結局は品質が下がるし、工賃をあまりに削ると、工場は給与や福利厚生を削って労働者の生活水準を引き下げかねないからだ。

工場のオーバーヘッド費用

工場とオーバーヘッドについて交渉するのは職人芸の1種だし、これで絶対というようなルールはない。ここでいくつかガイダンスは提供するけど、いつだって例外はあるし、工場ごとに状況次第では特別な取引をしてくれることもある。結局のところ見積もりを見るときには、全体像を考えるように

して、常識を働かせることだ。

工場にとっての公正なオーバーヘッドは、それが君の製品にどのぐらいの付加価値を与えてくれるかと、生産量次第だ。また、どこまで「オーバーヘッド」かという定義も工場ごとに違う。廃棄や管理費、研究開発費用までオーバーヘッドに入れてしまうところもあるし、そういうのを別建ての費目にするところもある。

一般的には、オーバーヘッドは、製品の生産量、付加価値、製造の複雑さにもよるけれど、全体の数％～十数％だろう。1,000個未満の小ロットだと、ロットごとにライン費用を別に請求されることもある。この費用は、ラインをセットアップして、数時間後に戻す費用だ。生産ラインができてしまえば1日に数百～数千の製品ができあがるが、ラインのセットアップには数日かかることもある。

一時経費

NRE（NONRECURRING ENGINEERING COSTS、一時経費）は、ステンシル、製造ロボットのプログラミング、治具、テスト設備など、生産ラインをセットアップするために1回だけ発生する費用だ。複数の顧客でテスト用の機器を使い回すのはよくないと考えられている。製造試験のためにテスターが必要なら、テスター費用が経費に追加されても驚いちゃいけない。顧客ごとに試験機器の精度や保守についての要件がまったく違うから、よい工場はそこでいい加減なことはしないのだ。

その他さまざまなアドバイス

工場の費用のことを、だれとどこまでオープンに話せるかというのは、まちがいなく重要なポイントだ。でも経験を積めば、工場とのつきあいで特定のカテゴリに収まらない話もいろいろわかってくる。最後に、工場選びについてもっと重要な点についていくつか挙げよう。

スクラップの扱い

不良品のコストは工場持ち、こっちは納品された良品の代金のみ払うことができれば理想的だ。工場は不良品が多いと利益が喰われるから、製造品質を高くするインセンティブが働く。でも、設計そのものに問題があったり、

製造が難しかったりして大量の不良品が発生した場合、工場は製造ノルマと目標利ざやの達成のため、低品質な製品まで出荷したりしかねない。あるいは、費用回収のため不良品をグレー市場でたたき売り、君のブランドが傷つく可能性がある。

そんなことを避けるために、事前に工場とお互い合意できるような形で、製造不良品の扱いや極端な低歩留まりについて話しあっておこう。たとえば、見積に「スクラップ」という費目を別個に作るとかだ。

発注外の追加製造の扱い

だれもが最善の努力をしても、ミスは起こり、顧客が不良品を受け取ることがある。だから返品と交換のために予備を確保しておく必要がある。Kickstarterキャンペーンで1,000個出荷することになっているのに、1,000個しか製造しなかったら、返品や発送中の事故で壊れた製品の交換を顧客が求めたとき、返金するしかなくなってしまう。追加用の数十個のユニット製造で工場ラインを再稼働させるのは現実的ではない。

通常は、顧客に届ける必要数に加えて、返品や交換用に数％多めに製造をしておくものだ。それは返品に使われなくても、次の注文を取るときの呼び水としてデモ用に貸したり、商談相手へのプレゼントにしたりできる！

送料

送料をしっかり考えるようにしよう。顧客に届けるための送料は工場からの見積もりには含まれてないけれど、こちらの最終的な収益には大きく影響する。特に少量製品だと、送料の割合が大きくなる。FedExはとても早く届くが、費用も高額だ。配送費用で、小規模なプロジェクトの利益なんか一掃されてしまうから、送料を抑えるのは重要だ。

> **注記** 配送業者は、大口顧客には割引を提供してくれる。でも、それもこちらから電話して交渉しなければならない。

輸入ライセンス、関税

通関ライセンスなしに中国に持ち込まれる部品には、20％もの関税がかかる。一般的に中国では、輸入では関税がとられ、輸出時は課税されない。部品や製品がうっかり香港に輸送されてしまうと、中国に戻すときに課税され

てしまう。

　通関業者を使えば、さまざまな手口で費用を削減できる。たとえば、ブローカーによっては価格じゃなくて重さで課税されるよう手配できるので、電子部品の輸入ではとてもありがたい。関税は毎月新しい規則や例外、罰金、手数料やその変更がある。変動ばかりだから、僕もすべてを把握してるわけじゃない。輸入のグレーな方法もいろいろあるようだけど、僕は安心して仕事をするために、なるべくすべてのルールに従うようにしている。

　工場の見積もりは、こちらが輸入許可を受けている前提なので、関税は加算されていない。輸入許可のライセンスがあれば免税で部品を買えるが、そのためには数週間の期間、数千ドルの事務処理コストがかかるし、ある特定のBOMに基づいたものなので柔軟性を欠く。小さな設計上の変更があるだけで、ライセンスが無効になりかねない。PCB上のバイパスコンデンサをわざわざ数える税関職員もいた。それがライセンスの書かれた数と一致しなければ罰金が課され、ライセンスが無効になる。梱包に使う緩衝材が違っているだけでもライセンスが無効にされかねない。つまりは、この輸入ライセンスの仕組みは数百万個といった大量生産品に有利で、スタートアップのような少量生産者には不利だ。だから注意してほしい。

この章のまとめ

　中国に出かけての製造は、明らかにだれでもやるべきこととはいえない。
　特にアメリカが拠点なら、輸送や出張、関税、深夜の電話会議などのオーバーヘッドがすごく大きくなる。僕の知る限り、アメリカの中小企業は、1,000台未満の製造ならアメリカでPCB組み立てをしたほうがいい。5,000〜10,000台を作るぐらいになるまで、中国のメリットは見えてこないだろう。
　もちろん組み立てや射出成形といった、労働集約的で工場に蓄積したノウハウが重要な仕事になると、中国のアドバンテージが大きくなる。アメリカではなく、中国やその他のアジア諸国に住んでいるなら、配送や電話会議、時差の影響がアメリカの数分の1になって、中国生産の損益分岐点はずっと下がる。それに拍車をかけるのが、地元民のほうが中国の部品エコシステムを活用しやすいという点だ。そうなると、アメリカ製の部品だけを使った設計よりさらに費用を削減できる。
　逆に、サイズの大きな製品や、課税対象となる部品をたくさん使って製造

するシステムは、輸送費や関税が節約できるから、中国で作らないほうがいい。

結局のところ、大事なのはどこで作るか決める前に、外国で製造する場合と国内で製造する場合について、間接費やその他の便益まで含めて、オープンな考え方をしてきちんと検討することだ。

Part 2
```
thinking differently:
intellectual property in china
```

違った考え:
中国の知的財産について

　中国は知的財産 (IP) 法の施行がゆるいことで悪名高く、おかげでパクリ品、模倣品の問題が出てくる。このパートでは中国のIPエコシステムを違った角度から見て、西欧のIPシステムにかわる、イノベーションに報いる新しい方法を紹介しよう。
　まず、そもそも「ニセモノとは何か?」を考えてみよう。かんたんな答えとしては、オリジナル以外は全部ニセモノだ。でも、オリジナルの製造受諾を受けた工場が「ゴーストシフト」をおこなって作った可能性を考えて見よう。営業時間外に勝手にラインを動かして勝手に多めに作り、それがブランドオーナーに報告されないだけだ。その製品は、オリジナルと同じ設備、同じ工場と工員、同じ製法で作られる。違うのは工場から直売されて、しかも工場にとっての利ざやがはるかに大きいことだけだ。
　実際「ニセモノ」にはすごく広い範囲のあらゆるものが含まれる。壊れた

製品や中古品はアップサイクル（訳注　再生のリサイクルでなく、よりよいものにすることを指す言葉）されて新製品として売られる。製造工程の軽微な不合格品は修正されて、オリジナルとして販売される。オリジナル製品もニセのラベルをつけられる。たとえば4ギガバイトのメモリが、ラベルだけ8ギガバイトとつけられて販売されることがある。第4章では、僕が中国で見つけたいくつものニセモノと、なぜどうやってそういうニセモノが作られるのかについて説明する。

模倣 (Cloning) とコピーも中国でよくある習慣だ。山寨 (Shanzhai) として知られている、無数のいささか後ろ暗い独立発明家たちは、オリジナル製品の特徴や機能を模倣した製品を作り出し、しばしばオリジナルの設計図も活用する。でも、それら模倣品はコストを節約したり、独自機能を組み込んだりするために大幅な変更が加えられていることが多い。この方法の問題視されるべき部分というのは、オリジナル製品のブランドロゴや化粧箱を使う部分だけだったりする。商標侵害を除けば、実際の製品の中身を見れば、とんでもない量の独自のエンジニアリングとイノベーションが見られる。

山寨を単なる泥棒や猿まね (Copycat) として一蹴したら、彼らが西欧の会社ならほとんどできないことをやりとげているという事実に目を閉ざすことになる。山寨は、ほとんどないも同然の費用で、きちんと動く携帯電話製品を作れる。第5章では、新興国向けに10ドル以下のガラケーを山寨エンジニアリングで作った例を紹介する。

山寨式のIP共有は、予算を抑えて高度な製品開発を可能にする最も効果的なリーンエンジニアリング手法の1つだ。西洋の概念であるオープンソースと、僕が公開 (公開, GongKai) と呼ぶ山寨の手法を比較することでこの点を考えてみよう。

西洋の法律ではオープンソースには正式の定義があって、明示的な共有ライセンスで管理されるIP共有システムを指す。このライセンスは著作権者が付与し、しばしば商用利用は厳しく制限されている。オープンソースの愛好家はこの考え方を強硬に支持していて、こうした公認ライセンスを明示的に使わないIPをすぐに否定する。

公開では、設計図が入手できれば、オリジナルをだれが作ったのかにかまわず、好き勝手に使える。それでも人々がアイデアを共有するのは、そういう設計図が広告の役割も果たすからだ。設計図には、特定のチップ名やその図を描いた会社の連絡先がはっきり書かれている。設計図を描いた人々は、

設計図が出回ることにより、そこに書かれたパーツ類や部品の発注、または設計の改善やカスタマイズのために連絡がきて、自分の工場の商売になるのを期待している。別のケースでは、設計図そのものが取引されることがある。たとえば、こうした設計図の交換サイトでは、ダウンロードする前に自分の設計図をアップロードしなければならないこともある。

要するに、公開IPエコシステムは、ハードウェア製造に特化した広告主導ビジネスのようなものだ。山寨スタイルの発明家は、Googleが検索やメールや地図などのサービスを提供するかわりに広告も表示するように、工場の追加注文を手に入れようとしてアイデアをシェアする。

ほとんどの西洋のイノベーターと深圳のイノベーターの大きな違いは、深圳ではそれなりの人物はだれもが自分の工場を持っているか、パートナーシップを結んでいるということだ。大金持ちになる最短方法は、より多くの製品を売ることだ。だれが権利をもっているかなんていう抽象的な観念をめぐり口論するなんていうのは、夕食後に白酒で酔っ払ってやればいい無駄な作業でしかない。反対に西洋では、ハンダごてを握ったこともないほど工場とは縁遠いパテントトロール（訳注　自らが保有する特許権を侵害している疑いのある者に特許権を行使して巨額の賠償金やライセンス料を得ようとする者を指す英語の蔑称）たちが、訴訟に何百万ドルも使いながら、自分で発明したわけでもないアイデアのロイヤリティを集めている。

どちらのシステムも完璧ではないが、公開方式のほうが技術の進歩のスピードにうまく適応できている。2年ごとにマイクロチップの性能が上がって安くなるような時代だと、20年の特許期間は永遠のようなものだ。製品を市場に出すのに10年もかけるなんてありえない。最も速い中国の工場では、食事のナプキンに書いたスケッチを数日でプロトタイピングし、数週間で量産できる。長い特許期間は医薬品のような市場には適しているかもしれないが、急速に変化する市場ではライセンス交渉や特許申請に数万ドルの弁護士費用や数ヶ月の期間を費やしているとチャンスを逃すことになる。

西洋の特許制度改革に関する議論は、とっくの昔におこなわれているべきだった。公開エコシステムは、スマートフォンの「スライドでアンロック」といったつまらないアイデアを20年独占させるだけがイノベーションを促進する唯一無二の方法ではないという生きた証拠でもある。僕はこの駆け足のツアーで、中国のIPシステムの善と悪、そして醜さについて語っていこう。

4. 公開イノベーション

　知的財産 (Intellectual property) という言葉が矛盾に聞こえるのは君だけじゃない。だれかが君にリンゴを渡して「これは君のリンゴだ」と言えば、その意味するところはとても明確だ。君はそのリンゴを売るなり食べるなり、種を蒔いてリンゴの木を育て、さらに多くのリンゴを作れるし、それを売ったり家族に食べさせたりできる。
　でも、だれかが電話をくれて「そのAppleのiPhoneは君のものだ」と言ったときは、手の中の物質は君のものだが、ソフトウェアや特許や商標——つまりは知的財産——についてはきわめて限られた権利しかない。果物と違い、iPhoneの中にあるものを取り出し、その知識を使ってもっと多くのiPhoneを作ってはいけない。
　でも、中国では知的財産の扱いがかなり違う。自分のオリジナル作品を作るために、買ってきた電話を使ってもいいし、実際にみんなそうしている。僕が中国で経験した2つの経験は、知的財産の扱い方が1つじゃないということを教えてくれた。

僕が電話機の液晶を壊したときに起こった驚くべきこと

　今回の話も、僕の中国での多くの冒険と同じく、福田チェックポイントでの入国審査から始まる。2014年5月、僕は自分のプロジェクト、オープンソースラップトップNovena（くわしくは第7章で説明する）の製造計画を固めるために深圳に向かっていた。タクシーから降りるときに、僕は携帯電話をコンクリートの歩道に落としてしまった。電話機が地面に当たって、僕はタッチスクリーンが壊れる乾いた音を聞いた。

　深圳と香港の国境は、携帯電話の画面を割っても困らない、世界でもまたとない場所だ。1時間もたたない間に、僕は携帯電話のスクリーンを、華強北電気街の職人に交換してもらった。工賃と部品代を合わせて、わずか25ドルだ。

　当初は、スクリーンを自分で交換しようと思っていた。携帯電話はスクリーン以外は動作していて、スクリーンを交換する方法についてiFixit（訳注 さまざまなガジェットの分解レポートが載っているアメリカのWebサイト）を見て、交換部品とツールを買うために華強北の店を予約した。僕の訪れた店は、新しいスクリーンは120ドルだと言ったが、そこで店主がこちらから電話をひったくり、ダイヤラーで*#0*#を入力し、あらかじめ組み込まれている自己診断プログラムを走らせた。

　彼女はOLEDディスプレイに壊れたピクセルがないこと、デジタイザーが機能していて単にひび割れがあるだけだと確認した。そして、割れたOLEDとデジタイザーのモジュールを買い取りたいという。ただし、自分の店でスクリーンを交換するというのが条件だ。僕は、ほかのパーツを交換されないように、ずっと見ていていいならそれでかまわないと伝えた。

　もちろん、向こうも異論のあろうはずもない。20分後、彼らは僕の電話を分解し、接着剤を交換し、「新しい」（おそらくリファービッシュ品の）モジュールを電話に装着し、組み立てなおした。このプロセスに使われたのは、ヒートガンがわりのヘアドライヤー、接着剤を軟らかくするための大量のコンタクトクリーナー、および非常に長い指の爪（指に装着するスパッジャーまたはギターピックの代わりに使用）だ。残念ながら、僕が写真撮影用に使うはずの電話を修理する過程なので、その工程の写真は撮れなかった

　これぞリサイクルと修理の力だ。スクリーンに120ドルを払ったり、ちゃんと動く携帯電話を捨てたりする代わりに、割れたガラスの交換費用を払っ

ただけど。僕はデジタイザーのガラスとOLEDディスプレイは切り離せないと思っていたのだが、賢い華強北の人々は、これらの部品をリサイクルする効率的な方法を見つけた。なんといってもこのモジュールの費用の大半は、デジタイザーのガラスでなく、OLEDディスプレイにある。モジュールに接着されているタッチスクリーンセンサーも壊れていなかった。そうした何の問題もない部品を無駄にすることもあるまい。

僕の電話のスクリーンが壊れていた時間は1時間だけで、費用は交換パーツを僕が住んでいるシンガポールまで取り寄せるコストよりも安い。こういう経験を得るたびに僕は、「なんでこのサービスがほかの国でできないんだろう?」と考える。なぜ深圳だけが壊れた画面を30分で直せるんだろう。その費用も、毎月の電話料金より安い。その現象に貢献している要因は無数にあるけれど、その大部分は山寨と呼ばれる人々に遡ることができる。

山寨とは起業家のことだ

中国の山寨たちは、最初はiPhoneのような製品のパチもの生産者として有名になり、おかげで歴史的には一般メディアでただの「パチもん業者」として一蹴されてきた。でも僕は、山寨たちがヒューレット&パッカードやウォズとジョブズがガレージで働いていた頃と共通点を持つと思っている。

だれが山寨なのか?

なぜそう思うかを理解してもらうには、山寨という言葉の文化的な文脈を理解してほしい。山寨は中国語で山岳要塞という意味だが、文字どおりに受け取ると、ちょっと誤解のもとだ。要塞というと、巨大な城壁で囲まれた建造物や拠点を想像してしまう。お城の尖塔やお堀なんかを連想する人もいるだろう。でもそれは単に、防壁で囲まれた場所という意味だし、こちらのほうが中国語のもとの意味には近い。それは何か盗賊とか、ゲリラ式の隠れ家のことなのだ。

現代の文脈でいえば、山寨はそうした隠れ家に暮らした人々への歴史的な言及となる。たとえば12世紀に書かれた水滸伝に登場する、108人の山賊が住む梁山泊のようなものだ。僕の友達は梁山泊のリーダー宋江を、ロビンフッドとチェ・ゲバラの合いの子みたいなものだと説明していた。彼らは反

逆者で傭兵だったが、無私で困っている人々には親切だった。この『水滸伝』はいまでも人気があって、父に聞いたらすぐにわかった。

　現在の山寨イノベーターたちは、反逆的で、個人主義的で、地下に潜っていて、自分で力を獲得してきた――まるで宋江のように。彼らは猿まね製品で有名という意味では反逆的だ。大企業に対して心底嫌悪感を持っているという点で個人主義的だ。彼らの多くがアメリカやアジアの大企業に勤めていたが、その経営者たちの非効率さに嫌気がさして独立した。彼らが地下に潜っているというのは、いったん「足を洗って」伝統的な小売りルートで商売をするようになったら、もはや山寨仲間ではなくなるという意味だ。自分で力を獲得したというのは、例外なくきわめて小さな形で事業をしていて、最小限の資本から出発し「おまえにできるなら、俺もできる」をモットーにしているという点だ。

　2009年には、推定でおよそ300の山寨企業が深圳に存在していた。山寨企業は2人ぐらいの会社から数百人の従業員を抱える大企業まであり、PCBの設計、製造、携帯電話の解析などのプロセスに特化したところもあれば、もっと広い能力を持つところもある。

　山寨は小企業なので、生産を最大化するには効率的である必要がある。250人以下のある中小企業は、さまざまなプロダクトを合わせて月産20万台以上の携帯電話を生産できる。深圳の山寨をすべて合わせると、2009年には月に2,000万台の携帯電話を製造した。これは月に10億ドル近い売上だ。これらの携帯電話のほとんどは、インドやアフリカ、ロシアや東南アジアなどの新興市場や第三世界に販売されている。

猿まね以上のもの

　とても重要なことだが、山寨は単なる猿まねをするだけじゃない。オリジナルの製品を作るためにデザインをコピーし、改変する。たとえば、携帯電話への7.1chスピーカーの搭載や、デュアルSIMカード、タバコケースとの兼用、高倍率ズーム、はては偽造紙幣検出用のUV LEDなどの奇抜な機能が融合された携帯電話などだ。

　山寨はまるで、ほかのサービスからAPIでマッシュアップした機能だけでWebサイトを作るようにハードウェアを開発する。フェラーリのオモチャが携帯電話になっているものや、腕時計が携帯電話になったもの（カメラも

ちゃんとついている)は、そのいい例だ。アイデアを1つコピーするだけでなく、オモチャやカメラ付き腕時計といった複数の知的財産を混ぜて新しい異質な組み合わせを作る。最終製品を見れば、元にした製品ははっきりわかる。

また、Webマッシュアップの多くと同じく、そういう山寨製品の多くは大衆市場にはまるで意味不明だ(フェラーリオモチャ電話など)。それでも、ある限られたロングテールの市場ではそれがとても重要なのだ。

ある意味では、いくつかの山寨はメジャーな製品を先取りしている。たとえば僕が見た腕時計型電話は、何年も前からスマートウォッチを先取りしていた。

上:背面だけ見ると完全にタバコに見える電話
左下:Android ベースのスマートウォッチ。 Apple Watch とは異なり、
ウォッチそのものが通話可能な電話機。
右下:Android 搭載の山寨「baby iPhone」。 写真で一緒に撮影してるのはホンモノの Apple iPhone 6

コミュニティに支えられた知的財産ルール

　山寨は、オープンBOM（Bill Of Material, 部品リスト）というコンセプトも使う。ある山寨が新製品を作ると、そのBOMや設計図などのデザインドキュメントも共有する。もしも既存の製品に基づいている場合は、どこを改善したかも共有される。こういうルールは、だれかが不正行為を発見すると山寨のエコシステムから排除されるという形で、コミュニティ内の口コミで強制される。

　こうした仕組みは、中国ではとてもよいものと考えられている。たとえば僕はかつて、山寨がiPhoneクローンを作れるだけでなく、ホンモノのiPhoneでは交換不可能なバッテリを交換可能に改善したからすばらしい、と深圳の中国人に聞かされた。アメリカではこういうリバースエンジニアリングによる改善は違法で権利侵害とされるが、Webでのマッシュアップ文化の豊かさを考えると、ハードウェアでそれが起こっても悪くないように思う。

　アメリカではこういう変わったことが中国で起こると自動的に「悪いことだ」と決めつけるバイアスがまちがいなくある。そのバイアスは、いずれアメリカにとってもきわめて重要になりかねない文化現象の客観的評価に暗い影を落としている。

　ある意味で、山寨はハッカー起業家という古典的な西洋概念の親類だが、そこにきわめて中国的なひねりが加わっている。個人的にお気に入りの山寨物語は、僕がとてもうらやましく思っている、3階建ての家を所有するある人物についてのものだ。そいつの寝室がてっぺんにあって、2階は完全なSMT製造ライン、1階は3階で設計されて2階で製造された製品の小売り店なのだ。文字どおり、垂直統合されたサプライチェーンだ！　こんなインフラを持っていたら、まちがいなく僕のイノベーションのやり方もひっくり返る。製造費用も節約できるし、プロトタイプ作成時間も減らし、在庫も激しく回転させて、在庫用の必要資本も減らせる。そして、その店が交通量の多い都市部にあれば、アメリカの小売り業者が通常は必要とする、20～50%の小売りマージンも節約できるわけだ。

　僕は、いずれ深圳の知識量やマーケットサイズが臨界に達し、中国人が単なる工具やコピー製造にとどまらなくなると考えている。自分で自分の命運を左右するようになり、最終的にイノベーションのリーダーになる。山寨とそのマッシュアップの話は、氷山の一角に過ぎず、ビジネスのやり方を変え

る可能性を秘めている――アメリカのビジネスは変わらなくても、しばしば「その他世界」と呼ばれる巨大な未踏の市場では明らかに変わるだろう。

12ドルの携帯電話

　マッシュアップ携帯電話は、山寨の革新性と実験の意欲を示している。多くの機能があるにもかかわらず、それらの携帯電話はとても安い。すると、「そもそも携帯電話ってどのくらい安くできるの？」と疑問に思うかもしれない。

　華強北電気街の北東にちょっと脚を伸ばすと、明通数碼城にやってくる。4階建ての店内に迷路のように小さな店が並ぶこのビルは、安定した電力やケーブルネットワークインフラがない国のための奇妙な携帯電話をいろいろ売っている。たとえば、コミカルなほど巨大なバッテリをつけて1ヶ月稼働できる電話。手回し式充電器とアナログテレビがついた携帯電話は、家族や村で共有するために、複数のユーザープロファイルが使える。

　2013年に華強北電気街を訪れたときに、クワッドバンドのGSM、Bluetooth、MP3プレイヤー機能、液晶ディスプレイ、キーパッドを備えた携帯電話をわずか12ドルで買った。スマートフォンに比べたら機能は乏しいが、旅行中にいつもの電話が水没したり盗まれたりするのが心配なら役に立つ。そして、数十億の人々にとっては、これが手の届く唯一の電話かもしれない。

　この12ドルというのは、キャリアの割引によるゼロ円携帯じゃない。アメリカのように電話のSIMロックが認められている国だと、電話は無料またはすさまじい安価で提供され、かわりに電話の価値の数倍にもなる回線契約をさせられる。回線契約もなく、プロモーションでもない、充電器、保護用のシリコンスリーブ、充電ケーブルまで備えた完全なSIMフリーの携帯電話を新品で12ドルで手に入れたということは、電話の製造コストはそれ以下だということだ。そうでないと、メーカーが損をしてしまう。噂では10ドル以下だという。

シンプルだが十分な機能をもった 12 ドルの携帯電話

　この価格は本当にすごい。ドミノピザの大やアメリカ都市部のレストランで飲むそこそこのグラスワインと同じぐらいの価格で、Arduino Uno と比べても安い。たしかに Arduino Uno と比べるのはちょっとアンフェアだけれど、まあ話半分で以下の仕様比較表を見てほしい。

スペック	この携帯電話	Aruduino Uno
価格	$12	$29
CPU速度	260 MHz, 32-bit	16 MHz, 8-bit
RAM	8MiB	2.5kiB
インターフェース	USB, microSD, SIM	USB
無線	Quadband GSM、Bluetooth	—
電源	LiPoバッテリー、アダプタ付属	外部電源が必要、アダプタなし
ディスプレイ	2色OLED	—

表1：12ドルの電話と Arduino のスペックの比較

どうすればArduino Unoより優れたスペックの電話が半額以下になるんだろう？　僕にはわからないけれど、この電話を分解することでいくつかのヒントを見つけた。

12ドル電話の中身

まず、この電話にはネジが1本も使われてない。外装ははめ込み式になっている。

カバーを外して裏側から見た電話

中はほぼ何のコネクタもない。出荷や在庫として保管しておくために、バッテリーを物理的に遮断するスイッチがある。僕が見た限りでは、バッテリーの二次保護回路もない。それでもこの電話には、バックライトつきキーパッドや周辺を装飾するライトなどの飾りはある。

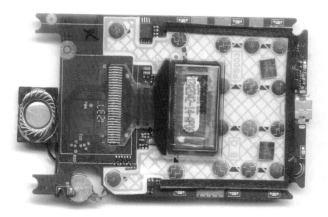

ディスプレイからバッテリまで、すべての部品は直接基板にハンダ付けされている

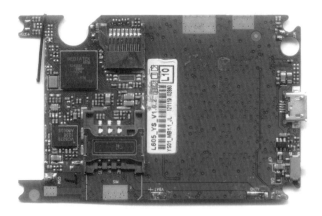

基板は小さい装飾用 LED だらけだ

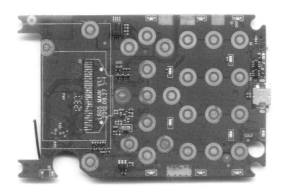

Bluetoothアンテナ用の短いワイヤーが左下に見える

　主要な電子部品は、MediaTek MT6250DAとVanchip VC5276の2つのICだ。MT6250は2ドル未満で販売されているという。僕は実際に小売ブローカー業者から2ドル10セントのカットテープを入手して、口承で価格を確認できた*。これは、僕がArduinoで使われているATMegaを仕入れた最低価格より安い。こんな価格競争があるので、西側企業は自分たちの立場を守るために訴訟を起こしている。たとえばVanchipはRF Microと法廷闘争をしていて、MediaTekもいくつか訴訟の対象になっている。

2つのMediaTekチップの載ったカットテープ

---

*　でも、僕がこうしたチップのブローカーをやることはないけどね。

もちろん、直接MediaTekに電話してもこれらのチップは手に入らない。設計で「正面きって」彼らと取引するのはとても難しい。でも、少し中国語でWeb検索ができ、正しいサイトを知っていれば、この電話と、ちょっと部品は違っても同じようなものの基板レイアウト、回路図、ソフトウェアユーティリティほかを「フリー」でダウンロードできるだろう。

　「フリー」をカッコに入れたのは、こうしたソースコードは著作権者の明示的な同意なしで配布されていて、ソースコードを入手はできても、それを使う法的権利がグレーだからだ。でも、そういう知財管理の法的なやり方に慣れてない・気にしない人たちは、ほとんど現金投資なしにこのような電話の別バージョンを作れる。それはオープンソースのエコシステムに似ているように感じるが、違うものだ。別種のオープンなエコシステムなのだ。

公開の世界にようこそ

　中国でガラパゴス的に進化した「オープン」ソースの世界にようこそ。僕はそれを、英語のオープンの中国語である公開（GongKai）と呼んでいる。西洋でのオープンソースの逐語訳として開源（KaiYuan）がある。でも公開とオープンソースは、どちらもソースコードがダウンロードできるという点しか似ていない。そういう共有を可能にする法的、文化的な枠組みは、これ以上はないというくらい違っている。まったく別の種から進化したものが似て見えるようになった収斂進化のようで、遺伝子や祖先はまったく異なっている。

　公開は、著作権で保護された「機密」や「占有」というラベルのついた知財が公然と一般に共有されているが、特に法的な裏付けがない状態を指す。だが、音楽や映画の海賊版のように、コピーする側が一方的に利益を得るものではない。むしろ、著作権を持っているメーカーのチップを使って、電話機を製造するのに必要な知識ベースなのであり、こうした文書の共有はチップの販売を促進するのだ。最終的には、著作権を持つものとコピーする者との間には持ちつ持たれつの関係がある。

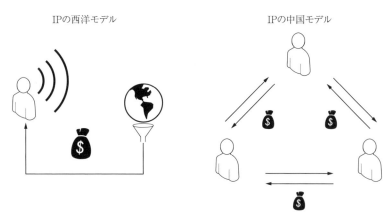

西洋型と中国型の知的財産(IP)ビジネスモデルを比較する。左はIPを単一の所有者が持ち、コントロールして社会から支払いを受ける西洋の"放送"モデルだ。右の中国モデルは"ネットワーク"モデルだ。IPのやりとりは商品のようにおこなわれ、支払いは同じようなものの交換か、好意でおこなわれる。

　この企業と事業者とのグレーな関係は、東西の幅広い文化格差の1つだろう。「放送型」といえる西洋の知財と所有権のモデルは、よいアイデアやイノベーションについて、はっきり指定された著者や発明家によるものとし、社会はその活動やよい仕事についてロイヤリティを支払うというモデルだ。

　中国は知財と所有権について「ネットワーク型」の見方をする。優れたアイデアやイノベーションを構築するための、遠くにまで届く視野を獲得するには、必然的に他人の肩に立つしかないく、人々はそうしたアイデアを好意として交換する。IPについてこうしたゆるい態度を持っているシステムなら、ネットワークとの共有は必然的なものだ。明日になったら、こちらの肩に友人が立つことになり、彼らの好意を求めるようになるのは自分かもしれないからだ。

　でも西洋モデルでは、法律によりIPが長期間にわたって蓄積できるようになり、不可侵な独占的な地位を作りやすい。これは、てっぺんにいる連中にとっては結構だけれど、駆け出しには厳しいので、現代の西側の携帯電話マーケットのような状況ができあがってしまう。すばらしいクオリティの驚異的な電話がAppleやGoogleから生まれ、スタートアップはそれら大企業のエコシステムのためのアプリやアクセサリーを作らせてもらえるだけだ。

僕は100以上のハードウェアスタートアップのビジネスプランをレビューしてきた。ほとんどのスタートアップが、「枯れた」製造テクノロジーで作られた、不当に高額なチップセットを製品の基盤にしていた。僕も例外ではなく、僕のプロジェクトであるオープンソースのラップトップNovenaはFreescale（今は買収されてNXP）のi.MX6プロセッサを使っているが、これは設計当時、最安なチップでも最高速なチップでもない。それでも僕がこのチップを使ったのは、

- チップに関する完全なドキュメントをダウンロードできる
- だれでもDigi-Keyで購入できる

という2つの重要な要素があったからだ。

西洋では、最先端技術についてのドキュメンテーションや供給がほとんどないため、ハードウェアのスタートアップはよいアイデアを実現するとき、出発点としてArduinoやBeagleBoard、Raspberry Piといった初心者向けのボードを使わざるをえない。でも、中国の起業家はビックリするようなペースで新しい携帯電話を開発している。

この写真に見えるすべての物体は携帯電話

ほぼ季節ごとに新しい携帯電話モデルが出る。起業家はいつでも実験をして、何か目新しい要素を電話に組み込む。たとえば、大きいバッテリーパック（モバイルバッテリーのように、ほかの電話の充電もできる）、視覚障害者向けのすごく大きいボタン、子供向けのホームボタンしかない携帯電話、腕時計サイズの携帯、などなどだ。こうした開発は少人数のエンジニアチームが電話のすべての要素――もちろん外装や基板やケースまで――の設計パッケージを調達できて、その設計をフォーク（訳注　オリジナルとは分岐して一部変えた別の種類の開発）させ、自分たちが注目したいところだけを変更するのに専念できるから可能になる。

僕もこのように開発したい。ハードウェアエンジニアならだれでもそう思うだろう。

僕も電話機の既存デザインをフォークさせたい。12ドルの携帯電話で見た、1個単位で3ドルの、364 MHz 32-bit、メガバイトクラスのメモリを内蔵したチップを使いたい。Arduino Unoのチップは、はるかに低い性能で、16MHzの8-bitマイクロコントローラでRAMも数キロバイトしかないのに、倍の6ドルもかかるのだ。

公開をオープンソースに

そこで僕は、電話の研究をもう1歩進め、分解から独自のバージョンを作るところまでやろうとした――山寨スタイルで、しかし西洋の目を通した解釈で。こうして僕はショーン"xobs"クロスと、Fernvaleと名づけたプロジェクトを始めた。ショーンはchumbyの開発時に出会い、以後いくつものプロジェクトで僕の冒険のパートナーになってくれている。彼がプロジェクトの空き時間にchumbyにQuake（訳注　当時流行していたFPSシューティングゲーム）を移植してくれたとき、彼のファームウェアエンジニアとしての才能に舌を巻いた。

彼はいつも独自のペースを持っている。アメリカ人の両親の元、ドイツで生まれ、認知科学を大学で学び、Chumbyプロジェクトで働き出す前に6ヶ月ほどニュージーランドやオーストラリアを旅しながら、冒険と仕事を探していた。Chumbyでは、彼のポニーテールとキルト（正確にはUtilikilt）はいつも見つけやすかった。

Chumbyが廃業してから、ショーンと僕はシンガポールにたどりついた。僕は「Sutajio Ko-Usagi（スタジオ小兎）」というカスタムハードウェアを作る会社を立ち上げた。「スタジオ小兎」は、英語のbunniestudiosの日本語訳だ。

ショーンのコーディング名人としてのスキルと僕のハードウェア設計のスキルは見事な組み合わせで、いくつも重要なオープンソースのプロジェクトを完了させることができた。

僕らはまず、チップメーカーに「正面きって」コンタクトしてみるくらいはやろう、山寨電話で使われているようなチップの、西洋的にライセンスされた組み込み開発キット（EDK, Enbedded Development Kit）を入手するには何がいるかを直接聞いてみようとした。だが、門前払いだった。チップメーカーには、僕らのちょっとした実験用の購入量は少なすぎるとか、何十万ドルものとんでもない現金デポジットを払ったうえで、最低購入量契約を結ぶしかないとか言われた。

それだけの手間暇をかけた人々にとってさえ、入手したEDKには中国人が手にしている参考資料がごく一部しか含まれていない。データシートは不完全だし、しかもチップメーカーが独占的に提供するOSしか使えない。正直者は馬鹿を見るとは、まさにこのことだ。正規のやり方をしつつ、先に進める方法がなんとか見つからないものだろうか？

エンジニアにだって権利がある

つまり、Fernvaleには電話をリバースエンジニアリングして再設計するという技術的な側面と、公開のIPシステムを西洋的なエコシステムに吸収する一般的な手法を作り出すという法的な側面とがあった。技術的な部分は第4部の第9章でくわしく扱うので、本章の残りでは法的な部分を扱う。

法的な枠組と課題について少し調査をして、僕は公開で得たIPの一部をきちんとしたオープンソースに取り込む方法があると考えた。でも、ここで注意書きを：僕は法律の専門家ではない。自分の考えは示すけれど、それを法的な助言とは思わないこと*。

僕のFernvaleでの基本的な考えは、リバースエンジニアリングの権利を慎重かつしっかり理解した形で行使し、もし最悪の場合に訴訟沙汰になったとしても、法廷が僕のやったことに合意してくれる可能性を高めることだった。でも同時に、単に議論が分かれるからというだけでリバースエンジニアリン

---

* 僕はこの、「自分は法律の専門ではない」という免責条項をいつも不思議に思ってきた。僕が受けた説明によれば、この免責条項がないと、法的な助言をおこなったように見えただけで、適切なライセンスなしに法律業務をおこなった咎で有罪になりかねない、とのことだ。またこの意見を法的な助言だと解釈して、よくない決断を下した人々に対し責任を負わされる可能性もある。

グを避けようとするのは、どんどん自分の権利を狭めるだけだと思う。権利を得るには、それを行使しないとダメだ。議論が分かれるからというだけで、女性が投票せずに黒人がバスの後部座席にすわり続けていたら、アメリカではいまだに人種分離が続き、女性選挙権もなかっただろう。人種平等や普通選挙に比べるとリバースエンジニアリングの権利はたいしたものではないけれど、前例ははっきりしている。権利を獲得するためには、立ち上がってそれを主張するだけの大胆さがいるんだ。

特許とほかの法律についての取引

オープンソース開発をしようとしたときに、特許と著作権の2つの部分で、知的財産（IP）の問題にぶつかる。特許はややこしい問題を引き起こすので、どうもいちばん現実的なアプローチは、基本的にその問題を無視することだ。たとえば少なくとも僕の知る限り、Linuxにコミットするコードをアップロード前に特許侵害していないか調査したりするやつはいないし、実際問題として多くの企業はエンジニアリングレベルでは同じようにいちいちチェックしない方針にしている。

なぜか？　自分たちが作ろうとしているものに、何の特許が適用されて、どこの段階から特許侵害になる／ならないを判断するには膨大なリソースが必要だからだ。それだけ手間暇をかけても、100％確実にはならない。さらに悪いことに、そういう特許群をきちんと調べていると、結果的に侵害となったときにそれが故意だとされる可能性を拡大し、損害賠償額が3倍になる。最後に、侵害の損害賠償責任がどこにあるのかはまるではっきりしないし、オープンソースの文脈ではなおさらだ。

なので、僕とショーンはFernvaleで特許侵害をしないように精一杯の努力はしたけれど、100％の保証はできない。それでも、損害賠償訴訟を起こすかもしれない特許保有者に備えて「ポイズンピル（毒薬）」条項のあるライセンスを自分たちの作品に適用するようにした。ポイズンピルは、どんな相手に対してどんな部分についてであれ、特許訴訟を起こそうとする者にオープンソースの成果物を使えなくする*。

---

*　具体的には、Apacheライセンスのバージョン2.0内の第3条には「特許ライセンスの譲許（中略）この成果物に組み込まれた成果物や貢献物が、直接または補助的な特許侵害となると主張して、いかなる存在に対してであれ特許損害賠償訴訟を起こした場合（訴訟における交差請求および対抗請求も含む）、その成果物についての当ライセンスに基づいてその原告に譲許された特許ライセンスはすべて、そうした訴訟を提出した日をもって終結する。」とある。

著作権についても、とても複雑な問題がある。電子フロンティア財団（EFF, Electronic Frontier Foundation）（訳注　電子フロンティア財団は、ハードウェア・ソフトウェアを問わず、分解の自由、改造の自由など、自由に開発する権利を求めているアメリカの団体）の「コード書きのための権利プロジェクト」がリバースエンジニアリングについて提供しているFAQ*は、この問題について深く考えたいならとてもよい読み物となっている。

要約すると、コードに埋め込まれたアイデアを理解し、相互運用可能にするためにリバースエンジニアリングをおこなうことはフェアユース（訳注　「公正利用」とも訳される、アメリカの著作権侵害訴訟に対する抗弁事由）に該当するという判例があるということだ。結果として、だれでも公開スタイルのIPシステムを学び、理解して新しい作品を制作し、それに西欧のオープンなIPライセンスを適用する権利があるらしいということだ。

でも、Fernvaleの著作権問題を扱う前に、フェアユースの権利を阻害しかねないほかの問題がないか確認する必要があった。まず、デジタルミレニアム著作権法（DMCA）は、暗号化されているものを解読する行為そのものを基本的には違法だとして、その例外はごくわずかだし、実例もきわめて乏しい。僕とショーンがダウンロードしたファイルやバイナリはそもそも暗号化されていないし、技術的な手法でアクセス制御されていなかったので、この問題は気にしなくてよかった。迂回がなければ、DMCAも問題にならない。

今回取得したすべてのファイルは、公開されたサーバーで検索可能な状態になっていたため、コンピュータ不正行為法（CFAA）の問題は発生していない。また、この作業に使用したデバイスには、シュリンクラップ、クリックスルー、その他のエンドユーザーライセンス契約（EULA）、使用条件、その他僕たちの権利を放棄させかねない各種の契約が含まれていなかった（訳注　「クリックした段階で同意と見なす」「パッケージを開けただけで同意と見なす」などの契約は多いが、今回xobsとバニーが使ったデバイスやソフトウェアは、彼らの行為が違法にならないように選ばれている）。

著作権との取引

DMCA、CFAA、およびEULAなどの懸念を解決したことで、ついにいちばん大事な問題である「著作権について何をすべきか」に対処することができ

---

*　https://www.eff.org/issues/coders/reverse-engineering-faq/

るようになった。

　僕らの方法論の核心にあるのは、いくつかの判例で法廷が述べた「事実には著作権を適用できない」という主張に基づく。たとえばオコナー判事は、Feist Publications Inc. v. Rural Telephone Service Co. Inc.（449 U.S. 340,345,349（1991）で以下のように述べている*：

> 「常識的に、著作権保護されていないものをたとえ100集めても、そこに著作権は発生しない。（中略）問題を解決する鍵となるのは、なぜ事実が著作権の保護対象でないのかを理解することである。著作権に必須なのは独創性である。」

そして

> 「たとえ有効な著作権があったとしても、競合する作品を制作するために他者が公開した作品に含まれる事実を使うことは、その事実の選択や配置が他者のものと同じでないのであれば妨げられない。」

　この意見に基づけば、だれでも独占文書から事実を抽出して、独自の選択や配置で、そうした事実を慎重に再表明できる。たとえば「山田太郎の電話番号が555-1212」「山田太郎の住所は10 Main St.」という事実は著作権保護の対象でないので、「割り込みコントローラのベースアドレスは0xA0060000」「ビット1はLCDの状態報告を制御する」という事実も著作権保護の対象にはならないことになる。

　ショーンと僕はデータシートからそうした事実を抜き出し、独自のヘッダファイルの中で述べなおした。これは僕たちが作った新しいファイルなので、自分たちで選んだ適切なオープンソースのライセンスを適用したわけだ。

プログラミング言語を作る

　それでも、ドキュメンテーションがまるっきりない、ハードウェアのブ

---

* 同じような判例は、この訴訟にも見られる。Sony Computer Entertainment, Inc. v. Connectix Corp., 203 F. 3d 596, 606 (9th Cir. 2000) and Sega Enterprises Ltd. v. Accolade, Inc., 977 F.2d 1510, 1522-23 (9th Cir. 1992).

ロックとなると、話がさらにややこしくなった。場合によっては、レジスタの意味や、そのブロックがどう機能しているのかは、データシートの情報ではまったくわからなかった。こうしたブロックについては、その部分を初期化するコードを分けて抽出して、さらにその部分をアドレスとデータのペアにしてリストにし、scripticという新しいスクリプト言語で表現することにした。新しい言語を作ったのは、無意識の盗作になってしまうのを避けるためだ。1つのコードだけだとシンプルすぎて、1回読んだら、記憶からだけでまったく同じコードを書けてしまう。そうしたコードを新しい言語に変換することで、提示されている事実を考えて、それを独自の配置で表現するよう強いられる。

scripticはアセンブラのマクロを基本にしていて、このサンプルのようにすごくシンプルな文法だ。

```
#include "scriptic.h"
#include "fernvale-pll.h"

sc_new "set_plls", 1, 0, 0
sc_write16 0, 0, PLL_CTRL_CON2
sc_write16 0, 0, PLL_CTRL_CON3
sc_write16 0, 0, PLL_CTRL_CON0
sc_usleep 1

sc_write16 1, 1, PLL_CTRL_UPLL_CON0
sc_write16 0x1840, 0, PLL_CTRL_EPLL_CON0
sc_write16 0x100, 0x100, PLL_CTRL_EPLL_CON1
sc_write16 1, 0, PLL_CTRL_MDDS_CON0
sc_write16 1, 1, PLL_CTRL_MPLL_CON0
sc_usleep 1

sc_write16 1, 0, PLL_CTRL_EDDS_CON0
sc_write16 1, 1, PLL_CTRL_EPLL_CON0
sc_usleep 1
```

```
sc_write16 0x4000, 0x4000, PLL_CTRL_CLK_CONDB
sc_usleep 1

sc_write32 0x8048, 0, PLL_CTRL_CLK_CONDC
/* Run the SPI clock at 104 MHz */
sc_write32 0xd002, 0, PLL_CTRL_CLK_CONDH
sc_write32 0xb6a0, 0, PLL_CTRL_CLK_CONDC
sc_end
```

　この例文はPhase Locked Loop（PLL、回路がクロック波形を生成するところ）の初期化で、FernvaleのチップであるMediaTekのMT6260用にscripticで書かれたものだ。

　これを、scripticのコードの派生元となったコードの一部から、最初の数行を挙げるので比べてみよう。

```
// enable HW mode TOPSM control and clock CG of PLL control

*PLL_PLL_CON2 = 0x0000;        // 0xA0170048, bit 12, 10 and 8 set to 0
// to enable TOPSM control
// bit 4, 2 and 0 set to 0 to enable
// clock CG of PLL control
*PLL_PLL_CON3 = 0x0000;        // 0xA017004C, bit 12 set to 0 to enable
// TOPSM control

// enable delay control
*PLL_PLLTD_CON0= 0x0000; // 0x A0170700, bit 0 set to 0 to
// enable delay control

// wait for 3us for TOPSM and delay (HW) control signal stable for(i = 0 ;
i < loop_1us*3 ; i++);

// enable and reset UPLL
reg_val = *PLL_UPLL_CON0;
```

```
reg_val |= 0x0001;
*PLL_UPLL_CON0 = reg_val; // 0xA0170140, bit 0 set to 1 to
// enable UPLL and
// generate reset of UPLL
```

　元のコードは実際には何ページにもわたるし、ここで引用したごく一部ですら、条件文で取り囲まれていた。PLLの正しい初期化とは関係ないので、そういうのは取っ払った。

　知的財産に関する権利の知識、事実を抽出するためのドキュメンテーション群、scriptic言語は、こちらの武器庫のツールだ。それを使って、xobsと僕はFernvaleプロジェクトから十分な機能を引き出して、NuttXというBSDライセンスの小さなリアルタイムOS（RTOS）を起動させることに成功した。どうやったかのゴリゴリした詳細は第9章で書こう。

この章のまとめ

　権利は精力的に行使されないと、競合する利害関係者により萎ませられて押し出されてしまう。僕とショーンがFernvalをやったのは、リバースエンジニアリングをおこなって、相互運用できるオープンソースのソリューションを作るためにフェアユースの権利を踏襲することが重要だと考えるからだ。

　ここ何十年も、特許や著作権法がますます広範にアップデートされるたびに、エンジニアたちはイノベーションのための自由がしぼんでいっているのを傍観してきた。僕が子供の頃にやった、自分の原点ともいうべきハードウェアいじりが、今の子供たちにとって違法になってしまっているのは悲しいことだ。

　山寨やそのすごい可能性の台頭は、傍観していたエンジニアへの警鐘だ。僕はそれが、特に草の根レベルでは、知財保護について寛容な状態がイノベーションを促進するという証拠だと考えている。もっと多くのエンジニアがフェアユースの権利を知り、それを積極的かつ意図的に行使すれば、特許や著作権のシステムの大規模改革という、もっと大きくとても必要とされている活動を引き起こせるかもしれない。僕らのFernvaleプロジェクトは、公開とオープンソースコミュニティのギャップを埋めるためのずっと大きな努力の方向性を示すだけの、単なる標識に過ぎないと思いたいところだ。

公開のよい側面だけいいとこどりをして、それを西洋のIPエコシステムに組み込めるというのは重要なツールだ。次の章では、あまりにゆるいIPエコシステムのマイナスの結果をいくつか見よう。それが偽造品やニセモノ商品だ。

5. さまざまなニセモノたち

　公開システムは中国での驚異的な技術革新を引き起こすし、山寨は第4章で紹介した携帯電話のようなおもしろいオリジナル製品を作れる。とはいえ、中国はiPhoneのニセモノ以外にも、多くのニセモノ電子製品を作っているのはたしかだ。巧妙なニセモノ屋は、microSDやFPGAのような集積回路さえ偽造してしまう。

見事な出来の偽造チップ

　たとえば僕がChumbyで働いていた2007年頃にでくわしたいくつかの偽造チップはあまりに見事な出来で、調査しないとそれが偽造品かどうかも確信できなかった。

アジア製造の怪しいチップ2つ

　写真のST19CF68チップはSTMicroelectronics製のチップと称するもので、データシートには「CMOS MCUベースのセーフガードつきスマートカードI/O。モジュラー演算処理プロセッサつき」と記載されている。ST19CF68チップは通常、スマートカードの中（たとえばクレジットカードの前面にあるICチップ）または裁断したウェハ（個別チップに裁断されているけれど、それを取り巻くパッケージはない）で販売されているけれど、不思議なことに、ここでお目にかかったのは、足のあるSOIC-20パッケージデバイスだった。なんでこういう変なパッケージになっているのか調べるために、チップの上の黒いエポキシを溶かしてカプセルを外し、顕微鏡で内側のシリコンを検査してみた。
　シリコンダイは、ST19CF68の説明に整合するような複雑なマイクロコントローラユニット（MCU）にしては、あまりに小さくて単純すぎた。チップ

上に散りばめられている、黄金の長方形のパターンも粗すぎた。光学顕微鏡の低倍率で個々のトランジスタが見える。こうした部品のサイズは、チップのプロセスジオメトリと呼ばれる。このようなスマートカードのプロセスジオメトリは、最新CPUとせいぜい3、4世代ぐらいしか変わらないはずで、最高レベルのズームでもトランジスタはなかなか見えないはずだ。

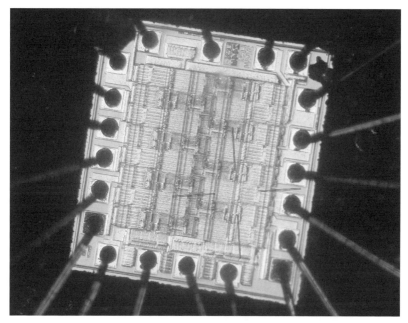

ニセ ST19CF68 のシリコンダイ

　粗すぎるプロセスジオメトリに加えて、データシートによれば、このチップは8つのパッドしか持たないようだが、なぜ20本のボンディングパッドと20本のピンがあるのだろう？　ダイ上で少しズームインすると、さらに面白いディテールが見つかった。

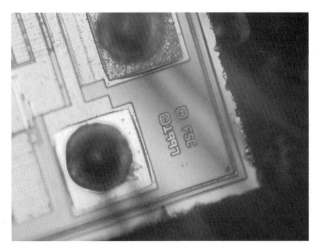

チップの製造業者によるコピーライトと日付

このチップは、やっぱりSTMicroelectronicsで作られたものじゃない！ シリコンにあるラベルにはFSCとあり、これがFairchild Semiconductorで作られたと示している。もちろんそうなると、シリコンの部品ラベルもチェックするしかない。

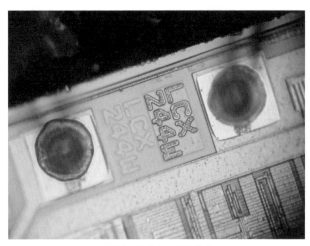

発見された本当の部品番号

ダイに書かれた製品番号は、これがFairchild 74LCX244であることを示している。74LCX244は、「低電圧バッファ／ラインドライバで入出力許容電圧5V」だ。パッケージに入っているはずのST19CF68よりは、はるかに安いシリコンだ。

もちろん、ピンの数が合わないので怪しいとは思う。でも、メーカーはチップサイズを最適化する前、特に最初の頃のロットでは、大きめのパッケージにチップを入れることもある。僕が驚いたのは、そのパッケージとマーキングがじつによくできた品質だということだった。

通常、マーキングを直したり偽造だったりするチップだと、これよりずっといい加減に見える。もとのチップをヤスリで削ったり上から塗料を塗ったりして元のマーキングを消し、シルクスクリーンでニセのマーキングをするのが通例だ。

でも、このチップはどこを見てもマーキング改変の痕跡が見られなかった。マーキングは、最高の品質になっている。だれかが未刻印の74LCX244チップを手に入れ、工業水準のレーザー刻印機でまっさらのパッケージに高品質なマーキングをおこなったわけだ。STのロゴの縦横比まで完璧だ。

ニセST19CF68の刻印を拡大したもの

まっさらな状態でマーキングされたものと、マーキング改変チップとのクオリティの違いは、新車の工場でペイントされた塗装と街の塗装屋で塗装しなおしたものの差に近い。このチップは、まちがいなく新車のような見た目だ。
　この発見で、未解明の疑問が山ほど残された。だれがどうやってマークされてないFairchildのシリコンを手に入れたのだろう？　Fairchild内部のだれかがやったのだろうか、それともFairchildが、まだマーキング前に検品ではねられたチップを、潰したりリードを切り取ったりしてゴミ箱から回収されて再販されないようにする手間をかけずに、いい加減に捨てたんだろうか？
　このレーザー刻印は、安価なデスクトップレベルのレーザー刻印機でやったものではない。まちがいなく高出力ラスター刻印機だし、アートワークも完璧だ。
　いまだにあんなニセチップが作られ、販売されたというのが信じられないほどだ。でも、驚くことではないのかもしれない。パソコンに使われるDIMMメモリのとんでもないリマーク版を華強北のSEG電子市場で見かけたこともある。市場の多くの偽造業者たちは、プロレベルの熱転写プリンターやホログラムステッカーを公然と展示している。
　もしもこのようなクオリティのニセモノが普通に流通するようになったら、サプライチェーンには大問題だ。この偽造ST19CF68を作った連中は、明らかにどんなチップでも偽造できるし、偽造品はだんだんアメリカの市場にも登場しつつある。再販業者、特に製造業者の過剰在庫の購入を専門にするところは、チップについたマーキングをふつうは信用している。
　僕はチップメーカーがチップのマーキングに偽造対策をするとは思わない。でも、これらの偽造チップを最初に発見したときにはその品質にゲンナリしたものだし、いまだにゲンナリする。偽造品がすべて使われる前に見つかるわけではないし、偽造部品が出てきたら、どんなプロジェクトにとっても大問題だ。

米軍用ハードウェアでのインチキ部品混入問題

　偽造チップが特に問題になるのは、軍事プロジェクトに入り込んだときだ。米軍は独特の問題を持っている。米軍は、きわめて古い部品の、最大で最もお金持ちな買い手の1つなのだ。なぜかというと、軍用設計の有効寿命は数十年になるからだ。ほかのすべてと同じく、部品が古ければ、それだけ見つ

けにくくなるし、納入業者たちがニセモノをつかまされることもある。

　たとえば、2011年に公開された上院公聴会報告書によると、アメリカ海軍がボーイングから購入したP-8ポセイドン航空機に使われる部品の一部は、Defence TechというWebメディアの論説での表現によれば「再生が不適切」であり、おかげで大事なシステムが障害を起こしたという。

　アメリカ政府はこのようなニセモノをサプライチェーンから排除するために、2012年度全米国防衛承認法修正1092号（H.R. 1540）を出した。この修正条項は、米軍サプライチェーンの偽造チップ蔓延を減らすための手法を概説したもので、善意ながらも見当違いのものだ。

　修正条項1092号が提出される前ですら、防衛承認法は、米軍が裁判なしに無制限にアメリカ市民を拘留できるという条項のために批判を受けた。また皮肉なことだが、アメリカの連邦債務のうち、中国への負債を潜在的な「国家的安全保障リスク」として評価するよう定めている（section 1225 of H.R 1540）。このニセモノ対策修正条項によれば、初犯だと個人なら禁固20年および500万ドルの罰金、または企業なら1,500万ドルの罰金となる。これはコカイン密輸と同じぐらいの罰則だ*。この修正条項「偽造品」の中に、新品として提出される再生部品を含むと定義の中で明記しているものの、こんな厳しい罰の対象になるためには、そうした部品を意図的に扱う必要があるかについては、残念ながら曖昧になっている。

　もし正規に鋳造されたが汚れている硬貨を手に入れて、それを洗って新品に見えるようにしたとしても、だれも偽造の罪には問われない。でもこの修正条項だと、軍用チップの偽造行為だけでなく、新品だと思って購入した再生チップの意図せざる頒布に対しても、禁固20年と5万ドルの罰金という罰則を課している。残念ながら、多くの場合、電子部品は外部の損耗を示さずに何年も使えるのだ。

　この修正条項には、以下にあるような「検査プログラム」を作り出す条項もある。

　b) 輸入された電子部品の検査
　　(1) 国土安全保障長官は、国防長官が偽造電子部品の大きな出所で

---

*　出典はこちら。　https://www.govtrack.us/congress/bills/112/hr1540/text

あると定めた国から輸入された電子部品について、税関での強化版検査プログラムを確立する

野菜や果物を、害虫などの問題がないか税関で検査するのは理にかなっているが、税関職員に偽造電子部品を見分ける専門家になれと要求するのはいささか見当違いに思える。偽造屋が、高品質の偽造品を作るのがじつにかんたんという点を考えれば、失敗した時にこんな大きな罰があるのに、ベンダーたちに偽造品検出の負担をかけるのも見当違いだと思う。

インチキ部品を分類する

チップの偽造がどのぐらい大きな問題なのかをきちんと理解するために、偽造チップの作られ方を見てみよう。僕が見たニセモノチップは、おおむね以下のように大きく分類できる。

外見だけの模倣

いちばんつまらない偽造チップは、本物っぽいトップマークだけの、空っぽのプラスチックパッケージや、本物の部品とは物理的な特徴しか似ていない、マーキングを変えた部品だ。たとえば、高いマイコンのようなパッケージとマーキングなのに、中には単純なTTLチップが入っている。

こういう外見だけの模倣がつまらないと言ったのは、工場でのテストでかんたんに弾けるからだ。最悪の場合、売りつけられるのは、ほとんどが正規部品に混じって、ごく少数の偽造品が混じったものだ。これだと、チューブやリールのごく一部を試験するだけでは、問題を検出するのに不十分ということになる。でもほとんどの製品は、システムレベルで全数試験をおこなっているから、普通はこうした問題は工場を出ることなく発見されることが多い。

再生品

インチキ商品は、技術的には全然ニセモノでなくてもいい。再生品（リファービッシュ品）は、捨てられた製品からハンダを剥がして集めた正規品を、新しく見せるよう再処理したものだ。これはとても見分けがつきにくい。チップそのものは本物だし、腕のいい再生屋はビックリするほど新品っぽい

チップを作れるから、アイソトープ試験や元素分析をしないと中古品だとわからない。

このカテゴリには、基板に一度もハンダ付けされなかったという意味では「新品」だけれど、たとえば高湿度環境など、保管が悪かったモノなども含まれる。そうしたパーツは、通常廃棄されるべきだが、新しい製造出荷日とラッピングを与えられて、新品と称して出荷されることがある。

ラベル変更

ニセモノの中には、しばしば未使用の、新品に分類されてもおかしくないようなパーツをリマークして、同じ部品の上級バージョンに見せかけたものがある。古典的な例として、CPUの表面を削って高速版に見せかけるようにリマークしたものはよく出回っていたし、もっとつまらない例として、鉛が入っているのにRoHS（無鉛ハンダ）準拠マークをあとからつけたものがある。

でも、このカテゴリにはもっと手が込んだものもある。ベンダーがチップ内のヒューズによるコードを解析しプログラムしなおして、チップ内の電子記録まで表面のインチキ刻印と一致するようにしてしまうのだ。多くのベンダーは、USBフラッシュメモリのファームウェアをハックして、コンピュータからは実際よりずっと大容量に見せかけたりする。こうしたハックはさらに、一部にメモリをループさせて、デバイスの容量を超えた書き込みも一見すると成功しているように見せかける。実際にいっぱいまで書き込み、元データと比較してみない限り、偽造を検出できない。これはとても時間がかかる。

ゴーストシフト

このカテゴリのニセモノは、ホンモノを作る工場と同じ設備で作ったニセモノだ。工場の悪質な従業員がこっそり真夜中に製造し、記録に残さない。この記録に残らない製造シフトは、ゴーストシフトと呼ばれる。造幣局の従業員が、終業後に追加で貨幣を鋳造しているようなものだ。ゴーストシフトで作られた製品はたいてい正規品と同じロット番号をつけられているが、一部の試験工程が省略されている。

ゴーストシフトの材料は、正規品の生産時に余った不要または廃棄材料で作られる。こうしたものは普通は処分されるが、それをグラインダー送りになる前に拝借するわけだ。結果として、刻印も材料の特性もしばしばまっ

く見分けがつかない。こういうニセモノは、検出がきわめて難しい。

製造中の廃棄品

　ラインの走り出しでの試作品や、製造中の廃棄品は、少額のワイロでスクラップ置き場から回収してもらえるし、それに正規のマーキングをして新品として再販することがある。バレないように、工具は回収したスクラップのかわりに、物理的にはまったく同じダミーパッケージを入れておくので、スクラップの追跡監査もすり抜けられてしまう。このような、サルベージ可能なスクラップをダミーのニセモノと置きかえる手口のおかげで、つまらない「外見だけの模倣」のニセモノにも市場ができるわけだ。

　このように、高品質のニセモノを阻止する監査をすりぬけるために、低品質のニセモノを供給する産業があるという事実は、偽造産業がいかに高度で成熟したものかを如実に物語っている。

質の悪い互換品

　互換品（Second-sourcing）の製造は、ごく標準的な業界慣行だ。競合他社が、人気ある製品のピン互換代替品を創り出すと、おかげで価格競争も進むし、災害などに対するサプライチェーンの強化も可能になる。これが悪事になるのは、質の悪い製品が、一流ブランドのロゴをつけてリマークされる場合だ。

　価格は高いのに機能的には単純なディスクリートアナログチップ、たとえばパワーレギュレータなどは、特にこの問題に悩まされる。アメリカの一流ブランドのパワーレギュレータは、アジア製の10倍も高いことがある。でもアジア製品は、品質がバラバラで、あちこち手抜きをしてあり、パラメータ的にも性能が低いことで悪名高い。明らかに、出荷前のアジア製パーツをどこかの互換品工場から買って、それらしい一流アメリカブランドの刻印でマーキングしなおせば、大儲けできる。場合によると、チップを分解してオリジナルとつけあわせる、僕がST19CF68に対しておこなったようなとても手間のかかるテストをしないと、偽物を判別できず、お手軽で安価に見分ける方法はない。

米軍サプライチェーンの設計とニセモノ

　こんなふうに、偽造手法はさまざまだし、多くの部品はほんの数年間しか

製造サイクルが続かないという事実もあって、設計寿命が10年単位となる米軍のような組織にとっては大問題となる。まるで「NeXTcube*のマザーボードを、確認できる新品部品だけで作り、中古や再生部品は一切使うな」と要求するようなものだ。そんなことができるとは僕には思えない。

　この難しい状況のために、納入業者はしばしば偽造部品の消費で意図的に加担したりして、これがひどい結果をもたらす。P-8ポセイドンのときには、みんなすぐに中国を悪者に仕立てたけれど、でも下手な再生作業はたぶん、かんたんに目で見て検査すればわかったはずだ。問題の一部はたぶん、納入業者が検査をサボったか、あえて見て見ぬふりをしたからだろう。この世でその部品がそれしか残っていないなら、ほかにどうしようもないだろう？

　推測ながら、中古エレクトロニクスの販売業者の在庫はすべて、すでに未検出の偽造品だらけなんじゃないだろうか。見つかるのは出来の悪いニセモノだけだし、チップのパッケージは偽造防止なんか考えていないことをお忘れなく。グレー市場の部品はすべて怪しい。でも、それが必ずしも悪いこととはいえない。

　グレー市場は、エレクトロニクスのエコシステムの中で不可欠な役割がある。それを使うのはリスクではあるけれど、それは計算ずくのものだし、時にはほかに手がない。じつはグレー市場の多くの商人たちは、自分の扱い商品がリサイクル品だということを公然と認めている。多くの業者は自分のブースに、それを明言する張り紙までしてある。ただし、その張り紙は中国語だ。その場合、だれの責任になるのだろうか——リサイクル財を売った売り手なのか、それとも張り紙を読めない買い手のほうなのか？

偽造防止手法

　偽造チップの現状はひどいものだけれど、かんたんな手法を導入すれば改善できる。

物理的なマーキング

　軍用として認められたチップに、偽造防止手法を埋め込むというやり方が

---

* おぼえているかい？ スティーブ・ジョブズの会社NeXTが1990年にリリースしたコンピュータだ。

ある。幅1センチ以上のチップなら、チップのパッケージ工場でよく使われている設備で、一意的な二次元バーコードをレーザー刻印すればいい。ほとんど場所をとらないこうしたコードは、100％一意的なものだという保証がついてくる。こうした技術は、バイオテクノロジーでは効力を発揮している。Matrix 2Dのような仕組みが、生物学研究室の使い捨て試験管を追跡しているのだ。

別の方法として考えられるのは、部品のエポキシに、ハンダのリフローに使う、ハンダが溶けるほどの高温に触れると特性が変わるUV塗料を混ぜる方法だ。これを使えば、一度ハンダ付けされたものを新品同様の見た目に戻すのが不可能になる。塗料が材料そのものに混合されて全体に混ざっている場合、表面だけを磨いてもごまかすことはできない。

電子廃棄物の追跡

e-waste（訳注　ここでのe-waste＝電子廃棄物は、半導体などの物理的なゴミを指す）を効果的に管理すれば、やはり偽造問題を軽減できる。e-wasteはバルクで回収されて、中古部品の出所となる。ハンダづけを粗雑に剥がしたMSMシリーズのチップ類——多くのAndroidスマートフォンで使われているQualcommのチップで、Snapdragonというのが通り名だ——は1ポンド単位の目方売りで、チップ1つは10セント程度になる。偽造屋はチップを研磨し、再ボール（ボールグリッド・アレイパッケージに新しいハンダボールを追加すること）し、時にリマークし、テープやリールに再梱包する。それを新品として売れば、最初の買取価格の10倍になる。バッチ1つ分の再生作業をおこなうだけで何千ドルもの利益になるので、工場でまったく同じ作業をやっても月に200ドル程度にしかならない熟練労働者にとっては、魅力的な収入源だ*（通常、不良品の基板や返品基板で修理不能のものから工場がチップを取ってもかまわないとされている）。

もしアメリカがe-wasteを海外で処理するために輸出するのをやめるか、少なくとも輸出前に再生できないように粉砕してから輸出すれば、再生チップ市場への供給はその分少なくなる。国内でe-wasteの処理をするようにしたら、雇用も増える。これは黄金なみに貴重な資源だ。

その一方で、部品レベルでのリサイクルは長期的に見て、環境と人間のエ

---

* この月200ドルというのは2005年頃の数字で、今は労働者の給与は1,000ドル以上に上がっている。それでもチップの再生は相変わらず儲かる仕事だ。

コシステムにとって、とてもいいものだと思う。ほとんどの電子部品は、消費者がゴミ箱に放り込んでから何年もの間、完璧に機能し続ける。これは、一時市場で新品部品を買うだけのお金がない、技術に飢えた新興国には魅力的な市場になる。

部品の備蓄

　重要な軍用ハードの信頼性を確保する最後の選択肢は、部品を戦略的に備蓄する体制を作ることだ。軍用機はしばしば100機ほどしか製造されないから、消費者用電気製品に比べるとはるかに少ない数だ。たぶん、その飛行機のある部品の生涯需要は、交換分を含めても、数万点止まりだろう。だったら、物理的には、部品の備蓄は手に負えないようなものではない。チップ1万点なんて、大きめの靴箱程度に収まる。

　財務的にも、大事な航空システムのための新品の交換部品備蓄でかかる追加費用、飛行機1機の費用の1パーセントにも満たないだろう。一度に大きなバッチでまとめて製造できれば、メーカーにとってもスケールメリットがあるから、長期的には節約になるかもしれない。

　当然ながら、偽造防止手法は民生プロジェクトでもすさまじく役立つ。僕は自分自身が何度も痛い目に合ったので、偽造部品で苦労している人には同情してしまう。chumby Oneで直面した、ことさら頭の痛かった問題について次に語ろう。

microSDカードのニセモノ

　2009年の12月、chumby Oneの製造工程の真っ最中に、僕はいくつかのおかしなKingstonのメモリーカードについて解析捜査に乗り出した。工場から電話があって、ある製造ロットでSMTの歩留まりが急激に下がったというので、車を走らせて問題解決の方法を調べようとしたのだ。いくつかのchumby Oneを調べたら、はねられたユニットはすべて、特定ロットコードのついたKingston製microSDを使っているのに気がついた。工場に指示して、そのロットのmicroSDを全部引き上げ、そのカードをすでに搭載したユニットは全部やりなおさせた。カードを交換させたら、歩留まりは元に戻った。

　本当なら、話はここでおしまいのはずだ。こういうとき僕はいつも、不良パーツを納入した製造業者から商品返品承認（RMA, Return Merchandise

Authorization）を受け、そのロットを正常なパーツと交換してもらい、通常業務に戻る。でも、この場合には2つの問題があった。

まず、Kingstonは返品を受け付けてくれなかった。僕たちがプログラムを入れたからだ。次に、この不良カードはそうとうたくさん（だいたい1,000ぐらいで、chumbyはすでに多くのバックオーダーを抱えていた）あり、メモリーカードは安くない。この手のSDカードは、当時4ドルか5ドルはしたから、もし僕らが交換してもらえずにスクラップすると数千ドルの損害になる。Chumbyは数千ドルをやすやすと諦めるわけにはいかなかったので、僕は気合いを入れて捜査にかかった。

見た目の違い

不良Kingstonカードで気がついた最初の怪しい点は、外側のマーキングだった。

左が不正なカード、右が通常のもの。
丸で囲った部分と矢印で指定したロットコードが違っていて怪しい。

物理的にいちばん奇妙な違いは、おかしなカードではロットコードとメインのロゴが、同じステンシルでシルクスクリーンされているということだ。シルクスクリーンでロットコードが書かれるのは珍しくはないが、その場合、

製造業者はそのロットだけのコードと全ロット共通のロゴを同じステンシルにはしないのが普通だ。ロットコードとほかの部分とでは、フォントや色味、配置などが違っているはずなのだ。

　この変なカードのバッチはすべて、N0214-001.A00LFという同じロットコードだった。普通はロットコードは数百枚かそこらごとに変わる。正常なカードとおかしなカードを比べると、正常なカードのロットコードはレーザー刻印だし、96個入りのトレイごとにロットコードが変わる。

　2つ目の違いはもっと細かいもので、それほど決定的ではないかもしれない。microSDというロゴの微妙な違いだ。Kingstonのような有名なベンダーは、ロゴの正確さにはとてもうるさい。SanDiskのMicroSDは斜線の入ったDマークを使うが、アメリカで販売されているKingstonのカードは無傷のDマークを使う。

カードを解析する

　外装のおかしなマーキングは出発点でしかなかった。続いて僕は、2枚のカードをLinuxにマウントして、/sysの下のエントリを見て、電子的なカードIDデータを読んでみた。おかしなカードから読み出されたのはこれだ。

cid:41343253443247422000000960400049
csd:002600325b5a83a9e6bbff8016800095
date:**00/2000**
fwrev:0x0
hwrev:0x2
manfid:**0x000041**
name:SD2GB
oemid:**0x3432**
scr:0225000000000000
serial:**0x00000960**

　一方で、通常のカードから読み出されたのはこれ。

cid:02544d5341303247049c62cae60099dd

csd:002e00325b5aa3a9ffffff800a80003b
date:**09/2009**
fwrev:0x4
hwrev:0x0
manfid:**0x000002**
name:SA02G
oemid:**0x544d**
scr:0225800001000000
serial:**0x9c62cae6**

　おかしなカードは、まず日付がおかしい。日付はCIDフィールドで、00/2000からのオフセットとして計算されている。だから00/2000という数値は、製造業者が日付コードをあえて書き込んでいないことを示す。そもそも、2000年には2ギガバイトのmicroSDは存在していない。さらに、シリアルナンバーの数字が小さすぎる。0x960は、10進法に直すと2400だ。おかしなバッチのほかのSDカードも、すべて数百とか数千くらいの、えらく小さい数字になっていた。
　microSDのような人気ある製品なら、工場から出荷されるいちばん最初の製品群が手に入る可能性はないに等しい。たとえば、正常なカードのシリアルには0x9C62CAE6とあり、これは2,623,720,166をさす。この数字は普通にありえる数字だ。非常に小さいシリアル番号は、とても小さいMACアドレスなどと同じで、ゴーストシフトの疑いが強い。
　最後に、製造業者のIDが0x41（ASCIIコードの大文字のA）だけ書かれている。僕は聞いたことがなかった*。
　オリジナル製造業者ID（OEMID）は、0x3432になっている。これはASCIIの42で、製造業者IDの16進数値に1を足しただけだだ。製造業者IDは、通常はASCII文字を16進表示したもので、16進数の数値そのものにはなっていない。16進数とASCIIを混同しているというのも、こういうフィールドの意味がわかっていない人物が、ゴーストシフトでこれらのカードを作っていた可能性を示唆している。

---

* JEDEC Publication N. 106AAに、すべてのSDカードの製造業者IDが一覧になっているが、0x41はそこにはない。

正当なmicroSDはどこだ？

　これらの証拠をそろえて、ChumbyはKingstonの中国ディストリビュータと、アメリカの営業担当と対決することになった。僕らはこのカードが正規品なのか、もしそうならなぜ不正なシリアルが記録されているのかを問い詰めた。問い合わせからしばらくして、Kingstonは、これらのmicroSDは正規品でニセモノではないと断言してきた。それでもカードの交換については主張を逆転させた。こちらのプログラムしたカードの返品に応じ、黙って新品のカードをくれた。

　でもKingstonは、なぜカードのIDがおかしかったのかは答えてくれなかった。もちろんChumbyはNokiaなどに比べたらちっぽけなクライアントにすぎない。だけど、これは品質管理に関する基本的な質問だから、規模の大小に関係なく回答を受けられるべきだろう。以前、Quintic（訳注　サプライチェーンの管理サポートサービスや管理ソフトを提供している会社）から古いバージョンの部品がうっかり送られてきたことがあった。その問題をこちらがきちんと証明したら、世界一流クラスの顧客サービスをQuinticから受けられた。十分な説明をしてくれただけでなく、すぐに部品の完全交換について、費用を全額負担してくれたのだ。傑出したサービスだし、だからこそ僕は強くQuinticをオススメする。これに対してKingstonは、ほかの会社のお手本となる対応とはとてもいえない。

　通常なら、こんな仕打ちを受けたら僕はKingstonをベンダーとして出入り禁止にするところだ。でも、僕は食い下がった。一流の有名ブランドが、これほどのおかしな部品について非を認めないなどというのは、不穏極まりない。それなら、SanDiskやSamsungだって同じことをしかねない。当時、フラッシュカードのベンダーたちは、SDカードの価格暴落で大打撃を受けていて、僕たちみたいな小者はこうした企業の収益改善のため、出来の悪い製品の処分場として利用されかねないところだ。microSDカードが比較的価格の高い部品だったので、僕は受入品質管理（IQC, Incoming Quality Control）ガイドラインを作成し、その規定の品質基準に基づいて、メモリベンダーからの納品を受け入れるか拒絶するか決めるための検査に使う必要があった。そうしたガイドラインを開発するため、僕はさらにこのカードの背後にある真相を追い続けた。

さらに徹底した解析

まず僕は、サンプルとしてたくさんのmicroSDカードを集めた。世間に出回っている正規品とおかしなものの両方を集めたかったので、華強北のグレー市場をうろついた。そして小さな販売店から、microSDカードを10枚買った。値段は1枚あたり30〜50人民元（4.4ドル〜7.3ドル）だ。

わざわざおかしなカードを買い求めるのは面白い体験だった。何十もの売店と話してみると、Kingstonは中国のmicroSDカード市場ではそれほど有名でないのがわかった。SanDiskのほうがずっと宣伝をしているので、市場ではSanDiskのほうがずっと見つけやすいし、グレー市場でのSanDiskカードの品質はかなり一貫していた。

小さい売店は、出来のいいニセモノをじつに堂々と売っている。第1部にSDカードが市場でトレイに入って店頭に並んでいる写真を掲載した。僕がカードを買うと伝え、値段が決まったら、店主はバラでむきだしのカードを「本当の」Kingstonの小売パッケージに投げ込み、ホログラム、シリアル番号、KingstonのURLが記載された証明書をあっさり引っ張り出してきて、目の前でパッケージの裏に貼った。

買ったばかりの Kingston の microSD カード。本当に新品みたいだ！

ある売店が特に僕の興味を惹いた。そこは、携帯電話マーケットの中の小さな店で、文字どおりパパママショップで、小さい子供も1人小さなスツールに腰掛けている。それが、何十もの非KingstonカードをKingstonのリテールパッケージにたたき込んでいるのだ。それを売ってくれる気はまったくないようだったけれど、僕はしつこく食い下がった。彼らのカードが興味深かったのは、これもSDのDの字に裂け目が入っているロゴだったからだ。でも、Kingstonのマークはなかった。前の写真はそのカードだ。次の節では、このとき僕が買った7枚のmicroSDカードの分析をするけれど、上のカードは4番目のサンプルになる。

データを集める

サンプルを集めた後、僕はカードをLinuxにマウントして/sysの下のエントリを確認することでカードIDを読み出し、硝酸塩にパッケージを漬けて開封した（つまり溶かした）。表2の写真でわかるように、僕の開封技術はかなり粗雑だ。カードへの損傷の大半は、溶けた封入樹脂を、アセトンと綿棒で除去したときに起きたものだ。ちょっと手荒なこともやるしかなく、おかげでボンディングの配線もずいぶん傷んだ。でも、僕の目的からすればこれで十分だ。

それぞれのカードから引き出した情報を以下に一覧にしよう。

> **サンプル1** この調査のきっかけになったおかしなカード。Kingstonの正規中国販社から買ったもので、僕の知る限りではChumbyの顧客には1つも届くことはなかった。
> MID = 0x000041、OEMID = 0x3432、serial = 0x960、name = SD2GB。
>
> **サンプル2** これは正常なカードで、サンプル1と同じKingstonの正規中国販社から買った。これがchumby Oneの最初の出荷ロットに載った。
> MID = 0x000002、OEMID = 0x544D、serial = 0x9C62CAE6、name = SA02G。
>
> **サンプル3** アメリカの大手小売りチェーンで買ったKingstonカード。
> MID = 0x000002、OEMID = 0x544D、serial = xA6EDFA97、name = SD02G。

このMIDとOEMIDはサンプル2と同じだが、サンプル1とは違うのに注目。

サンプル4 深圳の露店で買った、非KingstonカードをKingstonのパッケージにたたき込んだもの。

MID = 0x000012、OEMID = 0x3456、serial = 0x253、name = MS.

シリアルナンバーが小さすぎる点に注目。

サンプル5 深圳のもう少し大手の販売店で買ったもの。なぜ買ったかというと、XXX.A00LFというマーキングがサンプル1の不正カードと同じだからだ。

MID = 0x000027、OEMID = 0x5048、serial = 0x7CA01E9C、name = SD2GB.

サンプル6 このSanDiskのカードは怪しげな露店店で買ったもので、売り子のかっこいい女の子はタバコを次々に吸いながら、携帯でひたすらメッセを続けていた。じつは、違った怪しげな露店でSanDiskのカードを3枚買ってみたのだけれど、どれも同じCIDだったので、パッケージを開けたのは1枚だけだ。

MID = 0x000003、OEMID = 0x5344、serial = 0x114E933D、name = SU02G.

サンプル7 Samsungの卸販社から買ったSamsungのカード。僕はこのカードについては開封する前にスキャンしなかった。このカードは何のマーキングもされていない（背面にレーザー刻印がされているだけ）ので、写真も撮らなかった。外見だけで判断したら、この中でいちばん怪しげな代物に見えるけれど、実際はこれがいちばんしっかり製造されていたものの1つだ。SDカードも見かけによらないってわけだ！

MID = 0x00001B、OEMID = 0x534D,、serial = 0xB1FE8A54、name = 00000.

たくさんのデータが集まったので、有用な結論を引き出すための作業もはっきりした。

注記 面白いことに、サンプル6の3枚のSanDiskカードのうち1枚は中古品で、クイックフォーマットされただけだった。僕はリカバリソフトでいくつものDLL、WAV、地図やNavioneのCareland GPS用のベリサイン証明書など、面白いデータが

得られた。いつの日か、再生microSDをたくさん手に入れて、そこからいろいろ面白いデータを集めてみたい。

	サンプル1 Kingstonの正規中国販社から買った最初のカード	サンプル2 Kingstonの正規中国販社から買った正常なカード	サンプル3 アメリカの大手小売りチェーンで買ったKingstonカード
前面のマーキング			
背面のマーキング			
分解したところ			
コントローラーダイのマーキング			
フラッシュダイのマーキング		SanDisk／東芝のフラッシュ	

表2　分解したカードの中身（続く）

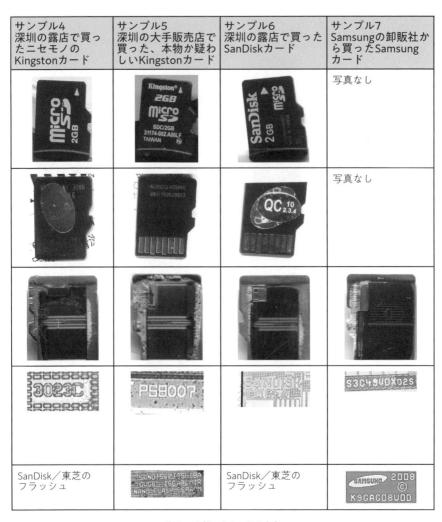

表2 分解したカードの中身

僕が見つけたもの

この調査から引き出した、ハイレベルの結論の中で最もおもしろいものをまとめよう。

- 「正常な」Kingstonのカード（サンプル2と3）は東芝が製造している。これはフラッシュのダイの刻印と、OEMIDによってわかる。ASCIIで0x544Dと書かれているのはTMの意味で、たぶんToshiba Memoryを指す。これらのカードは東芝製のメモリコントローラとメモリチップが載っていて、品質も高そうだ。ありがたいことにChumbyの顧客に届けたのはこのメモリだけだ。
- サンプル1のおかしなカードとサンプル4のニセモノは、同じコントローラチップを積んでいる。どちらもシリアルナンバーが小さすぎ、ID情報がおかしい。どちらも、条件次第で異常なふるまいを示す。いまだにあのKingstonのおかしなカードが偽造だというのはためらってしまう。というのも、これはかなり強い糾弾になるからだ。でも、その作りは明らかに品質の劣る別のニセモノカードと同じだから、Kingstonの正規製造パートナー選定については疑念が高まる。
- おかしなカードは、この中で唯一、積層式CSPパッケージ（Chip Size Package）構造を使っていない。かわりに、サイドバイサイド・ボンディングを使っている。つまり、マイクロコントローラとメモリチップは単純に並べてあるだけなのだ。積層式CSPパッケージだとマイクロコントローラはメモリチップの上に乗っかる。この薄いパッケージの中に積層の高さすべてが収まるようにするために、まずチップ裏側の絶縁材を接地する必要があるから、サイドバイサイド方式よりかなり複雑だ。にもかかわらずこの方式が普及しているのは、同じフットプリントにずっと多くのシリコンを詰め込むことができるからだ。
- このサンプル集合の中で、メモリチップのファウンドリは東芝／SanDiskとSamsungだけだった（SanDiskと東芝はメモリチップの工場を共同所有している）。

・SamsungのNANDフラッシュのダイ（microSDカードで最も高額な部分）は、東芝／SanDiskよりも17％大きい。ダイが大きいということは、自然と高額になるはずだ。それでもSamsungは、microSDに入るむきだしのダイを基板レベルでの機械組み立てに適したTSOPにも使えるので、その分の価格を相殺できる。microSDの需要が低迷したら、Samsungは余ったむきだしのダイをTSOPに詰め込んで、普通のチップ機械組み立てをやるサードパーティーに販売できる。それにSamsungにはKingstonのような利ざやを抜く仲介業者がいないので、マージンを削れる。

　僕は（製造業界では常識だけれど）Kingstonが半導体メーカーではなく、自前の製造設備は何も持っていないのは知っていた。でも、この調査の結果を見ると、独自の設計すらしていないと示唆される。僕は、Kingstonのカードでは、チップはファウンドリで作られたものであるにしても、少なくともKingstonブランドのコントローラチップが入っていると期待していた。それに、同社がメモリチップを、もっと多様な会社から調達していることがわかるはずだと思っていた。サプライチェーンのバランスを取って、単一の強大な競合他社へのチップ依存度を減らせば、Kingstonはほかの会社にはなかなか実現しないほどの低価格を交渉によって実現できるはずで、顧客にとっては大きな付加価値になる。しかし、僕が買ったどのKingstonカードもSanDisk／東芝のメモリチップを搭載していた。僕が見たKingstonの付加価値は、コントローラチップの選定だけだ。

　不思議にも、SanDiskやSamsungは自前でシリコンを全部作っていて、したがって内部費用は低いはずなのに、KingstonのほうがChumbyに対していちばん低い見積価格を提示してきたし、リードタイムも最低だった。つまり、KingstonのmicroSDの利ざやはとても少ないということだ。それなら、おかしなカードがサプライチェーンに紛れ込んだのも説明がつく。また、おそらくKingstonはChumbyのような小口の取引も嫌がらないのだろう。NokiaやAppleのような巨大な取引先だと、SanDiskやSamsungなどのOEMでは勝負できないからだ。

　つまるところ、僕がchumby Oneの製造ラインから排除したmicroSDカードは、偽造ではなかったかもしれないけれど、中国の再生エコシステムの申し子には違いない。Kingstonは、技術プロバイダというより、販売チャネル

取引業者だ。たぶんSanDiskや東芝のような製造業者から見れば、自分たちの製造アウトプットの需要バッファを提供してくれる存在なのだ。また、僕はSanDisk／東芝がKingstonに二級品のチップを供給し、よいロットは自分たちで使ったとしても驚かない。

だから、Kingstonのカードには不良セクターが少し多めになっているはずだ。でも、エラー訂正とスペアセクターの魔術のおかげで、この事実はエンドユーザーにはわからない。

結果として、KingstonはmicroSDの価格を安定させ、工場の利益率を改善させるための大事な役割を担っている。でも、そこに潜在的に発生する利益背反はすさまじいものに思える。なんでこんなエコシステムが生まれたのか、いまだに不思議だ。技術の相当部分を競合他社の工場から買い続けながら価格競争力を保てるというのは、僕から見れば直感に反することだ。たぶん、あのおかしなmicroSDカードの捜査に乗り出したとき、僕のいちばん愚かだった点は、もっと違う、納得のいくわかりやすい結果を期待していたということだったのかもしれない。

FPGAのニセモノ

中国でしばらく製造をしたことがあるだれもが、サプライチェーンのおかしな部分についていろいろエピソードを持っている。microSDのほかにもう1つ、僕のお気に入りの話を挙げよう。これは、エージェントが不正に走る中心的なインセンティブを浮き彫りにしてくれる。

ホワイトスクリーン問題

2013年の3月に、僕はKovanというコードネームの、カスタムロボティクスコントローラの最初の量産ロットを終えようとしていた。Kovanはオープンハードウェアで、ソースはKosagi wikiのここからダウンロードできる。

http://www.kosagi.com/w/index.php?title=Kovan_Main_Page

すべての製造プロセスが走り終わり、僕はいつものように製造上の問題や改善点をレビューしようとしていた。製造はシジフォスのあがきのようなも

ので、完全はありえない。どのロットでも、いくつかのユニットはスクラップにするしかない。赤字になるか黒字になるかは、どれだけスクラップレートを抑えられるかによる。

この製造ロットでは、典型的な症状にちなんで「ホワイトスクリーン問題」と呼ぶことになる問題が大きかった。全製造品の4%がこの問題にぶつかり、はねられたユニットのうち80%はこれだった。僕は不良品をいくつか工場に送らせて、詳細に分析することにした。

不良品を解析していてありがちなケースでは、問題のいちばん目立つ症状は、根本原因とはほんの脇道的なつながりしか持っていない。LCDスクリーンが真っ白になっていた原因は、FPGAがコンフィギュレーション（設定）されなかったからだった。FPGAはField Programmable Gate Arrayの略称だが、密集したワイヤーの中に埋もれた論理回路とメモリデバイスの塊で、実行時にふるまいを設定できるものだ。FPGAの典型的なふるまいは、プログラマに理解できるCのような言語（たとえばVerilog）やAdaに似た言語（VHDLのような言語）で記述され、それがコンパイルされて設定用ビットストリームになる。

リアルタイム性が大事なハードウェアのインタフェースで、ソフトウェアではエミュレーションが難しい場合だと、FPGAで実装するのが便利だ。ここでの応用だと、FPGAにモーターやセンサーやLCDディスプレイさえコントロールさせていた。FPGAの設定が失敗すると、LCDは同期信号もデータも受け取れないので、本来の工場テストパターンのかわりに、何もない白い画面を表示する。

FPGAの不具合は大問題だ。まず、FPGAは11ドルほどの単価で、基板のなかで圧倒的に高額な部品だ。さらに、僕はこの問題がもっと深刻な設計上の問題に起因するのではと恐れた。FPGAの電源レギュレータが不安定なのかも、あるいはブートシーケンスが設定タイミングの特殊なケースを悪化させて、それが「よい」製造ユニットでも時間が経つうちに表面化してくるかもしれない。まちがいなく、さらに深い調査が必要な状況だった。

不正なIDコード

僕はデバッグコンソールを立ち上げて問題を掘り起こした。すると、失敗はFPGAが正しいIDコードで応答しないことと関係しているのをつきとめた。

IDコードは、JTAGという試験アクセスバス上のクエリーでチェックされる。ほとんどのユーザーはプログラミングする前にFPGAのIDなんかチェックしないだろうが、僕らは設計にあたってKovanにIDコードのチェック機能も盛り込んだ。それぞれの製造ロットについて、どの容量のFPGAを使いたいか、顧客が指定できるようにしたからだ。アプリケーションによっては要求能力が高いのもあるし、もっと費用に敏感なものもある。結果として、顧客によっては何種類かのFPGAが混在して手元にあるかもしれない。それをちゃんと検出し、設定ビットストリームとFPGAのうっかりしたミスマッチから、ハードウェアを保護したいと思ったのだった。

でも、今回はたった1つの製造ロットだから、理屈の上ではすべてのFPGAは同じはずだ。だったら、どうしてそもそも、FPGAがマッチしないIDコードを返してよこすなんてことがありえるんだろうか？　しばらく首をひねって、こちらのJTAG実装にバグでもあるのかと疑っていたとき、実際に返されたIDコードが何なのかを調べてみようと思った。

それはたしかに正規のIDではあった——でもそのFPGAチップのメーカーであるXilinx社の、「エンジニアリングサンプル」とマークされたシリコン用のIDだった。「エンジニアリングサンプル」は製造前のユニットで、Xilinx社が正規に売っているものだ。そこには既知のちょっとしたバグはあるけれど、ほとんどのアプリケーションでは十分に機能するくらいのものだから、ほとんどの顧客はその違いがわからない。ただ、IDコードは製品版と違うのだ。

僕はPCB基板を細かく見てみた。そしてはじめて、FPGAチップの表面に、小さな白い長方形がレーザーエッチングされているのに気がついた。その長方形はパーツナンバーのすぐ下にあり、そこは通常、エンジニアリングサンプルを示す"ES"という表示がマーキングされる場所だ。だれかがその文字を削り取って、エンジニアリングサンプルを、完全な製品版と称して売りつけやがったんだ！

KovanのFPGAにはエンジニアリングサンプルが使われていた！

同じタイプの正常なFPGAとの比較

これは設計の問題でなくて、サプライチェーン、部品調達の問題だとはっきりわかった。サプライチェーンのだれかが、エンジニアリングサンプルの部品を持ち込んで、文字を削り取り、正規品に3〜5％ほどの割合で混ぜ込んでいたのだ。普通は、Xilinxは正規品の出荷後に在庫のすべてのエンジニアリングサンプルを破壊するようにディストリビュータに要請する。でも、エンジニアリングサンプルはほとんどすべての機能が正規品と同じように動作するので、ほとんどのアプリケーションは影響を受けない。製品版用のFPGA設定ビットストリームは、何の問題もなくESにもシームレスにロードされ、だれもその違いはわからない。それを見分ける唯一の方法は、IDコードをチェックすることだ。すでに述べたように、そんなことは普通はやらない。

　だから、ESチップを製造ロットに紛れ込ませても、たぶんバレない。さらにES部品をたった3〜5％しか入れなかったのも、賢いやり方だ。こういう低い割合で混入していると、100％の部品を事前検査しないと露見しない。製造に入った場合でも、ESチップがほんのわずかなら、あまりにわずかだから問題の根本原因を確実に見つけるのはメチャメチャ難しい。

　それどころか、製造上の難しさとFPGAの使用との間にも相関がある。設計でFPGAが必要ということは、各種の面でかなり限界に近いことをやっているということだから、数％くらいの欠陥率があるのは当然だ。また、FPGAを使うようなハードの利ざやは通常はかなり高いから、エンドユーザーとしても4％程度の不良率なら、あっさり見すごしてくれる可能性が高い。だから、これをやったのがだれかは知らないけれど、完全に計算し尽くしてやっているということだ。ほぼリスクなしに儲かる。

　最後に、サプライチェーンのほとんどのベンダーは1ケタの利ざやでやりくりしていることはお忘れなく。基板のいちばん高い部品で3〜5％ぶんの「無料のお金」が手に入るなら、実質的に利益率は倍になる。だから、これは不正をする強いモチベーションになる。特に、それが絶対にバレないと思えばなおさらだ。

解決策

　この問題の解決策はかなり面白かった。僕はまず、Kovanを製造しているAQS社のCEOとマネージャーたちと会い、問題と、僕の積み上げた証拠を伝

えた。僕の説明が終わると、CEOは問題を上流ベンダーやパートナーのせいにしなかった。その場で自分のスタッフたちの目を見て「この中にこれをやったやつはいるか？」と尋ねた。この不正をバレずに実行できたらそのバイヤーもマネージャーもその月の手取りが実質的に倍になることを、CEOはその部屋のだれよりも知っていたのだ。

別の言葉でいえば、この状況で本当に驚くべきところは、僕が体験したような問題がどれほど珍しいかということだ。これだけの儲けが得られて、しかもこれほどバレにくい問題であれば、もっとたくさん起こっても不思議はないのに。僕はサプライチェーンにおけるニセモノというネタは、飲み屋での話としてはいくつか持ってはいるけれど、その一方で何万ものまともな製品も出荷している。僕が中国で一緒に働いた大多数の人は、一生懸命働く正直な人たちで、僕をゴマカして儲ける楽な機会には手を出したりしない。本当に大事なのは、少数の悪事をあまり一般化しないことだ。

最終的には、チップを売ったベンダーは過失を認めなかったけれど、それでもマーキングをいじられたチップは、ベンダー側の負担ですべて正常品に交換した（不正チップを置き換え、基板を修正するための工賃は、やはり僕たちの負担にはなった）。AppleやFoxconnみたいな巨大プレーヤーでもない限り、このぐらいが中国でできるいちばん友好的に近い落としどころだろう。Xilinxの本社には、「お宅の正規ベンダーのだれかが、おかしな真似をしているかもしれないぞ」と一報は入れた。でも結局のところ、僕は弱小顧客だし、部品のすり替えはサプライチェーンのほぼどこで起きても不思議ではない。荷物を届ける配達人でさえ、すり替えをやった可能性はある。

文字どおり数百人の容疑者の中から、たった1人の悪人を探し出すのは、Xilinxにとっては人件費や業者との関係や、事業上での注力点という面からも割に合わない。でも少なくともメモがあちこちに送られて、ES部品とすり替えをしていた人物もビビってやめてくれたと思いたいところだ。

この章のまとめ

結局のところ、ゆるいIPエコシステムには利点も欠点もある。エンジニア兼デザイナーとして、僕はアイデアにアクセスしやすいエコシステムにいたいと思う。そのために、たまに起こるニセモノ問題に警戒が必要であっても。

別の言い方をすれば、クチコミで広がるための根本的な前提条件は、コ

ピーを作れることだ。ハードウェアスタートアップへの関心が高まっているのは、一部は特許よりも製品を優先する文化の中でのみ花開ける、きわめて競争の激しい製造エコシステムのおかげだったりする。

この公開や关系*という原理を理解せずに中国にやってくる西洋人は、「だまされた！」と感じることがよくある。でも、いったんルールを理解し、自分の興味を促進するのにそれを活用する方法を学んだら、もはや自分が不当に不利な状況に置かれていると思ったりせずにすむ。

アメリカのIPシステムでは、名誉なんてものに経済的価値はないし、あっても法律には蹴倒される。たとえばパテントトロールなんて行為が生計を立てる手段として完全に合法で、とても儲かる。中国のIPシステムでは、評判が法律を蹴倒すこともある。これは汚職の温床ではあるけれど、社会や道徳の価値観の強制をクラウドソーシングで実施し、名誉の市場価値を高める。これは、特に地元の緊密なコミュニティでは顕著だ。

もちろん、アイデアを独占してそれについての権利を売って儲けるという方法は、深圳のIPシステムとは相容れない。ありがたいことに、アイデアはコミュニティの所有物で独占できないというのは、僕のオープンソースの理念と見事に整合する。

この本の第3部では、僕がオープンソースのハードウェアを作り、こうした原理に根ざしたビジネスを作ってきた経験をもっと紹介しよう。

---

* 关系（GuanXi）は、中国の文化に深く根付いたソーシャルネットワークで、現代のソーシャルネットワーク同様にいいね／よくないね、カルマ（karma）、モデレータという概念がある。关系は近代的な法制度より人々に根付いているマナーのようなもので、トラブルを避けたり解決することではより役に立つ。新しい仕事や関係を始める時にも不可欠だ。

Part 3
what open hardware means to me

オープンソース
ハードウェアと僕

　オープンソースハードウェアという言葉がなかったころ、ハードウェアはそもそもオープンだった。
　今も僕のモニターの横には、すっかり黄ばんでしまったApple IIコンピュータの設計図が貼られていて、その事実を日々思い出させてくれている。子供だった僕が見た設計図は、その後の僕の人生のブループリントにもなった。
　当時の僕はその設計図が理解できなかったが、そんなことはかまわなかった。「ハードウェアは、理解しようと思えば、できる」ということをそれは教えてくれた。僕はそれに力を得て世界を理解しようとし、頼るべき技術を身につけようとした。そこから得た力は、今も僕を後押ししている。
　オープンソースに関する法的な原則はApple IIができた時代にはまだできていなかったので、その回路図はだれでも読めたけれど、オープンソースの

ライセンスはついていない。特許番号4,136,359がついているだけだ。当時の人々は、あっさりアイデアを供給していた——そこへ投資家が弁護士をつれてやってきて、悲しいまでにコモンズ（訳注　公共物とされているもの）を台無しにしてしまった。ソフトウェアコミュニティは、自分たちを攻撃したのと同じツールを使って自衛した。そのおもなツールが、著作権法だ。

　著作権法はもともと文字作品や芸術作品に適用されてきたが、今日ではそれがコンピュータのソースコードにも適用されている。なぜなら、著作物や芸術と同様、コンピュータコードも表現の一形態だからだ。グランドキャニオンを絵に描いたら、それには著作権が適用される。でも、グランドキャニオンそのものに著作権は適用できない。同じように、C言語でクイックソートを実装したら、それには著作権が適用される。でも、クイックソートそのものには著作権は適用されない。

　ソースコードが自由にシェアできるようにするために、ソフトウェアコミュニティはオープンソースのライセンスを作った。これらのオープンソースライセンスは、コピーレフト（つまり、オープンにすることがさらにオープンを引き起こす）なGNU Public License（GPL）から、もっと譲許的な「こちらを認め、訴えたりしないのであれば、望むように使ってよい」というBerkeley Software Distribution（BSD）ライセンスまで幅がある。

　ハードウェアの設計図も、著作権で守れる。でも、設計図には機能があるので、「オープンハードウェア」を定義するのは難しい。昔は、どのハードウェアにも回路図がついてきた。でもやがて、ユーザーが自分たちでハードウェアを修理すると保証が失われることになった。デバイスは、いまや商売上の秘密だらけだ。この変化のせいで、クローズドなハードウェアとオープンなハードウェアという、作り物の壁を生んだ。僕が「作り物の（artificial）」と言ったのは、ソフトウェアが天文学的なコンピュータパワーがないと破れない暗号で保護できるのにくらべて、ハードウェアは強力な顕微鏡と画像合成ソフトがあれば、すべて回路図を起こせてしまうからだ。

　インターネット上にはオープンソースソフトウェアのライセンスをなんとかしてハードウェアに適用しようという試みだらけだけれど、善意のものであっても、僕は見当外れだと思っている。それは、企業買収の契約をするときに、結婚許可証を出すようなものだ。それで意図は伝わるかもしれないけれど、実際には何の意味もないだろう。たとえば、GPLの文言には、一度も

「ハードウェア」という単語は使われていない。これは、裁判のときに「GPLがハードウェアに適用されない」と裁判所に判断される可能性を示している。

　いくつかのハードウェア固有オープンソースライセンスは、この状況を正すために作られた（たとえばCERN OHLはコピーレフトスタイルのまともなハードウェアライセンスとして作られた）が、コミュニティは「ハードウェアが作られたプロセスの、どのぐらいの部分を開示すればオープンと考えられるか」について意見が分かれている。たとえば僕が基板の回路図を公開したとして、その回路図の設計にクローズドソースのツールを使っていた場合、そのハードウェアをオープンソースと呼ぶべきではないと多くの人が反対する。でも、僕が回路図のキャプチャやレイアウトツールにフリーでオープンソースなソフトウェア（F/OSS）を使っていても、基板に載せられたシリコンチップや、そのチップ内に焼き込まれたファームウェアはどう考えるべきだろう？　僕らはチップのシリコンにドーパント（訳注　半導体に狙った特性を持たせるために、意図した割合で打ち込まれる不純物）を入れるための粒子加速器の設計図まで求めるべきだろうか。そのシリコンの製造にどんなマシンが使われたかまで見ていくべきだろうか。昔の人の地球モデルに描かれた、はるか下まで無限に重なっている亀のようなものだ。ハードウェアは純粋なオープンソースにはなりえない。どこかの地点でアイデアは物質に変換しなければならないが、物質を変換して成形するための物体に対するアクセスがコミュニティに対してオープンになることは非常に稀だからだ。

　しかしながら、電子顕微鏡やオープンソースに対して開かれたシリコン製造業者を求めるよりも、はるかに実際的なやり方がある。その問題となっている抽象レイヤーについての設計図をシェアするやり方のほうが、ずっとわかりやすいし、ポジティブな効果はそのまま保たれている。これが山寨の、グレー市場で僕が学んだ、以前の章で公開（GongKai）と名付けたオープンソーススタイルだ。シェアすることで利益を得る。中国では設計図は公開されるが、その条件はいささか怪しい。多くの設計図には"企業秘密"や"独占"というコピーライト表記がついているし、彼らは派生作品を作るときにはクローズドソースのプロ級ソフトを使う。でもなんだかんだで、この自由放任のオープン性がスマートフォンの修理やニコイチ（訳注　複数の壊れたスマートフォンから部品を集めてきて1台の使えるものを作る）の製造で生計を立てる、何百もの小企業から成るエコシステムを作り出す。深圳の電気街を歩けば、携帯電話を作るということが怖いことでも難しいことでもないことがわかるだろう。山寨以外の

コミュニティだと、厳しいIP法のおかげで、ケースを開けて覗いていいのかすら、自信が持てない。

　第2部で見た公開エコシステムは、知財と物理財を同じぐらい重視する。サプライチェーンのない回路図は役に立たない。電話の回路図では、実際に電話をかけることができない。同様に、チップメーカーは、チップを使ってくれる製品がないと商売にならない。結果として、ハードウェアの作り手には情報をシェアする自然なモチベーションがある。特にモジュールやチップを大きなシステムに組み込むのに必要な情報はシェアしたがるわけだ。顧客がそのチップ固有の設計知財を採用してくれたら、製品を大量生産するときに、そのチップを買ってくれるのはほぼまちがいない。この知財とサプライチェーンのバランスは、アイデアを工場より重要だとする、知財偏重の西洋型エコシステムでは難しい。これは、多くの製造業が中国に流出した理由の1つかもしれない。中国のエコシステムでは、プロダクト生産とその背後にあるアイデアとで、もっと平等に価値評価をしてくれるのだ。

　僕はこれからも、がんばって努力を続け、社会の理解が進み、経済的な状況がよくなれば、いずれオープンな半導体製造が生まれると思っている。でも、それが実現するまでは、「オープンハードウェア」なるものは、ある抽象レイヤーの中にしか存在できない、もっと実務的な概念のままだ。結局のところ、ライセンスが完全でなく、形式もかんたんにいじれなくても、設計文書のシェアが始まった途端、劇的にイノベーションは進むじゃないか。山寨がその証拠だ。

　公開にせよオープンソースにせよ、オープンハードウェアは利用者が自分の技術を自分で支配するよう力を与えるという話であって、何か特定の法的な仕組みを指すものではない。危険を気にせず、フルスピードで進め！

　自由に学べ、いじくりまわし、技術を改良するのは、僕という人間にとってあまりに核心的なものだから、基本的人権だとさえ思っている。自由は、行使しなければすぐ萎縮してしまう。だから、僕はいつも積極的に自由を守ろうとしている。自分の活動をオープンにシェアし、テクノロジーというのは知りえるものだという認識を高めようとしている。

　僕はまた、僕たちの自由を縮小しようとする法制度の動きにも反対する。僕はデジタルミレニアム著作権法（DMCA）のない時代に生まれた。自分が死ぬときも、だれでも自分のモノを理解し、修理し、よりよくしていく権利があることを樹立する形で、同じような世界を遺していきたい。ますますテクノ

ロジーに依存した社会になるにつれ、これはますます重要になる。もしテクノロジーがブラックボックス化するのを受け入れたら、それはそうしたものを作り、規制する会社や政府に主体性を譲り渡すことになる。

　この第3部では、僕が3つのオープンソースハードウェアプラットフォーム、chumby、Novena、Chibitronicsをどう作ったか述べる。僕のストーリーを読んでくれた人が、ハードウェアは理解できるものだと気がついて、その知識に勇気づけられてくれることを祈りたい。

6. chumbyの物語

　僕の最初期のオープンハードウェアがchumbyだった。これはWi-Fiつきのコンテンツ配信端末で、僕が2007年に中国に来てはじめてサプライチェーンを構築したのもchumbyのためだった*。
　Chumbyで働くのが個人的にも面白かった理由は2つあった。まず、ちょっとした形で人々を助けるような製品を作る機会だったこと。いつも電源が入っていて、ネットにつながっていて、ブログを書き、連絡にもチャットを使う人たちは、chumbyを使えばそれがもっとかんたんにできるようになる。もう1つは、chumbyはハッカーたちが気が向いたときにいつでもいじくり回せて、改造できる本当にオープンなプラットフォームを作る機会でもあったことだ。

---

*　もちろん、chumbyは僕1人で作ったのではないことはハッキリさせておきたい。僕は多くの才能あふれる人たちと楽しく働いたことを、第1部に書いてある。僕は単なる主任ハードウェア設計者で、Linuxカーネルも僕の分野だった（Linuxカーネルははじめての経験だったが、Linuxを立ち上げ、停止させるまでの中の動きを学ぶことができた！）。

ハッカーフレンドリーなプラットフォーム

　ハッカーたちは消費者向け製品を拡張し、改変し、カスタマイズして濫用し、裏技や隠し機能を見つけることに尽きぬ欲望を持っている。僕らはハッカーたちがchumbyを学び、想像もしなかったことをさせるよう変形させてほしいと思った。だから、chumbyをできる限りオープンに、本当に"だれでも"ハックできるようにしたかった。オープンソースソフトウェアのハッカーだけでなく、ハードウェアのハッカーにも、アーティストにも、手工芸を楽しむ人たちにも——つまりコンピュータに限らず金属加工、裁縫、木工などが得意で情熱を持つ人たちのことも考えた。

　chumbyハッカーを後押しするため、僕らはソースコードも回路図も基板のレイアウトも部品リストも基板マスクも、プラスチック部品の3D CADデータベースも、フリーに見れるようにした。それらは、今もすべてchumby Wikiでアクセスできる（http://wiki.chumby.com/）。

初代の chumby はなめらかな皮の外装だった

やりたかったのは、ハッカーたちを不可侵なハードウェアに対する決まったポイントへのハックから解放し、ほとんどだれとでも共有できるハックへと向かわせることだった。たとえば、血圧計をchumbyに追加しておばあさんにプレゼントとしたとする。すると、遠隔地からおばあさんの健康状態がわかり、おばあちゃんは血圧を測るたびに孫の写真を見ることができる。でももちろん、WRT-54Gルーターに血圧計を取り付けることもできなくはない（実際、アーキテクチャ的にはchumbyとほぼ同じだ）。でも、設定と使い方をおばあちゃんに教えられるだろうか？　別な言い方をすると、chumbyをシンプルな製品にしておけば、ハッカーが自分のハックをそんなに技術にくわしくない人たちにも使いやすく理解しやすいものにできると思ったわけだ。

chumbyをオープンにすることで、ハッカーにはほかのメリットもある。たとえば、サーモスタットが実際に温度を制御したい場所から遠かったとしよう。chumbyに温度センサーをつければ、週末にちょっと作業するぐらいで問題が解決する。chumbyというプラットフォームはWi-Fiを備えていて、僕はハッカー用センサーパッケージを作っていたから、ハードウェアをいじる苦しい作業は最小限ですむ。chumbyを2台改造し（1つは温度センサーで、もう1つはサーモスタットへのインターフェースを備えたもの）、両方にセンサーパッケージを実行させればいい。リビングルームを快適な温度に保つだけではなくて、最近のニュースをチェックしたり、お気に入りのTV番組の始まりを教えてくれたりする。

さらにおまけとして、chumbyユーザーは自由に自分の改造chumbyを公開でき、さらにはそうしたカスタム能力を持つ改造chumbyを販売もできる。ほかの人もその作業の恩恵を受け、それで儲けることもできる（もっと軽い話だと、オリジナルのchumbyの外装は布で作ってあるので、家のインテリアにあわせた改造もできる！）

初代のchumbyのデザイン、今は「chumby Classic」と呼ばれているものは、まずオライリーのFOO Camp 2006で先行リリースされ、2008年に販売が始まった。でも残念なことに、chumby Classicがリリースされたのは、大恐慌以来最悪の歴史的な不況のまっただ中だった。その抱きしめたくなるようなかわいいデザインについていた値札（訳注　179.95ドル）は、多くの消費者には受け入れ難いものだった。そこで僕は、不景気に直面したほかの多くの起業家と同じことをやった。プロジェクトを縮小したのだ。

chumbyの進化

　2008年、リーマン・ブラザーズが破産申請をしたすぐ後、僕らはこの経済状況にあわせた製品を開発し始めた。僕がそのchumby Oneと呼ばれることになる新製品のために初の紙ナプキンスケッチをしているときにも、株式市場は暴落を続け、1日何百ポイントも下がり続けていた。その状況の中での優先目標は、まずコストの削減だった。

　僕は設計すべてをじっくり見直し、今の市場にあった、安くて高速な製品を作ろうとした。chumby Oneが新しい顧客を勝ち取りつつ、既存顧客ベースの支持は失わないようにしたかったし、2009年のクリスマス前に出荷したかった。

　ありがたいことに、後にNXPに買収されたFreescaleのアプリケーションエンジニアが僕にコンタクトしてきて、驚くほど安い新型CPU、i.MX233を教えてくれた。2009年にリリース予定で、chumbyにぴったりに思えた。僕はいくつか雑なシナリオを考え、コストを概算してみた。2009年1月のCES（世界でいちばん大きい消費者向け電気製品のショー）で、僕らは新デザインを少数の潜在顧客に見せて、価格と機能についてのフィードバックを集めた。それを受けての新しいアイデアは、3月ぐらいにだんだんとまとまってきた。中国の旧正月の後、僕は第1段階の試作基板を作り上げた。

　　注記　i.MX233のすごくクールな点は、パワーレギュレーターが内蔵されているということだ。それもただのリニアレギュレータではなく、スイッチングレギュレータだ。しかもただのスイッチングレギュレータではなく、3つの電圧を1つのインダクタだけで取り出している！　すげえ。僕は開発者を大絶賛するしかないね。

　5月頃に僕らは工業デザイナーを雇っていくつかのスケッチをさせ、翌月にはほぼ最終の工業デザインをまとめた。そのあたりではじめて3Dプリンターを使って外装デザインのプロトタイプをおこなった。でも、メカニカルエンジニアを雇うお金がなかったから、僕がSolidWorksを学んで3Dプロトタイプ用のケースなどの組み付けをやることになった。僕は新しいことを学ぶのが好きだから、この経験もずいぶん楽しかった。

　7月になって僕らは金型の発注書にサインし、8月に最初の射出成形をやった。9月は設計の仕上げとデバッグに費やし、10月はさらに試験、仕上げ、そして量産の立ち上げにかかりきりだった。2009年の11月、chumby Oneの最

初の出荷分が太平洋上空3,500フィートでロサンゼルスに向かっていた。

最終的に chumby One はこうなった

　chumby Oneは初代のchumby Classicの半額ほどになり、新機能もあった。FMラジオや、柔らかい革のボディを持ったchumby Classicユーザーからよく要望されていた、充電可能なリチウムイオンバッテリーのサポートなどだ。chumby Oneのバッテリーに対する当初の反応は、消費者心理を研究するうえで興味深い材料になった。chumby Oneはchumby Classicより小さく軽いし、やることもまったく同じなのに、みんなこちらにはバッテリーをつけるべきだとは思わなかったのだ。chumby Oneを抱えて持ち運びたいという要求が自然に生まれたりはしなかったのだ。これを見ると、外観というのが製品の機能に対する消費者に期待にどれほど影響するかがよくわかる！
　いずれにしても、消費者たちはこうした追加機能をまちがいなく気に入ってはくれた。でも僕にとって、最も重要な新機能はそこじゃなかった。

さらにハックしやすいデバイスに

　chumby Oneで僕がわくわくしたのは、chumby Classicよりもはるかにハッ

クしやすいということだった。chumby Classicでは基板直付けのSLC NANDチップを使っていたが、これはコストは安くなるが開発は難しくなる。開発者はNANDフラッシュメモリの不良セクターやエラーの部分も含めて、扱いにくい部分すべてに直面させられる。そしてシステムがきちんと起動しなくなったら、リカバリーする方法はほとんどない。こうした問題に対処するため、chumby Oneではファームウェアをmicro SDカードに載せた。

chumby Oneを手に取ったら、microSDをケースの外からは交換できないのに気づくだろう。なぜそうしたかというと、ハッカーでない人がうっかりmicroSDを抜いて、なぜデバイスが起動しないのか首を傾げるのを防止したかったからだ。バックパネルをドライバーで外したら（chumby Classicと違い糊付けされていない）、かんたんにmicroSDスロットにアクセスできる。この変更のおかげで、ハッカーたちはchumbyを壊す恐れなしにハックできるようになった。ファームウェアでヘマをやったら、microSDカードを抜いて、開発用のパソコンにマウントし、新しいファームウェアのイメージを書き込めばすむ。

僕らはまた、chumby OneのmicroSDカードは、管理されたNANDデバイスにすることにした。そうすれば、Linuxでいちばん普及しているデフォルトのext3ファイルシステムをのせられるからだ。rootパーティションは事故に備えて工場出荷時にリードオンリーになっているけれど、管理されたNANDシステムを採用したおかげで、rootパーティションを読み書き可能でマウントしなおし、Linuxシステムをいじるのはとてもかんたんだ。僕らはあえてOSイメージよりずっと大きい容量のmicroSDメモリを採用し、ハッカーたちがカスタムアプリやライブラリを入れられるように1ギガバイト以上のスペースを残した。当時、ギガバイトというのは本当に大きなスペースだったんだ。

ハードウェアでは、ハッカーにとってありがたいことは、開発者にとってもありがたい。ハッカーのために追加した柔軟性のおかげで、OSに山ほどすばらしい機能を追加できた。たとえば、chumby Oneは一部の3Gモデムをサポートし、3Gモデムを使ったWi-Fiアクセスポイントとしても機能する。つまり、このデバイスは3G-Wi-Fiのルーターだということで、これは旅行中にほかのデバイス用のWi-Fiホットスポットを作るにはハンパじゃなく便利な機能だ。この機能については、当初は主流ユーザーのレベルでは明示はしなかった。でも、みんながそれを気に入るようなら、その機能をGUIでくるん

で使いやすくすることもできる（それは僕たちに限らずだれがやってもいい——これはオープンなプロジェクトだから）。

そして、chumby OneにUSBキーボードをつなげば、自動的にコンソールのShellが開いて入力できる。これはネットワークスクリプトのデバッグをしているときなど、SSH接続できないときには便利だ。

隠しごとのないハードウェア

chumby Classicの開発時と同じように、chumby Oneの設計もできるだけオープンにしようとした。僕らは回路図とガーバーファイル（訳注　回路設計ソフトから出力される、プリント回路基板の画像を記述したファイル。設計者が工場にこのファイルを送ることで、実際の基板が製造される）、GPL形式のソースコードをネットで公開した。以下の写真は、量産前のパイロット版chumby One基板だ。量産用の基板は中国工場でのSMTマシンで扱いやすいように少し変えたが、基本的には同じものだ。

特に基板上の2つのテストポイント、メインボード裏側の左下角にSETEC ASTRONOMYと記載してあるところを見てほしい。ユーザーがこのポイントをバイパスすればchumby Oneの認証ROMへの書き込み制限が外れ、chumbyがデバイス認証に使うキーを消去してしまえる。そんなことをしたがるまともな理由は僕には思いつかないけれど、僕にとってこれは「ハードウェアでは隠しごとをしてはいけない」という原則の実装だった。もし暗号化されたアクセスコードが含まれたデバイスが嫌いなら、そいつを壊せるべきだ。chumby Oneの場合、デバイス認証キーを消去したらchumbyのサーバーからもウィジェットが読み込めなくなってしまうけれど、でも君のハードウェアなんだから、お好きにどうぞ。ハードウェアが本当に自分のものなら、保証を無効にして好き勝手をやってかまわない。何にも頼らずにハードウェアのすべてを思いどおりにできなければならない。もちろん、僕らはchumby Oneがウィジェットを読み込むためのセキュリティプロトコルも公開しておいた。

あと、僕はchumby Oneのマザーボードのサイズやマウント用の穴をchumby Classicと互換性を持たせた。chumby Oneのボードをchumby Classicの外装に入れて販売する計画は一度もなかった——イタリアンレザーの手縫い仕上げは高価すぎるし、実装上のいくつかの技術的課題もあった——けれど、大胆なハッカーならそれを自分でできる選択肢を喜ぶと思ったのだ。

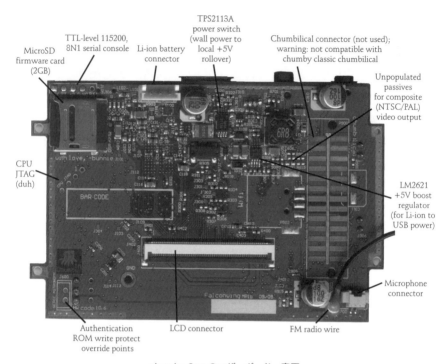

chumby One のマザーボード　裏面

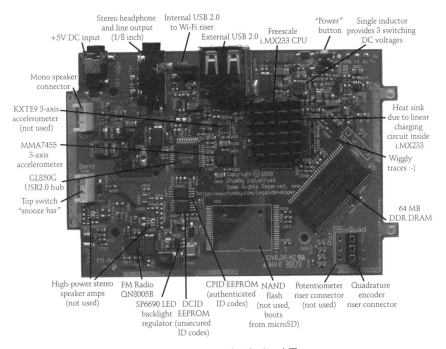

chumby One のマザーボード　表面

僕はchumbyの改良に数年を費やした。でもだんだん、自分のパーソナルなプロジェクトにもっと時間を費やしたくなり、ビジネス方面からはひと息つきたいと思うようになった。

Chumbyの終わりと新しい冒険の始まり

2012年の4月、Chumbyの廃業が発表された。資金が尽き、投資家もそれ以上は辛抱してくれなかったのだ。僕はその年の1月にはすでにこっそり会社を去っていた。同社での経験は楽しかったけれど、そろそろ目先を変える頃合いでもあった。僕のいい友人であるフィル・トローネ（Phil Torrone）がMake:誌のインタビューを受けないかと連絡をよこし、僕は喜んで答えた。今も全文は以下で読める。

http://makezine.com/2012/04/30/makes-exclusive-interview-with-andrew-bunnie-huang-the-end-of-chumby-new-adventures/

　ここでも、ハードウェアビジネスをやりたくてたまらない人のために抜粋を載せておく。

Phil：君がChumbyに参加した経緯は？　会社でどういうことをしていたの？

bunnie：僕はもともとアドバイザーで、会社のハードウェア戦略の一部に対してコンサルティングをすることになっていた。僕らは毎週、夕食を食べながら、製品について話した。最終的に僕は、その製品にかなり夢中になってしまい、最初のマザーボードのプロトタイプを余暇であっさり作ってしまったんd。同時に、当時の僕の会社のボスには本当に頭にきていた。毎朝9時までに出社するのがどんなに大事かなんて説教をするんだけれど、僕が前の日に深夜まで働いていたことは完全無視だ。なので、僕はその場で会社を辞めて、Chumbyの立ち上げチームに参加した。

　僕の会社での役割は最初ハードウェア担当副社長だった。偉そうに聞こえるが、ハードウェア関連の部門は僕1人だけだから、ハンダ付け係も掃除係も僕なんだ。今にして思えば、Chumby社は僕を雇うなんて、ずいぶん大ばくちに出たもんだ。そのときの僕は、中国に行ったこともなければ、サプライチェーンマネジメントに関する何の経験もなかった。それなのに、思い切って任せてくれて、僕がいろいろ解明する機会を与えてくれたんだ。僕はchumbyチームが僕に多くのことを仕事の中で学ぶ機会をくれたことにすごく感謝している。

Phil：chumbyを作っていていちばんよかったのはどんなところ？

bunnie：chumbyの開発ですばらしいところはたくさんあった。全体としてみると、最高の部分は製品の構想から販売まで全部自分たちで考えないといけないところだったな。おかげで、僕はプロセスのすべてのパートを直接見てきた。工業デザイン、電子設計、外装の射出成形、サプライチェーン、小売、返品回収まで。製品には本当にたくさんの活動があって、モノがどん

なふうに作られるんだろうという好奇心が満たされるのはすばらしかった。
　chumbyを作っていて本当によかったもう1つのことは、仕事の過程で同僚含めすばらしい人々に囲まれて働けたことだ。本当にたくさんの友達ができたし、すばらしい何人ものメンターに出会えた。
　そして、最終的にchumby作りのいちばんよかったところはモノ作りそのものではなく、人々がデバイスを使い、楽しんでいるのを見たことだ。そのユーザーの笑顔が究極の報酬、リワードになった。

Phil：デバイス作りの最初から最後まで、アイデアから販売までをちょっと説明してくれる？

bunnie：デバイス作りの最初から最後までやると最高なのは、問題を解決するために使えるツールセットがほぼまったく制約なしだってことだ。ビジネス上の問題を基板レイアウトで解決できるし、その逆もできる。たとえば、ユニットに柔軟にユニークなブランドをつけるにはどうしたらいいだろう、という問題があった。つまり、製品のフェイスプレートを交換可能にするわけだ。たとえば、NFLのフェイスプレートをはめたらアメフトのスコアが表示され、ブルームバーグのフェイスプレートをはめたら経済ニュースが表示される、といった具合に。
　この問題を解決するのには何十回ものミーティングが必要だったかもしれない。でも、僕は会社で唯一のハードウェア担当なので、0.2ドルのコストでEEPROMを追加できると知っていた。だから、関係するスタッフのミーティングで、ほかのみんなが考えられる解決策を議論している横で、僕は基板設計ツールを起動して8ピンのEEPROMを追加し、適切なコネクタを追加して、アクションアイテムが決まる頃にはソリューションをすべて設計し終えていた。この改訂作業そのものよりも、それで問題が解決したことをみんなに納得してもらうほうが時間がかかった。
　結局、僕がプロダクトの最初から最後まで作るのに必要な技能を自分で吸収することになった理由は、要件を伝えるのがとても難しいからだと思う。この問題はいつも、自分でやってしまうほうが速いか、それとも他人に説明して、彼らがやるのを待って、そしてヘタをすると説明を繰り返してやりなおさせるほうが速いか、ということだ。だからこそ、僕はメカニカルデザインを学んだ。工業デザインとプラスチック成形は、多くの消費者製品にとっ

て屋台骨だから、メカニカルエンジニアリングチームと彼らの用語で効率的にうまくコミュニケーションができるというのは、仕事をうまくこなすときに重要なんだ。

Phil：小売り販売はどういうところが難しかったのだろう？

bunnie：小売りと卸は、いちばん難しかった課題だった。ここにいくつか、僕が直面した話を挙げると……

バイヤーとの取引

オンラインじゃない、リアル店舗の小売店は、製品を販売している棚ごとに収益を最大化させるために、バイヤーのチームを雇っている。彼らは棚ごとの売上という視点から製品を見て、それ以上のものはまったく見ようとしない。だから、製品に追加したいけれど、値段も引き上げてしまうような改善とは大きく対立することになる。商人は、こっちの製品をプラスチック何グラムと電線何本という見方しかしない。その数字を、原材料の商品市場価格にかけ算して、棚に置いておくのにいくら支払うかを決めるんだ。それよりマシな条件での取引は交渉できるけれど、商人たちに君のプロダクトの価値を理解させるのはとても大変だと思う。さらに残念ながら、小売店の店員はかなり回転が速いので、何ヶ月もかけてまともな取引条件を交渉したあげく、相手にしていた店員が辞めてしまった、ということもある。

マージン

サプライチェーンの中の人はみんな、利ざやを抜く。工場、商人、流通業者なんかだ。そのほかにも、市場開拓などさまざまな資金がいる。最終的には、棚に置かれる製品のコストはBOMの3倍ほどになる。つまり、0.5ドルの原材料なら、販売価格は1.5ドルになるということだ。

もっとひどいことに、価格は9.99ドル、49.99ドル、99.99ドルのような「マジックナンバー」に設定されてしまう。希望小売価格を127.45ドルみたいなハンパな数字にはできない。もし小売価格が99ドルだったら、心理的にそれは149ドルや199ドルの製品と同じ範疇になる。君の製品

のBOMがカテゴリを分ける分岐点に近づいたとき、0.50ドルの部品コストの追加、たとえばスピーカーなどについてたくさん心を悩ませなければならない。コストが上昇する場合は、その分を君のマージンを削って出すか、商品を1つ上の価格帯のマジックナンバーに入れてしまうことになる。

キャッシュフロー

　小売り業者は、支払いが遅れることで悪名高い。売れて60日後に入金という条件をとりつけても、実際には90日、ときに120日たたないと入金がない。もしその製品が完売せず、小売り店が追加発注する必要がなければ（追加発注があれば、売上の残金回収で少しは強気に出られる）、小売り店はどんどん支払いを先送りする。これはファクタリング保険のような金融ツールで部分的には軽減できる。保険会社は、小売り会社が期日どおりに支払ってくれないとか、支払い前に倒産といった事態に備えて保険でヘッジするなど、どんな保険でも売ってくれる。

回収と返品の処理

　多くの小売り業者は、無条件で返品することを認めている。顧客にとってはありがたいけれど、だれが返品を負担させられると思う？　小売り業者は事業者に責任を押しつけるんだ！　これが彼らの支払いタイミングが遅れる理由でもある。小売店は、返品に対する返金用の現金を手元に残しておきたいんだ。返品処理が済んだら、向こうの倉庫から返品を回収して、その製品を再生する方法を考えるのはこちらになる。

　通常、ほとんどの返品は壊れているわけじゃなくて、単純に顧客の期待と違っていたとか、顧客が衝動買いの後で我に返っただけだ。こうして戻ってきた完動品も、多くは付属品が失われたり外装に汚れがあったりする。だから、かなり徹底したリワーク（再生）作業が必要だということだ。

契約

　小売店がよこす標準契約書というのは、ほとんどあらゆる場合に小売り側の権利がきわめて有利に定められている。時にその契約は、絶対に対応できるはずがないような損害賠償責任を負わせたりする。たとえば、

僕が見たある契約書では、製品がアフィリエイトで宣伝されるときに、そのサイトが一定以上ダウンしていたら、それはその製品を売る小売店のブランドイメージにダメージを与えるので無制限の損害賠償責任を負うなんて文言があった。こういう無限の損害賠償責任は絶対に認められないし、それを契約交渉で削除してもらうと何ヶ月もかかる。こういう話のほかに、出荷遅れの罰則規定や不良品に対する罰金といった項目もおっかない。

契約交渉プロセスは、会社の経営陣にとってずいぶん面倒なもので、本当に組織の足を引っ張りかねない。

Phil：何か特許をとった？ オープンソースプロジェクトで、特許はどう機能するんだろう。

bunnie：うん、じつはchumbyの開発を通じていくつかの特許を取得した。ハードウェアのアイデアを保護しようとしたとき、特許はいちばん自然なやり方だ。フリー／オープンソースのライセンス、たとえばGPL（GNU General Public License）やBSD（Berkelay Software Distribution）は著作権から力を得ているけれど、それと同じで、オープンハードウェアライセンスは特許からその力を引き出しているんだ。

はじめのころは特許問題を解決するライセンスはなかったので、Chumby社は独自のオープンソースライセンスを作っていた。基本的には、派生作品を作ったユーザーに対し、自動的にクロスライセンスするものだ。こちらのソースを使った者は、こちらの特許のライセンスを得るけれど、条件として派生作品に対する特許もこちらに自動的にライセンスされるわけだ。

このライセンスは、ほかにもいくつかの制約で「真の」オープンではなかった。たとえばその派生作品は、少なくとも互換性のチェックがおこなわれる（これは起動プロセスで、オプトインのチェックがおこなわれる）。また「製造したければ許可を取って」条項もあった。派生作品が量産される際には、Chumby社から追加の承認がいることなどだ。なぜこんな条項をつけたかといえば、おもにサーバーとの相互運用性を確認するチェックポイントを設けたかったからで、あわせて適切な商標とブランディングルールを適用するためでもある。こういう、Chumby側の都合でいつでもNoと言える項目をライセンスに含めたことで、このライセンスは真のオープンとは言えなくなった。

もっとも、実際にNoと言ったことは一度もないけれどね。
　それでもこの状況は、ますます多様化して複雑になるエコシステムの中で、商標や相互運用性の問題にどう対処するかという、オープンソースハードウェアで継続中の課題に焦点を当てたものではある。
　また、Chumby社の特許はすべて出資者に与えられた。彼らはそれを、いちばん高値をつけた人に売るだろうし、それがパテントトロールである可能性も大いにある。こんな結果になったのは残念だとは思うけれど、それが現実だから受け入れるしかない。投資家たちは、合法的なあらゆる方策を駆使して投資を回収する権利を持っていた。それでも理想的には、できれば納得できる価格で投資家から権利を買い戻し、それをオープンソースのコミュニティにライセンスして、オープンソースのコミュニティが特許をどう扱うかについて、具体的な前例を確立してみたいところだ。

Phil：ベンチャーキャピタルから出資を受けようとするメイカーに何かアドバイスはある？　オープンソースでやる場合だと何か差が出るだろうか？

bunnie：僕はVCからの出資は、ある種の成長を加速させたいときにしか有効でないと考えている。初期の研究開発や、ゆっくり安定した成長モデルのビジネスには向かない。
　ハードウェアの成長モデルは、ソフトウェアの成長モデルと根本的に違う。ソフトウェアは自然とスケーラブルだ。ひと晩で10万ユーザーを獲得できる。もちろんソフトだとユーザーベースをマネタイズするのは工夫がいるけれど、多くのソフトウェア開発者はあまりお金の問題を気にせずに規模を拡大できる。
　ハードウェアは物理的なものがユーザーごとに必要だから、スケーラビリティは物質をどれほど経済的かつ信頼できる形で組み立て、ユーザーに届けられるかで決まる。その一方で、ハードウェアではマネタイズのためのとても自然なポイントがある。ユニットを売るごとの利ざやだ。ハードウェアはソフトウェアビジネスに比べて早期から頻繁にお金が入ってくるけれど、成長率は物理法則とか、熟練労働者の組み立て能力といった鬱陶しいものに左右される。
　スマホ決済端末のSquareカードリーダーは特記すべき例外だ。Squareのハードウェアは、すさまじく安くなるよう巧みに設計されていて、その費用は

ほかの手段（チラシやDMなど）で顧客を獲得するよりも安く、あのドングルを無料で配布できるほどだ。

したがって、ハードウェアで最初の質問はこれだ。販売チャネルは何で、製品をエンドユーザーに届けるのはどのぐらい大変？　究極的には、そのパイプの太さと、取引が金銭的にどのくらい面倒かで、アイデアの成長率が決まる。

さらに、ブーメランのように戻ってくるカスタマーサポートと返品のコストも考慮しなきゃならない。コンセントに電源コードを差し込み忘れた人たちからの電話が山ほどサポートにかかってきて、まちがいなくショックを受けることになる。

もし君がすでにすばらしい販売チャネルを持っていて、しっかりしたマーケティングキャンペーンをおこない、製品を求める顧客がドアの外に列をなしているなら、VCからの出資を受けるのはいい選択肢かもしれない。でも、実際には多くのメイカーはオンラインのみの販売から始めるし、それもせいぜい小さな専門店で扱ってもらうくらいだ。資本を売上に変えるための必要時間は、当初は何ヶ月単位だから、VCからの資金でそれをまかなうのはあまりに厳しい。サプライチェーンの中で動きがとれない資金は、何の付加価値ももたらしてくれないけれど、その分の資金を得るために、自分の会社の所有権をかなり手放したんだから。

僕は一般的には、研究開発の資金は自己資金や友好的なエンジェル投資家のお金だけで賄えとアドバイスしている。プロトタイプとしっかりした製造計画ができてからも、最初は小規模製造のための資金を得るための借り入れをしよう。無理をせずに、市場を1歩ずつ作っていくんだ。在庫が回転するたびに、もっとお金を調達して、それをさらに在庫を増やすために注ぎこむんだ。

そうすることで、いやでもよい規律が身につく。在庫の回転を高速化するために、サプライチェーンのぜい肉を落とすよう注意するようになる。最高のハードウェア企業は、ものの数日で在庫を回転させる。在庫を1回転させるごとに資本ベースを20％ずつ成長させていれば、お金を2倍するのに在庫4回転ですむ。100ドルが120ドルになり、144ドルになり、次の回転では172ドルになり、4回転目では207ドルになる。これが複利の魔法だ。

もし在庫を8週間で回転させることができて、1回転ごとの成長率20％を維持できたら、事業は1年で300％以上も成長する。もちろん実際のマーケット

はこう理想的かつ予想どおりにはいかないが、在庫回転時間と、利益率とをやりくりすることで事業を成長させられる。利益率が高ければ、在庫回転時間が長くなっても、高い成長を維持できる。

このやり方で会社を立ち上げるのは大変だ。それでも投資家がいないので、最終的に稼いで手元に残ったお金はすべて自分のものだ。このストーリーはうまくいってもInstagramやGoogleのようなビッグビジネスにならないだろうが、ヘマをしていない限り自分が手綱を握っているし、最終的には報われる見込みも高くなる。

実際に、多くの成功した中国の製造業はこうしたブートストラップ式の資金調達をおもに使って成長してきた。

Phil：Kickstarterでの資金調達について何か意見ある？

bunnie：初期の研究開発の段階でKickstarterを使うのはいいアイデアだとは思えない。Kickstarterでは顧客に対してかなりしっかりとした約束を必要とするからね。Kickstarterは実際に偉大な現象だが、そこでの資金調達は慎重でないと。ある意味で、Kickstarterは究極のバカなお金（訳注　中身がないのに提供されるお金）だ。顧客はビジョンだけを見て先にお金を払い、君はそのビジョンどおりのものを届けなければならない。群衆からお金を集めるということは、つまりそれだけの取締役を抱えるようなものだ。でも、製品の開発は決してそううまくいかない。結果として、Kickstarterでお金を調達したら初期のアイデアに縛られ、そこから脱出できなくなる。

僕は、KickstarterはVCよりいい手段だと思っている。ただし、使うのはアイデアが十分に成熟し、VCや銀行での借り入れよりよい資金調達方法を探すときになってからにするべきだ。実際には、Kickstarterで資金調達したときの手数料など（訳注　Kickstarterの手数料が5%、決済手数料が4.5%の9.5%）を考えたら、低利の銀行融資のほうがいいかもしれない。もちろん、銀行融資だと、クラウドファンディングを使ったときほどは目立てないし、マーケティングにもならないし、その他の長所も得られないけれどね。

Phil：会社にアドバイスをするとき、創業者たちにいちばん多く提案するのはどういうこと？

bunnie：「出荷するか死か」だよ！　特にVCの資金提供を受けたらね。VCの出資を受けるということは、導火線の長さが決められてしまっているということだ。その導火線が燃え尽きて、それまでに会社規模を大きくできていなかったら、爆弾が炸裂して、それまで積み重ねた時価総額の相当部分を吹き飛ばしてしまう。もし君が100万ドルの資金を調達し、それを1年で使い切るつもりなら、1日にかかるコストは4,000ドルになる。

　僕はいつも「もし30ドルを追加することでいちばん重要な作業を1日だけ縮められるなら払おう」というのを目安にしている。chumbyの開発時、カリフォルニアにいながら中国時間で生活していたのもそのためだ。朝4時か5時まで起きていてメールに返信し、いつもスケジュールにいちばん影響するタスク、「テントのいちばん長い骨組み」（訳注　この骨組みの長さで畳んだときのテントのサイズが決まることから、仕事で全体の大枠を決めるようなこと）を短くしようとしたおかげで、スケジュールが何日分も短縮できて、かかる費用を何万ドルも節約できた。

　「出荷するか死か」という考え方はつまり、「完全なものを出荷しようと思うな」ということだ。そこそこのクオリティのものを出荷するのは、すばらしい製品を遅れて出荷するよりも、特にコンシューマエレクトロニクスやほかの季節の影響が大きいビジネスにおいてはとても重要だ。コンシューマエレクトロニクスでは、第4四半期に売上の9割が集中することもある。クリスマス商戦に乗り遅れたら、その後の3四半期にはまったく収入がない。クリスマスに1回遅れたら、資金計画が1年延びてしまったも同然だ。さらに悪いことに、その1年の間に競合他社は改良を積んでしまう。

　chumbyは、まさにその問題で苦しんだ。僕らがαバージョンを公開したのは2006年の8月だが、出荷は2007年のクリスマス後になってしまった。ふわふわのネット接続目覚まし時計を出荷したのは2008年2月だった。

　この頃の世界的な出来事を考えてほしい。2007年7月にiPhoneが出荷され、2008年にリーマンショックが起こった。2008年の2月から1年間は、資本金を食い潰して会社を存続していた。それだけでもひどいのに、経済が落ち込んだら、200ドルもするクリスマスプレゼントの需要も暴落だ。在庫は山積みで、生き残るためにものすごい苦闘が必要だった。

　僕の記憶が正しければ、2007年のクリスマスには製品を出荷できていたはずだ。多少の機能の欠落や洗練されていない部分が残っていただろうが、十分なクオリティだったはずだ。2007年のiPhoneの勢いは2008年に比べればまるでたいしたことはなく、多くの在庫をさばけたに違いない。さらに別の

視点でいうと、iPhoneとそのアプリ、タッチスクリーンによる操作のすばらしさなんかでネット接続の目覚まし時計なんか陳腐化してしまうと知ったら、戦略を見直して出荷を遅らせて、音楽ストリーミングなどのいくつかの機能を追加しようとしたかもしれない。

こういうことが、僕に「出荷するか死か」ということを十分に教えてくれたってわけだ。

2つめのアドバイスは、「なるべくハードウェアの値段を上げよう」ということだ。出荷後に低すぎる価格を引き上げるのはほぼ不可能だ。みんなに買わせようと思ったら、セールをやるのがいちばんいいんだ。

おもにオンラインで販売するハードウェアスタートアップは、評判を高めて最初の売上を改善しようとして、やたらに低価格をつけたくなる。たとえば、原価35ドルのデバイスをオンラインで49ドルで売ろうという誘惑は魅力的だ。なんといっても、これだって利ざや28％だからね（ただし、この原価はソフト費用をちゃんと考えているものとする）。これはすばらしいんだけれど、それもガジェットニュースサイトでの掲載がひと段落して、売上が急落するまでの話でしかない。

小売業者に扱ってもらえたら、売上は増えるし、安定するかもしれない。でも、小売り業者は、当初は希望小売価格の40〜60％で仕入れようとする。49ドルで製品を仕入れて、99ドルで売りたがるわけだ。すでに49ドルで大量に売っていたら、小売り業者がそれを99ドルで売れるわけがない。小売り業者に売ってもらおうと思ったら、原価35ドルの製品を25ドルで卸さなければならない。そうすれば、小売り業者は、こちらがすでに設定してしまった小売価格49ドルで売れるようになる。こんな大幅なコスト削減に成功しても、それでも1円も利益を生まないわけだ！

35ドルのデバイスを99ドルで売り始めれば、最初は売上を落とすことになるだろう。でも、最初の利ざやはものすごいし、小売り業者を間に入れたり、自分でセールをやって顧客を増やしたりする余裕もできる。だからこそ、希望小売価格はあんなに高いんだ。販売業者は特売セールで在庫を処分するのが大好きだし、99ドルの商品が69ドルになっていたら、お得感がある。でも、69ドルだと小売り業者の利ざやは29％しかない。

低すぎる値付けは、販売チャネルとして小売り業者を使う可能性を奪ってしまうし、自分でセールなどのプロモーションもできなくなる。プロモー

ションは重要だ。クチコミなどのバイラルマーケティングは、顧客に1、2回ほど見てもらえるのが関の山だからだ。だから製品に心血を注いだなら、本気で値づけをしよう。

Phil：もしやりなおせるなら、chumbyのどこを変える？　ハード？　ソフト？　製造方法？

bunnie：そうだなー、いまの答えで言ったとおり、いくつかの機能を捨ててでも、きちんと早く出荷するのにずっと注力するだろう。
　あと、直感に反することだけれど、グッズやアクセサリの開発にはプロダクトそのものよりも時間がかかる。
　ふわふわした外装のchumby Classicには布製のバックや革のかっこいいチャーム（キーホルダーみたいな飾り）などのセットがついていた。僕らは1ダースものチャームを作った。ほかにも、カスタムのACアダプタ、chumbyブランドのリボン、ギフトボックス、chumbyブランドのティッシュペーパーまで。チャームを本体に取り付ける方法を改善するために、ハードウェア設計を繰り返し、金型を修正しなければならなかった。少なくとも4ヶ月まるまるぐらいは、付属品とパッケージの開発に集中していた。ファンたちは僕たちの細部へのこだわりに熱狂してくれて、それも売上に貢献した。
　でも、今にして思うと、そんな細かいところはすっとばして、クリスマス前に出荷したほうがよかったんじゃないかな。中小企業が悔し涙を流しつつどこかで思い知らされるのは、自分たちはAppleではないということだ。Appleは、年間に10億ドル以上を金型作りに費やしている。製造に2～3ヶ月はかかる、4万ドルはする射出成型金型を、Appleは5～6個同時に作り、複数のデザインアプローチを検討してから、1つを除いてスクラップにしてしまう。Appleにとって、2ヶ月を節約するために20万ドルの金型を並行して作るのはたいしたことじゃない。でも、100万ドルを調達したスタートアップでは、そんなことは考えられない。Appleには何百人ものスタッフがいるが、スタートアップは少人数ですべてのことをおこなわなければならない。Apple製品の精密さと洗練は、スタートアップには手の届かない莫大なコストで実現されている。
　デザインを軽視しているわけじゃないよ。優れたデザインと細部へのこだわりは、スタートアップにとって競合他社と差別化できる要因だし、価格も

上げられるから、本当に大事な要素だ。Appleはデザインとユーザーエクスペリエンスのハードルを本当に高く設定したし、ユーザーもそういう製品はそれなりに評価してくれる。でも、スタートアップが比較すべき本当のハードルはほかのスタートアップであって、Appleではないことをおぼえておかなければならない。Appleと競争するなら、製品のデザインに10億ドルのキャッシュが必要になるか、戦略の見直しが必要になる。

今ので、もう1つ今なら変えるところを思いだした。ピボットの早さは、スタートアップの大事な武器だ。スタートアップは大企業を出し抜けるだけの変わり身の速さが身上だ。Chumbyの企業文化は、激変する技術トレンドに適用するだけの身軽さを実現するのに、いささか苦労していたんだ。

もちろん、岡目八目もある。別の可能性はいっぱいあっただろう。でも、初期の決定をいろいろ振り返り、なぜそういう判断に到ったかを思い返すと（反応の悪い抵抗膜式のタッチパネルの使用や内蔵バッテリの欠如、コアテクノロジーにFlashを採用したことなど）、当時の事実に基づいて別の決断ができたとは思えない。

でも、これはまさに事実に基づく決定の弱さを示すものだ。エンジニアは将来について、データや高い信頼性水準を持つモデルに基づいた意思決定を好む。でも、本当のビジョナリーは、事実を十分にわかっていなかったり、あるいはまったくの思いこみと勇気に基づいて、事実なんか無視して、大きな賭に出たりする。たぶん、無知と思いこみの両方なんだろうね。リスクを冒すということは、あるていどはツキに左右されるってことだ。

僕はまちがいなく、事実ばかりにこだわって近視眼になっている。最近、業務効率やスケジュール、リスク管理に集中しすぎて、創造的で大胆なビジョンを持つ能力をちょっと失っている。じつは1年ほど実業家としての生活から距離をおいて、ここ数年で萎縮してきた自分のクリエイティビティを再発見して伸ばそうと思っている。

Phil：君は、VC出資のハードウェア企業の一員として、最初から最後まで参加してきたわけだけれど、企業構造については何か示唆はある？　たとえば採用する人々や創業する場所、組織全体とか？

bunnie：組織構造は本当に、どんな製品を作ろうとしているか次第だ。ハードウェアにはいろいろ違う専門性がある（コンシューマ向けなのか、医療や産業

用なのか)し、市場も違う(ハイエンドなのか、趣味用なのか、大衆向けなのか)。もちろん、そのどれだろうとビジネス上の可能性はある。でも、会社の所在地、集中すべきことやチーム構成は、どんな製品なのか、自分の競争優位性は何なのかに基づいて決めないと。

chumbyのハードウェアはアプリを家庭で走らせるための参入障壁にすぎなかったので、すぐに最底辺めざしてまっしぐらの値引き競争になった。だからChumby社のハードウェア部分はきわめて費用を抑えて動く必要があった(Chumbyにはたった1人のハードウェアエンジニアとオペレーションディレクターしかいなかったことを思い出してくれ)。だから、最初から中国にあわせて仕事をする必要があった。

一般論として、ハードウェアスタートアップの立ち上げを段階的に組み上げられるだけの余力があるなら、そうしたほうがいいんじゃないだろうか。段階的に組み立てられるハードウェア製品はいろいろある——そして、概ねできたから、Kickstarter、融資、VCからの資金調達でスケールアップすればいい。たとえば、有名な3Dプリンター会社のMakerBotは、VCからの資金調達前に、最初の3Dプリンターの出荷をエンジェル投資家からの資金だけでおこなった。創業者の1人ブレ・ペティスから、「1ヶ月カップラーメンだけで過ごしていた」と聞いた。

アイデアを固める段階をこえて、規模を拡大するフェーズに入ったスタートアップは、運用とキャッシュフローに焦点を絞る必要がある。もし注文生産の仕組みを作れるなら最高だが、きわめて難しい。大企業か中小企業かにかかわらず、あらゆるハードウェア企業のいちばん大事な指標は「いかに速く在庫をお金に換えられるか」だ。それには2つの要素がある。1つは、サプライチェーンを最適化して在庫を減らし、新しい注文へのリードタイムを短くする方法。もう1つは現金の管理の無駄をなくして、支払いを可能な限り遅らせつつ、請求を早くする方法。こうした多方面での最適化は、適切なスタッフがいないと収拾がつかなくなる。だからチームには、手練れのオペレーション担当者と、ファクタリング保険や担保付き与信枠、契約実務とかの得体の知れない財務ツールに熟達した人がいないとダメだ。

ハードウェアスタートアップにとって、なるべく早い段階から効果的に中国を使えれば、破壊的なアドバンテージが得られる(アメリカと中国との、桁違いの組み立て費用の差を無視するのは難しい)。それでも、中国との仕事はすさまじい組織上のコストとリスクをもたらす。だれにでも奨められるものではな

いし、特に最初期、立ち上げ初日から中国に来ようなどと思わないほうがい
い。

　僕は中国のエコシステムから逃げられないと知っていたので、自分自身が
中国に近いシンガポールに住むことにした。中国はハードウェアの製造に膨
大な蓄積があり、今の優位性を失うにはまだ何十年もかかるだろう。中国ま
たはその近くにいなければならないという地理的条件は、ハードウェアス
タートアップがうまくやろうと思ったら、場所に縛られないチームが必要と
いうことでもある。

Phil：次の君のプランは？　今は何がいちばん面白い？

bunnie：むしろ僕が聞きたいね！　今は本当にわからない。さっきも答え
たように、実業家とはいえないことをやるために、1年休暇を取る予定だ。い
ま僕が考えている優先順位は、まず仕事を楽しむこと、あまりお金を失いすぎ
ないこと、なにかしらハッカー精神・ボランティア活動・オープンソース活
動のやり方を組み合わせてコミュニティに貢献できることをやりたい。今年
はこれまで置き去りにしてきた自分のいろんな部分をまとめなおし、人生の
価値を上げる魔法を学びなおすときだ。もう1つ、体調を整え、鍛え直して、
食習慣も変え、減量するのにかなり専念するよ。だれにとっても、所有する
ハードウェアのなかで最もクールなのは自分の身体なんだ。それがうまく動
かなかったら、ほかに何の希望も持てない。あてどなき放浪を終える頃には、
その次にくるべき何かいいアイデアが見つかることを願っている。

　この本のためにこのインタビューを読み返しながら、ちょっと笑ってし
まった。1年のオフと言った僕は、結局その後4年間オフをとっている。よく、
何人かの関係者から「いつ中年の危機を終わらせてまともなキャリアを再ス
タートさせるの？」と聞かれるけど、思い返せば企業の世界に戻らないこと
が、僕がこれまでにした中で最高の決定だった。

　会社やVCの支援を受けていた頃よりはずっと慎ましい暮らしだけれど、
僕はずっと独立している。黄金の手錠とアーロンチェアか、リュックサック
とはるか彼方の面白そうな場所のどっちを選ぶかという話だったんだ。僕は、
今も自分にとって大切なものを集めなおしているところだし、魅惑と不思議
の価値について、まだゆっくりと学びなおしているところだ。でも、少なく

とも今の僕には、投資してくれた株主の富以外の価値について考える自由がある。ありがたいことに、食生活を変えて、ある程度は痩せられた。僕の身体をチューンナップするには、カロリー計測や筋肉痛、手足の痛みに悩まされる1年が必要だったが、最高のリターンに恵まれた。僕の母は「健康でなければ何も持ってないのと一緒」とよく言う。それは圧倒的に正しい。もし働けるだけのスタミナがなければ、チャンスを結果に変えるのは難しい。もし運よく健康をキープできれば、いずれずっと多くのストーリーを語れるはずだ。

オープンハードウェアの時代はこの後に来る

　僕がChumby後に自分を見つめなおして得られた重要な発見の1つは、オープンソースハードウェアの全盛期はまだ先だということだ。Philとのインタビューで答えたとおり、Chumbyが失敗したのはオープンソースモデルのせいじゃない。最悪の場合でも、オープンソースにしても消費者への訴求力にはまるで影響しなかった。いちばんよかった点といえば、さまざまな話題になったくらいだ。あのインタビューでも、「オープンソースにしたことによって低価格のクローンが現れて、僕らの売上が下がった」なんてグチはまったく出てきていない。

　むしろ僕らにとって最も難しかったのは、ムーアの法則 (訳注 半導体の集積率、転じてコンピュータの性能が18ヶ月ごとに倍になるというIntel創業者の1人ゴードン・ムーアが提唱した法則) に追いつくことだった。Chumbyはスタートアップとして、それに追随できるだけの力がなかった。プラットフォームを大規模に改訂するには2〜3年かかったし、その時点でその改訂は時代遅れになっていた。

　僕の博士論文 (http://bunniestudios.com/bunnie/phdthesis.pdf) は、ムーアの法則とコンピュータアーキテクチャへの影響についてのものだ。

　現在の最も強力なコンピュータは1970年代に設計されたプロセッサ (Intel 8085) の子孫だし、そのプロセッサの派生形は今も活躍場所を変えてオーブントースターのマイコンなどで使われている。なぜか？　下位互換性のあるCPU上で既存のコードを実行するのが、これまで常に古いコードを新しいマイクロアーキテクチャに移植するよりも高速だったからだ。この事実を元に、僕は執筆当時ならだれも絶対に実装できないけれど、10〜15年後のコンピュータにとっては最適になっているかもしれないマイクロアーキテクチャ

を設計した。研究者の小集団が、いつの日か実現したその日に意義を持つような、まったく新しいコンピュータに必要なインフラを開発するのに十分な時間がかけられるはずだ。

僕は90年代末にムーアの法則の根拠を何ヶ月かけて勉強し、それがまだしっかりと成立する部分と、だんだん苦しくなってくる部分を理解しようとした。当時、ムーアの法則の最大の限界は光の速度だった*ので、僕の論文は通信のレイテンシ（訳注　待ち時間による遅延）を短縮するアーキテクチャ上の方法を中心に書いた。

僕が博士課程を卒業して10年、Chumbyプロジェクトが終了した直後あたりの2011年に、オープンソースハードウェアサミットで「ビジョン」について基調講演する機会をもらった。僕は大学時代のメモを見なおし、ムーアの法則があと10年続くかどうかを見極めるようとした。続かないだろう。そしてそれは、オープンソースハードウェアの未来に大きな影響をもたらす。次の1節は、2011年に書いたブログ記事を元にしている。今この本を書いている2016年にも、ありがたいことに1箇所も取り消す必要は出ていない。

オープンやクローズドの区別はどこから来たか

オープンなハードウェアというのは、ニッチ産業に過ぎない。あるトレンドのおかげで、今のハードウェア産業は大規模でクローズドなビジネスが有利で、個人や小規模イノベーターは犠牲になっている。でも、20〜30年後の未来を考えると、そのトレンドは根本的に変わり、規模よりもイノベーショ

---

* 訳注：プロセス微細化の進展に伴い、現在ではムーアの法則の限界を決めるさまざまな要因が出てきた。たとえば、次のようなものがある。

- 微細化に伴って配線が細くなることで信号が伝わる速度が相対的に大きくなること（ただしこの点は銅などの配線の材料の改良で緩和された）
- 電源電圧低下に伴うMOSトランジスタの閾値の低下や微細化によるトンネル効果によるOFF電流の増加（これは深刻な要因で、FinFETなどの立体構造を持つMOSトランジスタが必須となっている）
- 不純物濃度の統計ばらつきに伴うMOSトランジスタの特性のばらつき（MOSトランジスタのサイズが小さすぎて、1つのMOSトランジスタに含まれる不純物原子の数が数えられるほどになる）
- 回路規模が大規模となることで設計の複雑度が急速に増し、設計ツールの機能と人間の設計能力が追い付かないこと（これはMeltdownなどのプロセッサの深刻な脆弱性の遠因でもある）

PAGE 82-C
5X5 SERIES, PLF-10

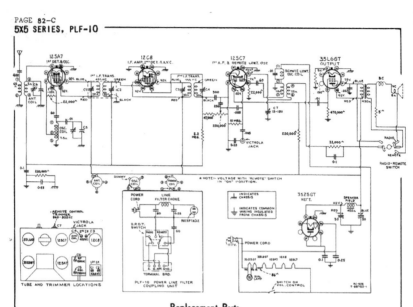

Replacement Parts

Insist on genuine factory-tested parts, which are readily identified and may be purchased from authorized dealers.

STOCK No.	DESCRIPTION	STOCK No.	DESCRIPTION
	CHASSIS ASSEMBLIES	32969	Socket—Dial lamp socket...............
13057	Capacitor—60 mmfd................	11278	Socket—Phonograph socket..........
12488	Capacitor—250 mmfd...............	32537	Socket—Tube socket................
12952	Capacitor—300 mmfd...............	30585	Spring—Drive cord spring...........
30433	Capacitor—400 mmfd...............	33319	Transformer—First i-f transformer...
4838	Capacitor—.005 mfd................		
4937	Capacitor—.01 mfd.................	32578	Volume control and power switch.....
4870	Capacitor—.025 mfd................		
4839	Capacitor—0.1 mfd.................		**POWER LINE FILTER PLF-10**
12484	Capacitor—0.25 mfd................	13057	Capacitor—60 mmfd................
33321	Capacitor—Electrolytic, 2 sections 30 mfd. each....................	12484	Capacitor—0.25 mfd................
32572	Coil—Antenna coil................	33492	Coil—Choke coil.................
33320	Coil—Duplex oscillator coil.........	33493	Receptacle—Power receptacle.......
32962	Coil—Oscillator coil................	33491	Switch...........................
33323	Condenser—Trimmer 20-150 mmfd....		
32968	Condenser—2-gang variable tuning...		**SPEAKER ASSEMBLIES**
32634	Cord—Drive cord..................		(39105—2)
32946	Drum—Condenser drive drum.......	32964	Transformer—Output transformer....
12409	Lead—Antenna lead................		
33322	Resistor—6 ohms, 5 watts............		**MISCELLANEOUS ASSEMBLIES**
14671	Resistor—33 ohms, ¼ watt..........	X-639	Cabinet—Ivory finish—Model 5X5I....(net)
13428	Resistor—150 ohms, ¼ watt.........	X-638	Cabinet—Walnut finish—Model 5X5W....(net)
13998	Resistor—22,000 ohms, ¼ watt.......	32942	Dial—Glass dial scale..............
12454	Resistor—33,000 ohms, ¼ watt.......	33317	Fastener—Push fastener to hold cabinet back....
12412	Resistor—47,000 ohms, ¼ watt.......	33306	Knob—Black tuning knob—Model 5X5I.....
12264	Resistor—220,000 ohms, ¼ watt......	32447	Knob—Ivory knob—Model 5X5W........
12285	Resistor—470,000 ohms, ¼ watt......	32943	Nut—Speed nut to hold dial...........
12679	Resistor—2.2 meg., ¼ watt...........	31646	Spring—Knob retaining spring........
13601	Resistor—10 meg., ¼ watt...........		
32945	Shaft—Tuning knob shaft and bushing.....		

Additional Replacement Parts:

Stock No.
32946 Drum—Condenser drive drum and indicator..................
11765 Lamp—Dial lamp, Mazda No. 51...
33334 Switch—"Remote" switch..........
32967 Transformer—Second I-F trans.....
34569 Speaker—Complete—less transformer

ンが重要になる形で勢力バランスが変わると見ている。

　この第3部の序文で述べたように、もともとハードウェアはオープンなものだった。真空管ラジオなどの初期のコンシューマエレクトロニクスでは、多くに回路図、交換部品の一覧、メンテナンスのためのユーザーマニュアルが同梱されていたし、80年代のコンピュータはよく回路図と一緒に出荷されていた。たとえば、Apple IIにはメインボードの完全な回路図が同梱されていて、これは僕がハードウェアに惹かれる大きなきっかけになった。

　でも、現在のユーザーマニュアルにはこのような深い情報はまったくない。Mac Proのマニュアルにある最も複雑な図は、「太ももを少し傾けてください」「肩を緩めてください」など、コンピュータを使うときの姿勢を説明するものだ。

　なんでこうなったんだろう？　電子機器が複雑になりすぎたのだろうか？

　実際には、電子機器を改善するのがかんたんになりすぎたんだ。その進化の速度、つまりムーアの法則が速すぎて、小規模イノベーターが追いつけないのだ。

イノベーションするのと、座って待ってるだけのどちらがいいか？

　18ヶ月ごとにコンピュータの長所（パフォーマンスでも、トランジスタの密度でも、価格あたりの性能でも、なんでも）が倍になるというムーアの法則のスナップショットをとるとこうなる。

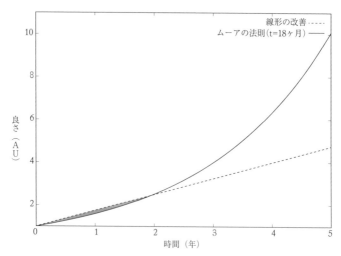

ムーアの法則と年75％成長との比較。たとえ75％成長しても、2つのラインの間の、2年しか続かないアドバンテージしか持てない。

　この図は、縦軸が線形だという点で珍しい。ムーアの法則を示すほとんどのグラフは10、100、1000と縦軸に対数目盛を使い、急激な上昇カーブを平らにしてしまっている。一方で、グラフの灰色に塗った部分は、毎年線形に改善した場合だ。この点線は毎年75％ずつ自分のプラットフォームをよくしていくことができる小規模なイノベーターを表そうとしたものだ。2つの線で囲まれたかすかに見える灰色の部分は、小規模イノベーターがムーアの法則に対抗して見つけられる市場機会を示している。

　この2つの曲線を重ねることで、小規模イノベーターが直面する課題がわかる。手をこまねいて待ってたほうが、がんばってイノベーションするよりもずっと大きな成果を得られるのだ。自分のシステムのパフォーマンスを倍にするのに2年かかるなら、2年ごとに最新のコンピュータに買い換えるほうが話が早い。ムーアの法則に対抗する試みは、シジフォスの岩（訳注 徒労を意味することわざ）のようなものだ。

　この指数関数的な成長の仕組みは、巨大な規模を実現できる大規模ビジネスの味方だ。競争力のあるビジネスでは、一度に1つの製品を開発するのではなくて、3〜4世代を同時に開発するためのリソースとビジョンが必要になる。2〜3年で終わる1つの技術世代の間にグローバル市場に出ていくには、

1ヶ月で何百万台も動かせるサプライチェーンと流通チャネルが必要だ。1ヶ月に1万台しか販売できないなら「たった」100万人のユーザーに販売する、つまりアメリカだけの全世帯のたった1%に販売するだけでも、8年かかってしまう。そして重要な点として、設計をクローズドにして、競争相手がリバースエンジニアリングするしかないようにすることで得られるほんのわずかなハードル（ほんの数ヶ月の時間）ですら、ムーアの法則の勢いがあれば大きな優位性となる。

このように、まるでランニングマシンのようなテクノロジーの進化に追いつくために小規模イノベーターが疲弊し、大企業が設計をクローズドにして競合他社に対してわずかばかりの優位性を維持し続けるにつれて、小規模イノベーターはテクノロジーマーケットに近づけなくなっている。

でも、このトレンドは変化しつつある。

ラップトップが家宝になる時代が来る

ムーアの法則を提唱したゴードン・ムーア氏は、Intelの共同創業者だ。ムーアの法則は、トランジスタの密度、つまりはCPUの性能がだんだん増加する説明として知られている。たとえば、IntelのCPUクロックを発表時期ごとにプロットした場合を見てみよう*。

---

* データはおもにWikipediaのマイクロプロセッサの項の以下。
　https://en.wikipedia.org/wiki/List_of_Intel_microprocessors
　https://en.wikipedia.org/wiki/List_of_Intel_Core_i7_microprocessors
IntelのCPUを比較に使ったのは、彼らは一貫してMHzを表記していて、ムーアの法則の最も厳密な解釈を提供してくれているからだ。

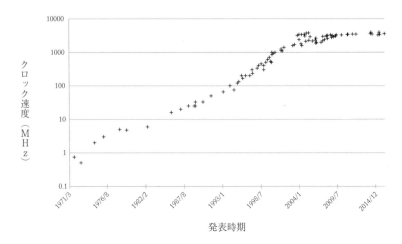

CPU速度は増加を続けているが、2014年頃に変化が止まりつつある

　速度の急激な上昇がいきなり止まって横ばいになるところに注目してほしい。この頃からCPUメーカーはマルチコア化で性能を上げ始めたが、それはメーカーがそうしたかったからでなく、ほかに方法がなくなったからだ。CPUは電源や配線の物理的な限界に達し、実用的にクロック速度を上げることができなくなった。トランジスタの密度、ひいてはコアの数はまだ増加を続けているが、その勢いは低下している。かつてトランジスタの数は18ヶ月ごとに倍になっていたが、24ヶ月たっても倍にならないぐらいに遅くなっている。いずれ、プロセスの微細化によるトランジスタの高密度化は行き詰まってしまう。いつそれが行き詰まるかは議論が分かれるが、ある研究*では、プロセスの微細化は実効ゲート長約5nm程度で停止する可能性を提示している。これはたった10個のシリコン原子の幅だから、その推測がまちがっていたとしても、いずれにせよもう幅はあまり残されていない。

　これが持つ意味はものすごく大きい。そうなったら、翌年になっても速いコンピュータを買えるとは限らない。携帯電話がもっと小さくパワフルになることもない。来年買うフラッシュドライブは、値段も容量も今年買ったも

---

*　H. Iwai, "Roadmap for 22nm and Beyond," *Microelectronic Engineering* 86, no.7-9(2009),doi:10.1016/j.mee.2009.03.129

のと同じだ。今日では「家伝のコンピュータ」なんて言うと馬鹿げて聞こえるけれど、いつか僕たちはコンピュータを遺産として子孫に残すために家宝のように大事にする時代が来るかもしれない。

オープンハードウェアのチャンス

この速度低下トレンドは、小規模なイノベーターやオープンソースにとっていいことだ。説明するために、もう一度ムーアの法則と線形の改善を比較したグラフを見直そう。今度のものは、さらに2つのシナリオを追加する。技術が24ヶ月ごとと36ヶ月ごとに倍増するシナリオだ。

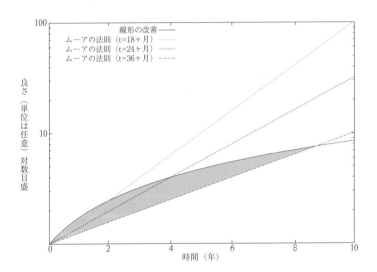

ムーアの法則について3つの違ったシナリオを考えてみた。36ヶ月ごとに倍増する最も遅いシナリオが、いちばんグレーの面積が大きくなっている（縦軸は対数になっているのに注意）。

曲線と、いちばん下の直線とで囲まれた領域が、ムーアの法則に比べて線形の改善が持てる市場機会を示す。36ヶ月のシナリオでは、線形の改善が8年以上にわたって優位性を保てるだけでなく、ムーアの法則に比べて最適化したソリューションが明らかに優れている頂点が2〜3年目にやってくる。言い換えると、中小企業にも対応できるペースで、革新的なソリューション

で儲けられる文句なしの市場機会がある。

　また、ムーアの法則が減速すれば、プラットフォームの標準化が進む可能性もある。互換性のあるコンポーネントによってできた標準的なタブレットやスマートフォンを作るという発想は、いまは馬鹿げているかもしれないけれど、コンポーネントの小型化や進化が止まれば合理的な提案になる。技術の進化が減速すると、携帯電話のハードウェアとArduinoのような組み込みマイコン用のハードウェアが収斂してくるだろう。2012年にリリースされたRaspberry Piを考えてほしい。2016年のRaspberry Piは、1.2GHzで動作するクアッドコアのCPUを持ち、同じ時期のエントリーレベルのスマートフォンと変わらない。

　競争力のあるパフォーマンスを持つ、安定したオープンプラットフォームは、中小企業を助ける。もちろん、そうなっても中小企業は引き続きクローズドを選択はできるが、そうすると独自にインフラを1セット作らなければならない。そんなスタックを実装するのに企業の力点が分散されたら、ほかのプロジェクトに対して不利になる。

　「ポスト・ムーアの法則の時代」に、FPGAは2つの点で通常のCPUと十分に比肩できるようになるかもしれない。1つめは、FPGAのフレキシブルで規則的な構造と、プログラムによって自分自身を再構成するという仕組みのおかげで、CPUがスケーリングの限界を迎えたあとも、製造公差内の不良部分をFPGAの機能で再構成することによって、まだまだ性能向上のスケーリング余地を残していそうだ。2つめにコードをマルチコアのハードウェアに最適化するためにはコンパイラにさらに進化が必要になり、今はそれがFPGAを使う際の課題になっているが、どっちみちCPUのスケーリングも大規模なマルチコア化に頼るような難しい技術にますます依存しつつあるから、その不利は見えなくなるだろう。大規模なマルチコアCPUのアーキテクチャは、90年代に学会で提案されていた粒度の荒いFPGAのアーキテクチャとよく似ている。CPUがFPGAのようになるにつれて、オープンハードウェアがもっと深く浸透するのに貢献する。

　技術が使い捨てでなくより永続性があるものになるにつれて、修理の文化が復活するだろう。交換部品が壊れた部品とほぼ同じ仕様で価格であれば、買ってから5年経ったコンピュータをメンテナンスして使い続けるのもそんなにまぬけには見えない。修理の文化ができてくると、回路図やスペアパーツの需要が生まれ、オープンなエコシステムや中小企業の成長を促すはずだ。

個人的には、最適化、エレガンス、そしてバランスが新機能の漸増より価値があり、10年にわたって同じツールを使うことがアナクロに見えない職人エンジニアリングの時代が帰ってくることを楽しみにしている。僕の現在のメールクライアント Thunderbirdは2012年から使っているけれど、それまでEudora 7を使っていたと聞いて、多くの人は笑う。

　ムーアの法則の減速は、プロセッサの性能がそれほど重要でない分野ではすでに影響をもたらしている。Arduinoの台頭を考えてみよう。Arduinoが人気を得るには数年かかったが、その間はほぼ同じハードウェアが使われていた。幸運なことに、フィジカルコンピューティング、教育、組み込み制御といったArduinoの主要なマーケットからの要求はそんなに高まらず、おかげでArduinoのプラットフォームは安定している。その安定性により、Arduinoは標準的で互換性のあるプラットフォームとして、活発なユーザーコミュニティに深く根を下ろすことができた。

　少しの幸運とハードワークがあれば、僕はオープンなハードウェアのエコシステムは必ず花開くと信じている。ムーアの法則の必然的な減速は、テクノロジー界の巨人にとっては呪いかもしれないが、おかげでオープンハードウェアのムーブメントが根付き、大きな可能性が始まる機会もできる。この機会を確実にモノにするためには、オープンハードウェアの開拓者たちが、時間とともにスケールできるような、譲許性の強い基準の文化を作り出して、舞台を整えなくてはならない。

　僕は、オープンハードウェアの明るい未来の一部を担うことを楽しみにしている。

この章のまとめ

　2006年に構想されたchumbyは、ちょっとだけ時代に先んじてはいたけれど、最終的にはムーアの法則の犠牲になった。でも、ムーアの法則減速に関する僕の考察により、オープンハードウェアでもう一度実験してみようという気になった。次の章では、Novenaというオープンソースのラップトップを構築した、僕の無謀な冒険を紹介する。

7. Novena
自分自身のための
ラップトップをつくる

　2012年、僕は失業していた。前のスタートアップChumbyは失敗して、次に何をするべきか自分で考えようと、1年休暇を取っていた。僕の友達xobs（第4章でも紹介した）と僕は、今もそうだが、毎週金曜日のランチで少しビールを飲みながら話すのを習慣にしていた。その"ビールフライデー"の議論の中で、僕らは自分たちのためのラップトップを作ることにした。
　僕は議論の中で、「自分が本当に毎日使いたい製品を作るために働いたことがない」と不満を述べた。設計エンジニアは普通は自分の風変わりな趣味ではなく、市場の要求に沿ってデザインするために雇われる。僕たちは、自分たちならどんなものが有用だと思うかについてしばし語り合い、そこでハッカーだけのために風変わりな機能を備えた、オープンなラップトップを

作るというこのアイデアが、ムーアの法則が遅くなりつつある今ならそんなにイカレたものじゃないぞと気がついた。

そこで僕らは自前のコンピュータを設計開発する趣味プロジェクトを始めた。自分が毎日使い、拡張や改変もかんたんなやつだ――僕たちだけの、電子版スイスアーミーナイフだ。プロジェクト名はNovena。"nine"のラテン語でもあり、シンガポールの地下鉄駅の名前でもある。

クラウドファンディングサイト Crowd Supply にアップした、第2世代の Novena の設計

最終的にNovenaは、ARMアーキテクチャで1.2GHzで駆動するクアッドコア CPUであるFreescale（現在はNXP）のi.MX6を、XilinxのFPGAと組み合わせたものになった。ハードウェアの変更や拡張を好むユーザーに向けて設計されていて、すべてのドキュメントとPCB回路図はオープンで自由にダウンロードできる*。また、高速にプロトタイプを作るために役立つさまざまな機能がついている。

臆病者には向かないマシン

僕はNovenaのアイデアについて何人かに話してみたが、そういうラップトップに興味はある人はいても、自分でプリント基板を起こす気はない（またはやり方を知らない）人が多いようだった。これについて書いたブログ記事にはポジティブなフィードバックが圧倒的に寄せられたので、xobsと僕は設計がテストを経て安定してきた2014年にCrowd Supplyにキャンペーンを立ち上げた。1,000人以上の人が支援してくれた。幸いにも、支援者全員にNovenaを送付することができたし、それも予定の数ヶ月以内に実現できた。

キャンペーン終了後、僕らは自分たちの限られたリソースではフルサイズのラップトップを作るためのサプライチェーンが維持できないとわかったが、発送したNovenaマザーボードは、少なくとも5年は保守し続けることに決めた。

明言しておきたいのは、Novenaは臆病者には向かないマシンだということ。オープンソースプロジェクトだから、絶えず改良され続けるというのが楽しみ（そして不満）の一部だ。ネジ回しが同梱されて出荷されたラップトップというのは、おそらくこれだけだろう。オリジナルのNovenaを購入した人は、選んだバッテリーやLCDのベゼル（緑か青が選べる）をネジで取り付ける必要がある。スピーカーはキットになっているから、こちらのスピーカーボックスのデザインを使う必要はない。手元に3Dプリンターがあるなら、自分のスピーカーボックスを作ったり微調整したりもできる。

そうしたDIYの試みは、低価格を実現するためのものではなかった。Novenaはユニークなオープンソースの部品たちで設計された、少量生産手

---

* ドキュメンテーションは小兎Wikiでダウンロードできる。http://www.kosagi.com/

作りラップトップで、価値に見合った価格が設定されていた。僕らが用意したのは以下の3種類だ。

- 1,195ドルのオールインワンデスクトップ。キーボードとマウスがあればすぐに使えるけれど、自分で差し込む必要がある。
- 1,995ドルのラップトップオプション。バッテリー制御基板が付属して、持ち運んで使える。
- 5,000ドルの家宝モデル（訳注　前章で出てきた「家宝のラップトップ」と同じ単語Heirloomで、相続財産になるような価値の高い家具の意味）。アルミと木材で作られた豪華な手製のボディに入っている。

第6章で、ムーアの法則が減速するにつれて、コンピュータが代々受け継がれると予測した。家宝モデルのマザーボードはほかの2つと同じだが、そのように扱われることを狙ったものだ。

でも、この値段はハイエンドのラップトップとあまり変わらない。僕らの最大の課題は、これほどのカスタム仕様でこれほど複雑なものを、少量生産で、どうやってこんな低価格で提供するかということだった。

僕らはこのクラウドファンディングキャンペーンで研究開発費を回収するつもりはなかった。研究開発費はサンクコストだ（訳注　埋没費用。すでに支出されてしまい、将来のキャッシュフローにはまったく影響しないので、収益性計算に反映すべきでない、つまり今さらこだわるべきでない費用）。すでに現在、だれもがソースをダウンロードし、最終的な設計の恩恵を受けられるのだから。

クラウドファンディングの目標は250,000ドルで、通常のラップトップが数百万ドルをかけて開発製造されるのに比べるとほんの一部だ。xobsと僕は、ノウハウと独創的な設計、サプライチェーンとの強力な関係でこの課題に立ち向かうことにした。

Novena初期のデザイン

Novenaの設計について、僕らは「ハックや変更が容易という当初の目標は保ちつつ、高価な金型を最小限に抑えるように最適化する」ことを目標にした。複雑ながらも機能的で生産が可能な設計にたどり着くまで、1年半かけて3つのPCBA（回路基板）のリビジョンを作った。

また、LCDや内蔵のディスプレイポートアダプタといった特注品になりがちな部品を最適化し、少ない個数でも信頼性が高い仕入れ元を探した。最後に数ヶ月かけて世界中を回り、たとえ少量でもほかの高級ラップトップに負けない価格でこの設計を実現できるように、サプライチェーンを整理した。
　もちろん、すべての設計文書は公開されていて、十分な技能とリソースがあれば自分でゼロからNovenaを作り上げられる。NDAなしですべてのコンポーネントのデータシートはダウンロードできるし、主要な周辺機器のオプションは、不透明な部分一切なしで、ソースから完全なファームウェアをビルドできるように選ばれている。

Novenaのフードを開ける

　Novenaメイン基板の寸法は、約121mm×150mmだ。ラップトップの標準サイズキーボードの下に快適に収まるサイズになっている（この写真は90度回転させてある）。この章の前半にある全体写真のように、ポート類はボディの右側にまとめてある。基板の厚さは14mmちょうどで、イーサネットコネクタと同じ厚みに設計した。僕のラップトップLenovo T520の底部は24mmの厚さしかない。キーボードと外装のプラスチックが14mmの基板に積み重なると、同じぐらいの厚さになる。

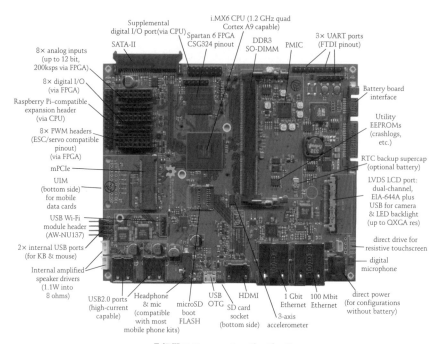

最初期の Novena のマザーボード

マザーボードの機能を紹介する。

当初の機能

Novenaマザーボードの最初のバージョンではまず、Freescale社のiMX6をCPUに採用した。このCPUには、NDAフリーでアクセスできるデータシートとプログラミングマニュアルがある。

そこからリストアップする中で、**がついているものだけクローズドソースのファームウェア実行ファイルの固まりが必要だけれど、その固まりがなくてもシステムは起動できるし使える。

僕たちのマザーボードは、iMX6シリーズのクワッドまたはデュアルライトバージョンをサポートしている。

・Quad-core Cortrex A9 CPU と NEON FPU @ 1.2 GHz

- Vivante GC2000 OpenGL ES2.0 GPU, 200Mtri/s, 1Gipx/s**

このバージョンのNovenaは、microSDに置かれたファームウェアから起動する。内蔵メモリは64bit DDR3 1066 SO-DIMM（4GBにアップデートできる）、ハードドライブのためのSATA-II（3Ggps）インターフェイスがある。

また、Novenaは最初から山ほど内部ポートやセンサーを備えていた。

- Mini PCI-express（mPCIe）のスロット。クローズドなドライバなしでアクセスできるWi-FI、Bluetooth、モバイルデータカードなどを接続できる。
- UIMスロット。mPCIeにモバイルデータカードを挿す場合に必要。
- デュアルチャネルのLVDS LCDコネクタ、QVGA（2048×1536ピクセル）60Hzをサポートし、内蔵カメラのためにUSB2.0のチャネルがある。
- 抵抗膜式タッチパネルのコントローラ（静電容量のタッチディスプレイは、コントローラが内蔵されているのが常だ）
- 1.1W 8Ωの内蔵スピーカーコネクタ
- 2つのUSB2.0内部コネクタ。キーボードやマウス、トラックパッド用だ。
- デジタルマイク
- 3軸の加速度センサ
- オプションで追加できるAW-NU137 Wi-Fiモジュール用のヘッダ**

また、次のポートは外部からアクセスできるようにした。

- HDMI
- SDカードリーダー
- ヘッドホンとマイクのためのジャック（いちばん普及している形にあわせ、イヤホンからのボタン操作も受け付けるようにした）
- 1.5Aの大電流充電をサポートしたUSB2.0ポート2つ
- ギガビットイーサネットポート

そしてもちろん、xobsと僕が自分たちのためにNovenaを作った以上、ハッ

カーなら大喜びするはずの「楽しい」機能もたくさん追加されている。

- 100Mbのイーサネットポート（2つのイーサネットポートを持つことで、Novenaはルーターやパケットフィルタになれる）
- USB On-The-Go（NovenaはほかのUSBホストに対してUSBインターフェース上のイーサネットやシリアルなどを偽装できる）
- クラッシュログほか小さなデータを記録できるEPROM
- Spartan-6 CSG324がパッケージされたFPGA。CPUへの複数のインターフェースがある。最大2GbpsのRAM状バスはビットコインのマイニングなど、FPGAにやらせたいタスクに向いている
- FPGAに接続された8つの12ビット、200kbpsのアナログ入力
- FPGAに接続された8つのデジタルI/Oピン
- FPGAに接続された8つのPWMヘッダ（ESCやPWMのピンと互換性があり、ドローンやラジコンのモーター／サーボとつなげることができる）
- Raspberry Piと互換性のある拡張ヘッダ
- CPUに接続された13個のデジタルI/O
- 3つの内蔵UARTポート

　製造前にこういう仕様を調整したけれど、最も大きな変更になったのはFPGA拡張コネクタまわりだ。僕らはモーションコントロールに重点を置いたヘッダをたくさんつけるのではなくて、高速データレートをサポートするヘッダを使うことに決めた。それはその後のxobsと僕がNovena関連でやった将来のプロジェクトで大活躍することになった。

電源ボード

　なるべく柔軟に電力管理ができるように、僕はバッテリーとのインタフェース機能をドーターカード上に実装することにした。普及していて安いSATAのコネクタを採用し、メインボードとドーターカードの間で制御信号と電源をルーティングした。ユーザーが誤ってハードディスクを電源ポートにつないでしまわないように、バッテリー用のSATAコネクタは通常のストレージ用のものとオスメスを逆にした。

　最初のバージョンの電源カードは、ほとんどのラジコンマニアが使用する2S1Pから4S1P（2セルから4セル）までのバッテリーパックで動作するように

なっている。ラジコン用のバッテリーパックは超高速に充電できるように設計されていて、安いし購入しやすい。ボード側のバッテリープラグは同じく一般的で、かんたんなツールで組み立てることができる、古いディスクドライブに使われているMolexコネクタを使うことに決めた。標準のRCコネクタはラインにつなげて使うために作られているものがほとんどで、ボードにつけられるものはあまりに厚いかヘンテコだったから、採用できなかった。

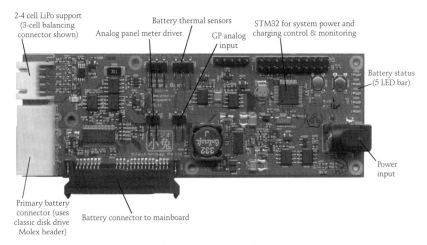

初期のNovenaの電源ボード

　この電源ボードは、4Aを超える急速充電ができる。3セル45Wh（4000mAh）のバッテリーを充電するには1時間かかる。一般的な消費電力が時間あたり5〜6Wだとすると、1時間の充電で7〜8時間利用できる。
　もちろんラップトップはユーザーが改造できるから、標準の使用電力を推計するのは難しい。巨大なLCDや電力を食う磁気ハードディスクを接続したら、はるかに電力を消費する。
　xobsは、もう1つ電源関連でキュートな機能を提案した。レトロなアナログメータをラップトップのパームレストに埋め込んで、リアルタイムで消費電力を表示すると面白いという。それは名案と思ったので、僕は基板にその回路をつけ足した。もちろん、アナログメーターは電源用マイクロコントローラ上のDACが駆動するので、ほかにも温度や気温、時間など、いろいろ便利

な（あるいはまるで役に立たない）アナログな値を表示できる。

数ヶ月かけてすべての機能を検証した後、僕らはドライバとLinuxのディストリビューションをボード上に移植した。それも大変な作業だったが、xobsはここでも巧みに僕を助けてくれたので、仕事は片づいた。

外装ケース

続いて僕は、エンクロージャの設計を本当に楽しみにしていた。最初のバージョンとしてアクリルをレーザーカットして、なんとなくタブレットっぽいケースを作ろうかと思った。ケース作りの1発目で、乱暴に急発進したくなかったからだ。結局、僕はNovenaのユースケースを検証するため、手作業でアルミと革のプロトタイプケースを作ってみた。粗っぽいデザインで、有名なブログ Boing Boingでコリー・ドクトロウが評してくれたように「華麗に醜い」ものだった*。

---

* http://boingboing.net/2014/01/17/building-a-fully-open-transpa.html

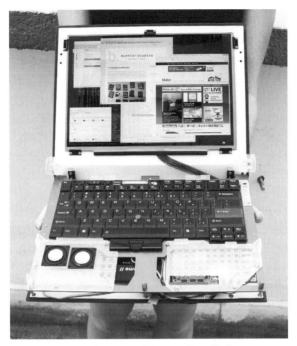

僕は起動すると皮のにおいがするラップトップを愛している！

　前に写真を出した、第2世代のNovenaのケースはもっと洗練されている。デザインを見てまっ先に「LCDが反対側についてる」と思っただろう。これによりNovenaは閉じた状態でも壁掛けして使うことができる。そして、最初のクラムシェル型のプロトタイプが抱えていた大きな問題を解決した。それだとハードウェアにアクセスしようと思ったときに、毎回キーボード取り付けプレートが邪魔になって、えらく面倒なのだ。

　Crowd Supplyで募集したバージョンでは、内蔵ガススプリングのおかげでラッチが自動でスライドする。Novenaはオープンなラップトップなだけでなく、自動でオープンするんだ！

　僕らはわざとNovena内部へのアクセスがしやすいようにむきだしにした。これはアクセスをかんたんにするのが狙いだけれど、Novenaが一般家庭用の製品ではないのをはっきりさせる意味もあった。

僕らはさらにかんたんにハックできるようにするために、マウント用のボス穴を何列もつけた——それをピークアレイ（Peek array）と名付けた。通常のラップトップには、オリジナルの設計図にある少数の機能用のマウントしかない。でも、このハックできるラップトップでは、できるだけ大量の拡張機器をつけられるようにすべきだ。ケースに穴を開けたり接着剤で止めたりすることをユーザーに要求するのではなく、決まったサイズの取り付け穴を規則的にアレイ状に提供することにした。それはブレッドボードのように、機械のプロトタイピングを迅速に作るためのものだ。この間隔などを決めるために、MIT Bit and Atomsセンターの大学院生であるナジャ・ピーク（Nadya Peek）とデジタルファブリケーションの専門家たちと相談したので、Peek arrayという名前をつけた。

　第2世代のもう1つの特徴は、LCDのベゼルがシンプルな1枚のアルミニウム板だけでできていることだ。これならば、最低限の金属加工設備にアクセスできる人ならだれでも独自のベゼルを改造したり自作したりできる。カスタムの金型を起こす必要はない。こういう設計にしたのは、Novenaのユーザであるハッカーたちが、かんたんにつまみやコネクタを追加したり、LCDを変更したりすることができればと考えたからだ。そういう実験を多くやってもらいたいので、出荷時には2枚のLCDベゼルを同梱し、実験に失敗して1枚をだめにしても使い続けられるようにした。

　ほとんどのラップトップではキーボードとポインティングデバイスが固定されているが、Novenaでは取り外し式にしてある。これは、個人的に大好きな機能だ。僕は昔からバスや飛行機などで、前のシートの背から「ぶら下げられる」ディスプレイが欲しかったのだ。そのほうがずっと首が楽だし、前のシートの人が背もたれをリクライニングさせたら、そのほうがいい配置になってくれる。

　また、僕はクラムシェルのデザインがいいのか、もっとファンキーなデザインがいいのか、いくつも検討していたけれど、木と真鍮で作られた外装も試してみたかった。だって、そもそも自分のラップトップを作るというアイデアは、こうした新しい思いつきで遊びたかったから生まれたものなんだから！　先ほど紹介したように、結局、家宝モデルと名付けた木製ケースを限定生産することになった。

Novena 家宝モデル

家宝ラップトップのために複合材料を作る

　2015年4月にNovenaの普及版がやっと順調に進み始めた頃、僕はオレゴン州のポートランドで1週間を過ごし、木製のエンクロージャを備えたカメラを作る専門家のカート・モッツワイラーと一緒に、この家宝デバイスで最後に残った問題をすべて解決しようとしていた。僕とxobsは、家宝Novenaの仕上がりをじつに誇りに思っている！

カートと家宝モデルの作業中

Novenaたちが育つ

　家宝モデルのNovenaは、文字どおりの意味で「栽培」されたものだ。木製の外装ということは、重要な構造材が木でできているということだ。全部同じラップトップにするのはかんたんだけれど、こんな独自製品なら、最高の木を選んで色と仕上げを趣味よく調和させるほうが適切だと僕たちは思った。おかげで、家宝ラップトップはどれも見た目がまったく違う。それぞれがユニークな美しさを持つ。

手作業で選別された木材が、Novenaの外装になるのを待っている

　家宝モデルには、科学技術もたくさん投入されている。まず、カートはコルクとファイバーグラスと木を重ね合わせてユニークな複合材料を作った。新しい材料の特徴を調べるために、ナジャ・ピークとウィル・ラングフォードがBit and Atomsセンターに材料サンプルを持参して調査した。僕らはInstron 4441材料試験機を使って3点曲げ試験をおこない、木材をテストした。

家宝モデルのための木材を試験機にかけている

複合材料

　試験データから、材料の曲げ弾性率(ヤング率と呼ばれる)と曲げ強度を測定できた。僕はメカニカルエンジニアとしての訓練を受けたことがないので、弾性率とか比強度とか言われてもちょっと意味不明だ。でも、ナジャはとても親切に教えてくれた。

　彼女は、物性を判断するアシュビーチャートというグラフを教えてくれた。これはxkcdのWebマンガ(https://xkcd.com/)に登場する一部の図と同じで、僕なんかが1時間頭見つめていても、含まれるすべては理解しきれない。

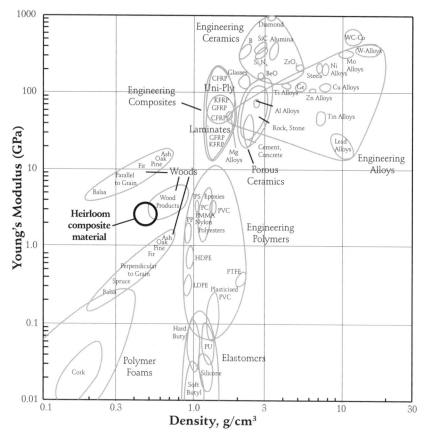

このアシュビーチャートは、ヤング率と密度を掛け合わせたうえにさまざまな物体をプロットしたもので、黒い丸の部分を見ると僕らの複合材料がどこに位置しているかわかる。

　このチャートの左下にはコルクのようなやわらかくて軽い素材が、右上にはタングステンなどの剛性の高い重い素材が表示されている。ラップトップケースの場合、コルクみたいな密度でプラスチックぐらいの剛性をもつ材料がほしかった。
　木材は、この図でプラスチックの左に位置している。つまり、密度は低い。でも問題は、木目に垂直方向の力に弱いことだ。応力の方向によっては、木

材はポリエチレン（コンビニ袋の材料だ）並にグニャグニャで、方向によってはポリカーボネート（防弾ガラスを作るグラスファイバーで被われた材料）よりも堅くなる。複合材は、複数の材質の特性をブレンドして目的の特性に合わせられるという長所がある。家宝モデルのために、カートはコルクとグラスファイバーと木材をブレンドした。

　この複合材の測定値は、約33メガパスカル*の曲げ強さ、約2.2〜3.2ギガパスカル*の曲げ弾性率を示している。材料の密度は0.49g/cm3で、これはABS樹脂（レゴブロックの材料だ）の密度の約半分だ。アシュビーチャートにこれらの数値をプロットすると、プラスチック類の左側のいい位置に納まった。剛性も木目の方向次第で、妥協範囲内だ。また、テスト中に材料が壊滅的に破損することもなかった。

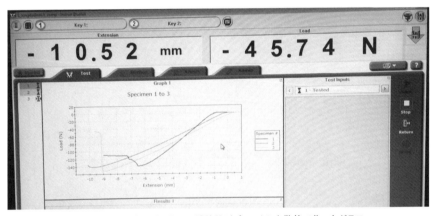

複合材料の強度を測るために試験器がプロットした数値で作ったグラフ

　ピーク荷重を超えて曲げた後でも、この複合材料はほとんど無事で耐力も保った。この結果にはちょっと驚いた。僕らは天然の木のように真っ二つに割れると思っていたのだ。さらに試験荷重を取り除くと、材料はもとの形に戻った。僕らは複合材を10mm以上曲げたが、荷重を取り除くとテストの形跡はほとんどなくなった。この破壊靭性と復元性は、ラップトップのケース

---

*　1メガパスカルは1平方ミリあたり1ニュートン。1ギガパスカルは1平方ミリあたり1Kニュートン。

にとって望ましい。

　もちろん試験機の動作を見ているのは楽しかったが、自分で手に取ったときの気分にはとても及ばない。僕は今も材料を手に取って軽さを感じ、曲げてみて剛性と頑丈さに驚いたことをおぼえている。

完成に向けて

　Novenaのクラウドファンディングが成功に終わった瞬間から、驚異的な人々のチームが実現のために働きだした。僕らの製造パートナーであるAQSのエンジニアと製品マネージャーの力を借りて、Novenaのケースはキャンペーンのわずか4ヶ月後に、プロトタイプから製品版の試作に移行した。

中国、東莞の会議室でT1のプラスチックをレビューしている僕ら

　もちろん、僕とxobsはクラウドファンディングの開始前から多くの仕事をしていた。でも、こんなに複雑な製品を作るには多くの手間がかかり、AQSの献身的で勤勉なチームがなければとても実現できなかっただろう。工場はパートナーだと前に書いたが、すばらしいパートナーのおかげで短時間で前

に進むことができた。

ケース作りと、射出成形で起こる問題

　僕たちが持ち歩くNovenaのケースは、2014年の終わり頃までには完全に量産プロセスの産物となった——手作りのプロトタイプはない。そこに至るまでに、10個ほどの金型を作った。比較のために示すと、NeTVやchumbyのような製品だと金型3〜4個で済んだ。

　第1章でかんたんに説明したように、射出成形とはプラスチックが型に押し込まれて成形されるプロセスだ。熱せられた高圧の液体プラスチックは、金型と呼ばれる堅い金属の空洞に押し込まれる。この金型は1トンの重さがあり、人間の髪の毛よりも小さい公差に機械加工され、マリアナ海溝の底よりも高い圧力に耐えられる、これ自体がエンジニアリングの傑作といえる。さらに、この金型には数十個のイジェクタピン、スライダー、リフター、および分割面が時計のように数千サイクルも正確に分割されては元どおりにはまる。このような複雑さと洗練度の金型がわずか数ヶ月で作られてしまうのは驚くべきことだ。

　とても多くの可動部分がある金型が完璧になるには、何度か反復をしながら改良させなければならない。開発用語では、この反復はT0、T1、T2などと呼ばれる。もしT2で製造までいけるなら、かなり上出来だ。ありがたいことに、僕らのT1は99％大丈夫で、フル生産が見える位置にいた。

　T1はフローラインやウェルドラインがほんのいくつかあるだけで、さらにプラスチックが冷却中に反ってしまったり、外すときに金型に貼り付いて変形したりする問題があった。これは斑点になったり、ケースの合わせ目が十分にきっちりはまらなかったりしてわかった。これをちょっと調整するだけで、生産準備ができた。

　ほとんどの人は、完成した金型加工の産物しか見たことがない。だから、典型的なT0（最初の射出成形サンプル）がどんなものか、お目にかけよう。特にラップトップの底部のような大きくて複雑な金型だと、こんなふうになる。こうしたテストショットでは、薄い色のスクラップのプラスチック樹脂を使う。ここでは金型の調整をしやすくするため灰色のプラスチックを使ったが、最終製品の底板は黒だ。

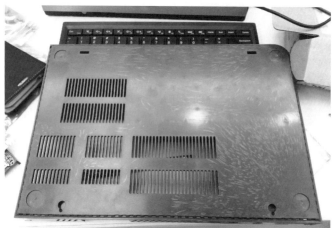

Novenaの底板のT0テストショット。上の写真左側に見える等間隔の穴がピークアレイ。射出整形後、穴に真鍮のネジ穴を熱して押し込む。

このプラスチック片にはいろいろ見所がある。細かく見ていこう。

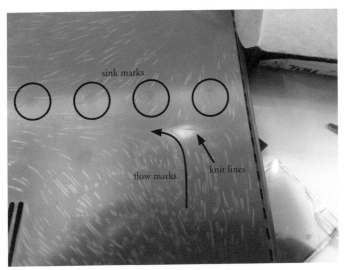

T0で射出されたケース底部に、いくつかマークをした

　丸で囲んだのは「ひけ」(sink marks) というものだ。その部分の裏側のプラスチックが、ほかより薄かったり厚かったりすると生じる。その部分はほかよりも早く (または遅く) 冷却され、わずかにしぼんで、影のようなものを作る。鏡面仕上げだと、特に目立つ。今回はピークアレイのナットが入る穴の裏側はまわりよりはるかに薄いため、ひけが発生した。この問題を解決するために、そこをわずかに厚くし、ケースの全体的なクリアランス（訳注　内部の部品が多少誤差があっても許容できる範囲）を0.8mm小さくした。さいわい、少し余裕を持ってケースを設計していたので、これが可能だった。

　直線の矢印は、ウェルドライン (knit lines) を示している。これは、プラスチックの複数の流れが金型内で合流するところで起こる。プラスチックが空洞に射出されると、複数のゲートから流れ込み、溶けたプラスチックが出会うと細い筋ができる。今回の金型は、最終的にゴム足を置く場所の裏に4つゲートがあった。ゲートはあまり美しくないので、隠れる場所にしたわけだ。

　カーブした矢印で指した羽毛みたいな跡は、フローマーク (flow marks) だ。これらの跡は、金型内でのプラスチック冷却が少し早すぎたので発生した。射出の圧力、射出成形1回のサイクル長、温度を調整することで、この問題を

解決できることが多い。その調整のために、射出成形機でテストショットを繰り返さなければならない。最適な冷却速度を見つけるまで、テストショットごとに1種類のパラメーターだけ調整して、ショットを繰り返す。このプロセスで時には数百回のショットをおこない、副産物としてプラスチックのスクラップの山ができる。

　こうした大きな欠陥のほとんどはT1の段階では直っており、その時点でのプラスチックはもう生産グレードにとても近く見えた。また、欠陥が目立たない黒いプラスチックを使えるようになった。

　もちろん、合わせや仕上げにはまだいくつかの問題があったが、それでもケースはプロトタイプよりはるかにしっかりと感じられ、ガスピストンの機構もやっと安定してスムーズに動いていた。

T1の初期テスト後、はじめて動く基板をケースに入れてみたもの

フロントベゼルの変更

　Novenaのケースについているフロントベゼル（アルミのLCDベゼルではなく、

ケースそのもののベゼル）は、キャンペーンのあとで少し変更した。キャンペーンのときにはスイッチを1つと外向きUSBポートが2つついていた。出荷時のNovenaは、2つのスイッチと外向きUSBポートを1つ、内向きのUSBポートを1つ備えることになった。

　1つのスイッチは電源用で、電源ボードに直結していて、メインボードの電源が完全に落ちていてもシステム全体のオンオフができる。もう1つのスイッチはユーザーのキー入力につながっていて、キーボードのBluetooth接続がバカになっているのをどうにかするものだ。一部のキーボードは、何をやってるんだか知らないが（たぶんセキュリティがらみのこと）、接続するまで30秒ほど余計にかかることがある。それを避けるハックはあるけれど、ホスト上でスクリプトを回さなければならない。そこで、このボタンを押してユーザーが便利なスクリプトを実行し、Bluetoothのどうしようもないまぬけぶりを回避できるようにした。このスイッチは、サスペンドしているシステムのウェイクアップボタンとしても機能する。

　USBポートは予定どおり4つだけれど、実際の構成はこうなった。

- 右側に2つ、大電流対応のポート
- 正面に標準電流のポート
- ピークアレイに向いている標準電源ポート

　つまり、マシンの内側に向いているUSBポートが1つある。Novenaのお楽しみの半分はハードウェアの改造だから、内側のUSBポートは外向きのと同じくらい便利だろう。

　ハードウェアを改造しなくても、内蔵のUSBポートはキーボード用の無線トランシーバのような小さなドングルを挿しっぱなしにしておくのに適している。最初にドングルを挿すときに筐体を開けるのはちょっと面倒だが、無線トランシーバを内側に入れておけば、ラップトップをスーツケースに放り込むときに飛び出したドングルにダメージが行くのを避けられる。

DIYスピーカー

　僕らはNovenaのためにいくつかのスピーカーユニットを試してみた。設計の中核をなす考え方は、すべてのユーザーに自分でスピーカーを選択して

もらうことだ。旅行中にラップトップで音楽を聴く人もいれば、スピーカーはビープ音だけに使って音楽はヘッドフォンを使う人もいる。

物理学的に考えれば、いい音を出すスピーカーはそれなりに重量と空間を必要とする。僕らは音質をそんなに求めないユーザーが、その分の空間と重量をほかの用途に使えるようにしたかった。

カート・モッツワイラーは、家宝モデルのために、コンパクトだがすばらしい音質のスピーカー PUI ASE06008MR-LW150-Rを推薦してくれた。このスピーカーが標準のNovenaのピークアレイにもうまく収まるし、音質もこの大きさにしてはそこそこだったので、標準オーディオ用に採用することにした。でも、取り付けキットも同梱されていて、もっと大きいスピーカーを設置したいユーザーやむしろスピーカーを外してスペースを確保したいユーザーはかんたんに取り外すことができる。

最終版のメインボード

Novenaのメインボードは、量産前にいくつかのマイナーリビジョンを経た。4番目の最終バージョンは"PVT2"バージョンと呼ばれた。変更のほとんどは、生産終了になりそうな部品の交換や更新をするためだった。設計面で最も重要な更新は、フロントベゼルに接続する内部のフレキシブル基板（FPC, Flexible Printed Circuit）のヘッダと、専用ハードウェアでリアルタイムクロック（RTC, Real Time Clock）モジュールを追加したことだ。

内部のFPCヘッダを追加したのは、フロントベゼルに電源、GPIO、2つのUSBポートなどを追加したことで、メイン基板から何本ものケーブルをつなぐ必要が出てきたからだ。元の接続方式だとケーブルがたくさん必要になるので、それを1つのフレキシブル基板にまとめてデザインをシンプルにし、信頼性を向上させた。

専用のRTCモジュールを追加することになった理由は、i.MX6の内蔵RTCがあまりよくなかったからだ。CPUはRTC部分でデータシートにあるよりも電流の漏れが多く、電源を切ると数分で止まってしまう。これではオンボードのRTCで開発を続けるのはリスクが大きすぎると判断し、確実に動く専用のRTCモジュールを追加することにした。ほかのi.MX6プラットフォームとの互換性を高めるため、NXP PCF8523T/1のSolid-Run Hummingboardで使われているものと同じモジュールを使うことにした。

アップデート後の Novena マザーボード

また重要な点として、マザーボードの2番目のリビジョンでFPGAの拡張ヘッダを全面的に見直した。この章の最初に掲載した写真のマザーボードでは、モーションコントローラ用に最適化した各種のヘッダがついていた。でも、このマザーボードは大きすぎて、とてもじゃないけどドローンには搭載できないし、FPGAも高速なデータ収集と処理に使われるほうが多いんじゃないか。そうした使い方に最適化するため、FPGAに専用の256M DDR3メモリを加え、高速差分信号を分けてギガビットでシリアル通信ができるコネクタを追加したのだ。もちろん、それでもFPGAをモーションコントロール用に使うことはできるけれど、そのためには信号をモーションコントロールでよく使うコネクタ形式に転送する単純なブレイクアウトボード（次のページで出てくるGPBBなど）が必要になる。

汎用ブレイクアウトボード

キャンペーンの支援者全員が受け取った感謝の印の1つが、GPBBまたは汎用ブレイクアウトボードと呼ばれるボードだった。

NovenaのFPGA拡張ヘッダを設計しなおし、高速アプリケーションをターゲットにしたため、ハッカー入門者からは触りにくくなってしまった。物理的制約から、高速コネクタはきわめて高密なピン配置になり、初心者にはハードルが高い。GPBBは、初心者でもFPGAにアクセスできるように高密度なヘッダを初心者にも扱える0.1インチピッチ、40ピンのコネクタに変換し、最初からLED数個とアナログデータ変換器を備えている。

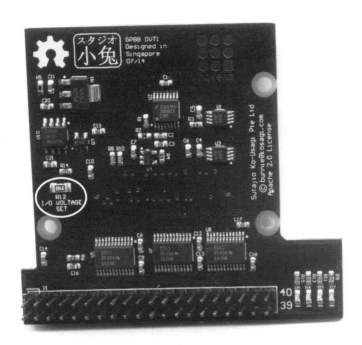

最終的なGPBB基板はこうなった

　電子工作の初心者にとってハードルが高くなってきた原因は、ムーアの法則のおかげでデジタルI/Oの許容電圧がどんどん下がっているということだ。新世代のトランジスタは3.3V電圧で動作し、エントリレベルのプロジェクトで使われている5Vとは互換性がない。このGPBB基板には5Vを安全に処理しつつ、FPGAの扱える3.3Vまで降圧させる電圧変換器を組み込んだ。

　GPBBの最終バージョンでは、ユーザーがI/O電圧を5V固定でなく調整できるようにした。外部I/Oのデフォルトを5Vにするか3.3Vにするかを、ソフトの設定で選べるようにした。そして、ユーザーが1つの抵抗をR12からほかのものに変更するだけで、低いほうを2.5Vや1.8Vに変更できる。僕はその抵抗器に「I/O VOLTAGE SET」というラベルをつけ、初心者でもハンダ付けしやすい1206パッケージを使った（さきほどの写真に丸く囲ってある）。

デスクトップNovenaのための電源パススルー基板

　「オールインワンデスクトップ」には当初、デスクトップケースとNovenaのメインボード、そしてフロントパネルのブレイクアウトボードだけが含まれていた。でも、この構成では電源管理がやりにくくなってしまう。というのも、僕はケース全体の電源管理を、マイコン制御のマスター電源スイッチがあると仮定して設計していたからだ。

　複雑さはトラブルの元だ。ある1つの構成についてだけでも、ソフトをきちんと動かすのは難しい。結局、複数のコード構成で苦労するよりも、デスクトップの電源管理に新しいハードを追加するほうが安あがりだった。

　だから、デスクトップシステムは電源パススルー基板をつけて出荷された。これは完全なバッテリー用基板のうち、STM32コントローラと電源スイッチだけを残したシンプルなPCBアセンブリだ。これで、デスクトップとラップトップの両方で一貫した電力管理アーキテクチャとなった。

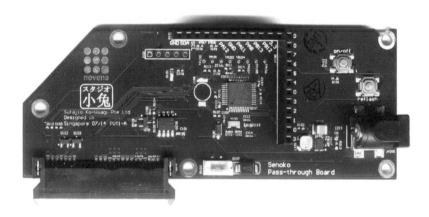

デスクトップ版の電源パススルーボード

　これはハエを取るのにハンマーを振り回すような非効率な行為だが、ハエたたきもハンマーも同じぐらいのコストがかかる。そしてハエたたきとハンマーを両方持ち運ぶのは面倒だ。だからリアルタイムのマルチスレッドOS（ChibiOS）上で動く32ビットARM CPUを使って押しボタンの状態を読み取り、GPIOを反転させた。

とはいえ、CPUの使い方としてもったいないことには違いないので、未使用のGPIOピンをブレイクアウトとして残し、Novenaをさらにハッキングしやすくした。賢いユーザーなら、すべてのピンを使いこなすやり方を見つけるだろう！

バッテリー輸送規定にまつわる問題

Novenaプロジェクトで起こった最も予想外の事態は、バッテリーパックだ。僕とxobsにとってNovenaは大容量バッテリを前提にした初のプロジェクトで、顧客に届けるための輸送規制をクリアするのはひと苦労だった。

一部の国では、リチウム電池の輸入に厳しい規制がある。

国によっては、リチウム電池の輸入規制がやたらに厳しい。最悪のケースでは、バッテリーを内蔵していないラップトップを送付して、別にラジコン用の市販バッテリーパックを専門のベンダー（ラジコン通販大手のホビーキングなど）から我々の費用負担で別送した。クラウドファンディングで公開していたのと同じバッテリーだが、自分でそれを取り付ける必要がある。ホビーキングは世界中に何千ものバッテリーを出荷しているので、これがいちばん安全な予備の解決策だ。

出荷に困ったからといって、オリジナルのバッテリーパックを作るのをやめたりはしなかった。バッテリーは定期的に調整する必要があるので、キャンペーンでバッテリーパックの在庫をずっと維持するのは難しい。だから、クラウドファンディングの支援者だけがカスタムバッテリーを手に入れた——その人の居住国が輸入を認めていれば。輸入できるかは、やってみるまで確実にはわからなかったけれど、僕らはカスタムバッテリーパックを航空貨物で出荷できるUN38.3認証を取得した。取得してみてわかったのだが、バッテリーの出荷ルールはつねに流動的だということだ。「リチウムイオンバッテリーは、発火装置として使われる可能性がある」という偏執狂じみた懸念のせいで、国や運送業者が新しいルールを勝手に発明し続けている。僕らにはそのトレンドに追いついていくためのリソースがなかった。

カスタムバッテリーパックの容量は5,000mAhあり、クラウドファンディングで表示したものの倍にあたる（クラウドファンディング時の写真のものは3,000mAhと表示されていたが、計測したら2,500mAhしかなかったのだ）。

実際のテストでカスタムパックは、最小限の電力管理でも6～7時間の稼

働を提供した。また、バッテリーを自分で指定したから、正しい保護回路が内蔵されているのもわかっていたし、セルの出所や状態がわかっていたので、長期的な性能と安定には自信を持つことができた。

ハードドライブを選択する

クラウドファンディングのキャンペーンでは、ラップトップには240GBのIntel 530（または同等品）、家宝モデルでは480GBのIntel 720ドライブを提供すると述べた。仕様をちょっとあいまいにしておいたのは、SSD市場が急変するからだ。仕様を決めたときの最高のドライブは、実際に調達をしたときの最高のドライブとは違うだろうと知っていた。

少し調べてから、調達時の同等品として最高のものは、240GBのSamsung 840 EVO（ラップトップ用）と512GBのSamsung 850 Pro（家宝用）だと判断した。xobsと僕は個人的にも自分のユニットで840 EVOを何ヶ月か使ってきたけれど、見事な性能だった。僕たちにとって重要な指標は、こうしたドライブが予想外の停電でどうふるまうかということだった。停電は、たとえば、電源管理サブシステムの開発をしていたりすると、かなりしょっちゅう起こる。一部のドライブは、何度か電源を落とすとトラブルを起こす信頼性がとても高かった（矛盾した表現だけど）。

家宝モデルについては、Samsungの850 PROシリーズを使った。このドライブは、家宝にふさわしい立派な保証がついてきた。10年保証だ。Samsungがこんなに高い信頼性保証を提供できるのは、同社がV-NANDと呼ぶ技術を使っているからだ。これは一般製造品質で文句なしの3Dトランジスタ技術として最初のものだと思う。

> **注記** Intelは3Dトランジスタを作っていると主張するけれど、これはマーケティングの大風呂敷でしかない。はいはい、ゲート部分は表面が盛り上がったトポロジーだけれど、結局デバイスは単層にしかなっていない。設計面でいえば、相変わらずデバイスの2Dグラフを扱っている。Intelは、僕の見たところ「オリジナル」（そしてもっと忠実な描写で誤解を招かない）の名称である「FinFET」を使い続けるべきだった。これを3Dトランジスタ呼ばわりすると、本当にIntelが3Dのトランジスタを作るようになったとき、どんな名前がつくやら見当もつかないからだ。

特許支援企業Chipworks社は、V-NANDの見事な初期分析をおこない*、この技術が単にトランジスタをいくつか重ねるだけのものではないことを示した。V-NANDスタックは、アクティブなトランジスタを38層、すべて同じスポットでサンドイッチにしたものだ。これぞ最高にヤバいプロセス技術だ。マトリックスを解読するネオくんだ。先に撃ったマルだ（訳注　映画『セレニティー』ネタのジョーク）。状況を一変させるものだし、大風呂敷ではなくて、本当に実現している。家宝モデルの支援者たちは、こうしたトランジスタが4兆個以上詰め込まれたラップトップを手に入れたわけだ。

ファームウェアを仕上げる

ソフトウェア側では、次のステップはカーネル、ブートローダを仕上げ、Linuxのディストリビューションを選び、さらにNoveaがはじめて起動したときの表示画面を決めることだった。

マレク・ヴァスト（Marek Vasut）は、最も人気あるオープンソースの主流ブートローダの1つ、U-Boot（Universal Bootloader）がNovenaをサポートするようにしてくれた（マレクはU-Bootをメンテナンスをしているメンバーの1人でもある）。そのためには、驚くほどのパッチが必要となった。理由の一部は、ARMのマザーボードでNovenaほど大量のRAMをサポートしているものがほとんどないからだ。こうしたパッチのおかげで、NovenaはUSBとビデオも含む完全なU-Bootのサポートが得られた。

Novenaの出荷時のデフォルトディストリビューションとしてDebianを使うことにし、そうしたパッチを加えただけの、純正のLinuxカーネルを使うことにした。ほかのプロジェクトに役立ちそうなパッチはすべて、上流にサブミットされたし、これからもサブミットを続ける。上流にサブミットするというのは、派生OSの一部となっているパッケージが、その元のディストリビューションの一部に取り込まれるということだ。

こちらでもいくつかのパッチは残した。実験的な機能へのハック、上流にサブミットできるほどではない機能、当時はまだ主流にはなっていなかった

---

* 本気で知りたければ、その分析は以下にある。
https://www.chipworks.com/about-chipworks/overview/blog/second-shoe-drops-%E2%80%93-samsung-v-nand-flash/

機能に頼ったものなどだ。たとえば、ラップトップのディスプレイシステムは、通常ARMデバイスで見られるものとはまるで違う。ほとんどのARMデバイスでは、画面は起動時に固定され、動作中に画面をホットスワップできない。Novenaは普通のラップトップ同様、同時に2つのディスプレイを使えるし、HDMIをつないでも再起動は必要ない。この機能をサポートするには、カーネルにローカルだけのパッチを必要とした。当時のARMプラットフォームでは、まだ上流に含まれていない機能を使っていたからだ。

最後に、Novenaが立ち上がったときの起動画面をどうするか決めるだけになった。Linuxでは、初期ブート画面を表示して、ユーザーを作成し、時間をセットし、ネットワーク設定をおこなうのがよくある。これはWindowsやOS Xではインストール済みなのが通例だけれど、Linuxではインストーラが一般にそれを扱う。

よいデスクトップ式の環境を作るのか、実用的な組み込み型開発者の環境を作るのかで、僕たちは引き裂かれていた。デスクトップ式の環境は、白紙で出荷され、利用者がローカルのキーボードと画面を使ってアカウントを作るよううながす。でも組み込み型開発者はモニターをつないだりせず、コンソールやSSH経由でつなぎたがる。そういう人たちなら、デフォルトのユーザー名、パスワード、ホスト名があったほうが有益だ。いずれにしても、すべてのプラットフォームに共通する単一のファームウェアを作り、特定のターゲットにあわせて特殊ケースをリリースするようなことは避けたかった。

最終的には、デスクトップ型の環境を作ることにしたが、パワーユーザーはユーザー登録という面倒は飛ばせるようにした。おかげで、双方のいいとこどりができた。入門ユーザーがNovenaにアクセスしやすいし、パワーユーザーも余計なものは飛ばして作業にかかれる。

コミュニティを築く

当初から、xobsと僕はハッカーの力を高めるためにNovenaを作った。だから、出荷前からNovenaに活発なアルファ開発者が集まってきたのはうれしかった。ジョン・ネトルトン（Jon Nettleton）とラッセル・キング（Russell King）はグラフィックスまわりをいじり、U-Bootのマレク・ヴァストも手を貸してくれて、その他何人かのアルファユーザーグループの人々は、システム用のハードを作ってしまった。

無線技術に注目したオープンソースのハードとソフトのコミュニティMyriadRFは、Novena用のソフトウェアラジオ基板を作った。僕たちはその基板を買って、出荷した最初のデスクトップやラップトップに組み込んだ。

　CrypTechグループもまた、出荷以前からNovenaをプロジェクトに適用し始めた。CrypTechプロジェクトはハードウェアセキュリティモジュールを開発し、BSDとCC BY-SA 3.0ライセンスのレファレンスデザインを作った。このグループは、広範囲にレビューされる、暗号のために設計されたデバイスを創り出し、それをだれもが自分のアプリケーションに組み込み、自分の信頼するサプライチェーンでかんたんに作れるようにしたいと考えていたのだった。

Novena マザーボードに差し込んだ、CrypTech 拡張基板のプロトタイプ

　ここに示した拡張基板は、基板の真ん中にあるトランジスタのアバランシェノイズを使った、ノイズ源のプロトタイプだ。CrypTechはそのノイズを使ってNovenaのFPGAにエントロピーを生成する。そのエントロピーが今度はFPGAのリング発振器からのエントロピーと組み合わされ、たとえばSHA-512とかを使ってミックスされ、シードを生成する。するとそのシードを使って、ChaChaストリーム暗号が初期化され、最終的には暗号学的にしっ

かりした乱数のストリームが生じる。結果として、高性能で最先端の乱数発生コプロセッサのできあがりだ。

この章のまとめ

　僕とxobsがハードウェアビジネスで学んだ究極のことは、捕らぬ狸の皮算用は無理ということだ。どこまでプロジェクトが進んでも、完成までの路がかんたんに思えることはなかった。僕らは資金調達が終わった時点で完全なプロトタイプを持っていたのだけど、それでも何百個ものユニットを製造してエンドユーザーに引き渡すには、数ヶ月のあいだ努力し続ける必要があった。

　Novenaの出荷が終わっても、僕らは熱狂的で忍耐強いユーザーベースを引き続きサポートしている。これはxobがおもに担っている作業だが、ユーザーからの質問に答え、パッチを上流に送り続け、Novenaカーネルを最新の状態に保ち続けている。

　Novenaの販売から収益を得ることはできないが、僕らはこれをやり続けている。キャンペーン後の販売データを見なおすと、Novenaを売るハードウェア商売を運営しても、収支が合うわけがないのはかなりはっきりしている。今のところ平均して月に2台ほどしか売れていない。当初のクラウドファンディングで、ベンダーの最低発注量はクリアできたが、サプライヤーを動かすには、最低でも月に数百台はいる。月に2台ずつ売っていると、僕らは100ヶ月分ほど在庫債務を抱えることになる。サプライヤーへのツケが数年溜まる。サプライヤーへの支払いが数年滞るというのは、いわゆる倒産だ。

　「キャンペーンから5年以上はNovenaマザーボードをサポートする」という当初の約束は、もちろん守っている。僕らはメインボードの安定した供給を確保するために、かなりの現金を留保しておいた。クラウドファンディングの資金でありオンライン販売のパートナーであるCrowd Supplyは、ケースと付属品の在庫を引き続き管理している。オープンハードウェアモデルのおかげで、もしエンドユーザーからの需要が高まれば、Crowd Supplyは引き続きNovenaの付属品を製造・販売することもできる。結局のところ、僕らはそれができるかどうかを見極めたくてこの冒険を始めたんだ。

　最後に僕は、Novenaがきっかけで、エンドユーザーにもっとよいオープン

ソースのラップトップを提供するほかのプロジェクトがいくつか芽吹いているのを見て、とても満足している。Novenaはそうした新しいプロジェクトと競争するのではなく、道を譲って、新しい開発者が彼らのソリューションを売る機会を見つけられるようにするのが最もよいと考えている。

　僕たちは、コンシューマに向けて持続的なマス市場的魅力を持つラップトップを作る商売がしたくてこのプロジェクトを始めたんじゃない。自分たちがいつも面しているユースケースにカスタマイズされたクールな道具を作りたかったんだ。Novenaがもし結果的にオープンハードウェアのハードルを引き下げ、新世代のラップトップを作るプロジェクトを刺激できたとしたら、それ自体が僕らにとっての大きな報いになる。

8. Chibitronics：サーキットステッカーを作る

　今日の製造契約やサービス契約では、設計者も既存のパレットから選んで製品開発をする傾向がある。ほとんどのコンシューマエレクトロニクスは同じ製造方式、つまりSMTリフローやフローハンダ付けされた基板、外装はABSかPC（ポリカーボネート）といったプラスチック類の射出成型、または金属の曲げ加工、そして塗装や電気メッキなどを加えた硬質プラスチックなどの組み合わせで作られている。実際に、これらの方式でほとんどの製品が必要とする要件は満たされる。でも、本当に傑出した製品は、材料や製造プロセスそのものが新しい傾向があるのもまちがいない。
　新しいプロセスの開発が高価だとは限らないが、工場のフロアにでかけて改善と直接向き合う必要がある。言い換えれば、プロセスの開発で最もお金

がかかるところは設備や材料ではなく、そうした作業をおこなう専門家なのだ。

　この考えを自分で確認するために、僕はフレキシブル回路を使ってデザインをしようと考え始めた。一般的なPCBがガラス繊維の薄板を剛性エポキシで浸して作る1〜2mmの固い板であるのに対し、フレキシブル回路は厚さ0.1mmの軟らかいポリマー基板を使う。ポリマー（ポリイミド）はハンダ付けの温度に耐えることができ、フレキシブル回路を作る一般的な材料だ。

　フレキシブル回路の技術は、コンシューマ向けにも使われている。携帯電話には少なくとも半ダースのフレキシブル基板が搭載されていて、ボタン、カメラ、ディスプレイなどの周辺機器をメイン基板につなげている。だが、ホビーやDIY製品ではあまり一般的ではない。僕は今の状態が必然だとは思わない。

　僕はフレキシブル回路でうまく設計された製品が、新しくクリエイティブな応用を可能にすると考えていたが、具体的なイメージがあったわけではなかった。僕はフレキシブル回路の特徴、利点と課題について学び始めた。僕が第9章でくわしく説明するSDカードの中身を調べたときに、古いSDカードの一部形式で見つかるNANDフラッシュメモリをのぞきまわってエミュレートするためのNovena用アダプタを作る必要が生じた。フレキシブル回路の薄さと曲げやすさは、この作業にうってつけだった。

　得られたアダプタは非常に薄く、NANDのTSOPパッケージの下に完全に収まる。基板が曲がるので、載せる基板の形がさまざまでも収められるし、一般的なSDカードよりもはるかに大きな基板でも収まる。これはフレキシブル回路の効果的な使い方ではあるけれど、でもこれではまだ可能性のほんの上辺をひっかいただけのように思えた。

SDカードの調査時にフレキシブル基板で作ったカスタムアダプター

　このとき、まさにセレンディピティの瞬間がきた。このSDカード解析のプロジェクトに取り組んでいたとき、僕は当時MITメディアラボでPh.D論文に取り組んでいたジー・チーに出会った。彼女は2012年1月の僕の深圳ツアーに参加した学生で、紙細工と電子回路を組み合わせるプロジェクトをしていた。彼女の紙の回路を見て、僕の頭の中で歯車が回り始めた。

ジー・チーの紙でできた電子回路、蒲公英図（Pu Gong Ying Tu , タンポポの絵）

花の部分を拡大したところ

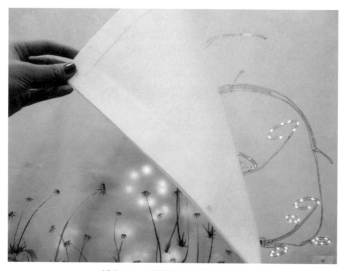

紙をめくって回路部分を出してみる

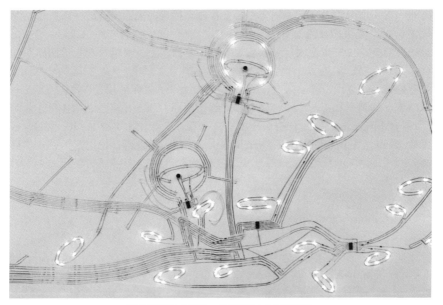

蒲公英図の内部の、花の形をした電子回路

　紙と銅テープ、ハンダのかたまりとテープだけを使って部品を取り付け、ジーは光り輝いて、見る者と相互作用する崇高な芸術作品を作り出した。この魅惑的な作品は、エレクトロニクスが機能だけじゃなくて、表現力のあるメディアになり、驚きと畏怖を作り出せると示している。彼女の有名な初期作品蒲公英図 (Pu Gong Ying Tu, タンポポの絵) の中身を写真に示したけれど、そこでは作品を構成する回路そのものが、絵と同じぐらい美しく、回路も含めてアート作品になっている。

　ジーは教育プロジェクトにも関心があり、紙で電子回路を作ることで、もともとテクノロジーに興味がない人も技術に触れられるようにできる可能性があると考えている。

　深圳で、僕と彼女はフレキシブル基板上に回路を作り、それを紙にハンダ付けすることで何ができるか議論した。そのときは、改善するにしても今と大差ないというのが彼女の結論だった。ハンダ付けはとりたて難しい技術ではないが、高温で化学薬品を使うし、専用の道具も必要なので、初心者にとって大きなハードルだ。回路がシールを貼るように組み立てられたら、そ

のハードルは魔法のように消えてなくなる。従来の表面実装のプロセスにフレキシブル基板の技術を組み合わせて、銅テープのワイヤーにユーザーがシールでモジュールを固定できるようにすれば、ハンダ付けなしで回路が作れるんじゃないか？

　その思いつきが、僕とジー・チーがコラボして、工作や教育に使える「シールのように剥がして、くっつけられる電子回路」Chibitronicsを始めたきっかけだ。Chibitronicsは、最初からオープンなハードウェアプロジェクトとして始まった。Circuit Sticker Sketchbookのすべての活動、使用しているすべてのマイコンのソースコードほか、技術的な詳細はすべてプロジェクトのWikiにある。

http://chibitronics.com/wiki/

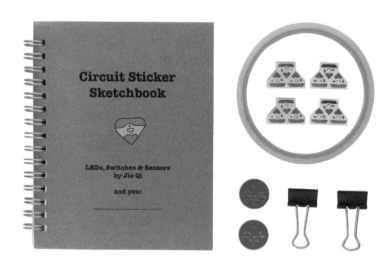

Chibitronics STEM スターターキットには、ステッカー型回路のスケッチブックと、LEDのストライプ、銅テープ、電池、そして電池をスケッチブックに留めるためのクリップが付属している。

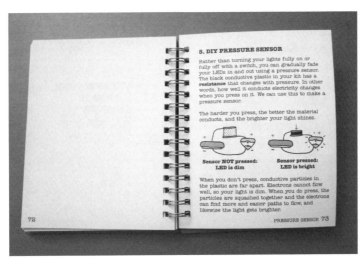

このスターターキットの道具だけを使って圧力センサーを作る方法

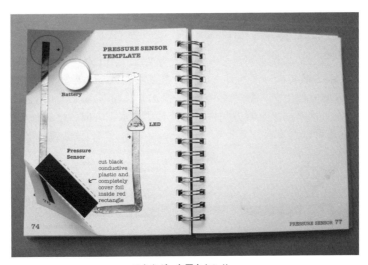

できあがった圧力センサー

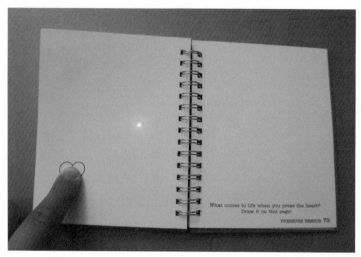

ページをかぶせて、ハートマークを押すと、センサーが反応してLEDが光る

電子回路と工作

　2012年のはじめに僕らがたどり着いた方法は、MITのリア・ブエッチリー（Leah Buechley）教授のハイ・ローテク研究グループの成果を元にしたもので、ポリイミドでできたフレキシブルなテープの裏に積層された回路を作るものだった。電気はテープを縦方向にしか流れず、水平方向には流れないので、Zテープとも呼ばれる。

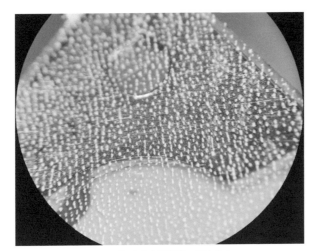

Zテープの中身を顕微鏡で見たもの

　Zテープを使えば、ハンダ付けやリフローのような高熱を使わなくても、エンドユーザーが回路を組み立てられる。部品をその場にくっつけるだけというのは、紙とか布、プラスティックなどの熱に弱い素材をよく使うアーティストにとってすばらしく便利だ。サーキットステッカーと柔軟な銅のテープも可塑性があるから、だれでも伝統的でない材料のプロジェクトにエレクトロニクスを組み込める。親しみやすくて表現しやすい素材により、クリエーターは回路そのものを美しいアート作品に変えられる。

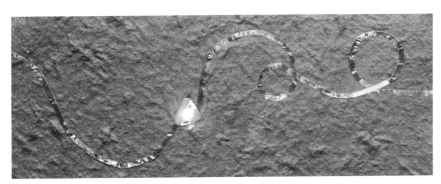

紙に貼られたサーキットステッカー

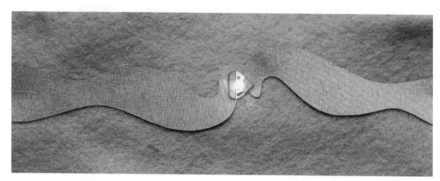

布に貼られたサーキットステッカー

　こうしたサーキットステッカーを作るにあたっては、Zテープの制約が元になっている。ここに示した、ポリイミド層の上にラミネートされたZテープの拡大写真を見ると、銀と白のツブツブが見える。これは接着層の片側から反対側に貫通する形で、統計分布にしたがって広がる小さな金属粒子だ。金属分布の性質のため、確実な接触を確保するためにはサーキットステッカーのパッドをかなり大きくする必要があった。さらに、パターンをとても近づけてしまうと、埋め込まれた金属粒子でショートしかねない。だから、回路を設計するときには、むきだしのパッド同士の間に十分な間隔を取るよう気をつけなくてはならない。Zテープの材質のデータシートには最小のパッドサイズと間隔についてのルールが書かれているので、それに従って回路を設計した。

新しいやり方を構築する

　動作する電子回路を含んだステッカーを設計することと、それを実際に作るのとはまったく話が違う。僕たちが思い描いたような形でサーキットステッカーを製造できるような、標準的な製造プロセスは存在しなかった。これでついに、「新しいプロセスの開発は、自分自身でやるのがいちばん安くすむ」という僕のセオリーを試す、有意義な機会ができた。そこで僕はフレキシブル回路メディアを探究し、それを使ってサーキットステッカーを作るにあたっての課題を調べるための、ちょっとした研究プロジェクトを独自に

開始した。そのすべてを、スズメの涙ほどの研究開発予算でやるのだ。

工場を訪ねる

第1歩として、僕はフレキシブル回路を作っている工場を訪ねてみた。この訪問はじつに驚くべき経験になった。

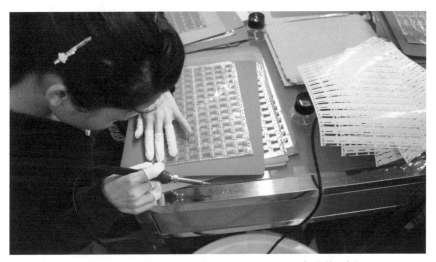

この作業者はカバーレイを手作業で位置合わせしてフレキシブル回路に合わせる

フレキシブル回路は、ハンダマスクのかわりにカバーレイと呼ばれるポリイミドのシートによって保護されている。ハンダのマスクは脆いので曲げると割れるが、カバーレイは数千回の屈曲に耐える。でも、一部だけ回路を固くしたいこともある。たとえば回路の一部は機械による部品実装のため、固いほうがいいかもしれないし、SMTプロセスを使うときにも、固い回路のほうがいい。

鉄製のプレートをフレキシブル回路の裏面にラミネートする

　僕はポリイミド硬化剤をフレキシブル基板にラミネートできるのは知っていたけれど、じつは鉄をラミネートして一部固くできるのだ。自分で工場見学をしなければ、気づかなかっただろう。自分で工場訪問をしたおかげで、ダイカットによりさまざまな複雑な形状が実現できるのもわかった。多様な形を作れることはとても重要だ。サーキットステッカーの見た目もクールにしたかったからだ。ダイカットでどのくらい細く切断できるのかとか、半径はどのぐらい狭くできるかといった質問は、メールだと答えにくいけれど、自分で製造のプロセスを見て直感的にわかった。

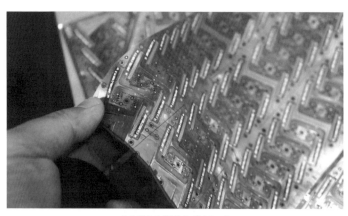

さまざまな形状のダイカット

プロセス能力試験をする

　工場訪問の次におこなったのは、製造プロセスの限界を把握し、向上させるための「プロセス能力試験」と呼ばれるものだった。僕たちは、あらゆる製造機能を試すために、長いビアチェーン、3ミル（1,000分の1インチ、0.0254mm）の線幅、小型SMTパッケージサイズの0201コンポーネント、0.5mm間隔のQFNパーツ（表面実装コンポーネントの最も小さいもの）、大型部品、カバーレイがわりのハンダマスクの使用、シルクスクリーンの細かい絵柄、キャプティブタブ、曲線カットアウト、SMTとスルーホールハンダのハイブリッド、Zテープラミネートなど、ありとあらゆる能力を試せる各種のステッカー変種を含んだ不均質なシートを設計した。このプロセス能力試験は、意図的に製造プロセスの一部の限界を超えたものにしてある。これにより、こちらの設計が機能しなくなるような弱い部分を見極められる。

　最初の設計を僕が工場に見せたときは、「とても製造できない」と言下に拒絶されたが、全体の目標を説明して、たとえ製造できなくても、もちろん不良品も含めすべてのユニットを受け入れて支払いするという条件で、製造に同意してもらえた。僕は不良ユニットがどう失敗したかを分析することでサーキットステッカーの歩留まりを高め、ひいてはコストを下げるための一連の設計ルールを開発した。

　この設計ルールに基づいて、ジーと僕は最初の「生産候補」ステッカーを製作した。これは色の違う4つのLED（白、赤、青、黄）とスマートステッカー2つがセットになったものだ。1つめのスマートステッカーのセットには後に「エフェクト」ステッカーと呼ぶ、フェード、ハートビート、瞬き、点滅などの光のパターンを生成できる、あらかじめプログラムされたマイコンが含まれている。プログラマでない人がふるまいをコントロールできるようにする、フィジカルプログラミングの仕掛けだ。2つめのスマートステッカーのセットには、3つのセンサーと、デモとして面白い録音／再生機能を備えたプログラム可能なマイクロコントローラが含まれている。これを「センサー＆マイクロコントローラ」ステッカーと呼んでいる。

　僕らは小さな製造バッチを何度も動かして、信頼性、歩留まり、ユーザビリティなどに影響を与えそうな、スケールアップすると遭遇しかねない問題を見つけ出し、徹底的に調査した。特にラミネートされたZテープを、ダイカットされて作られたステッカーの裏面にラミネートさせるための新しい製

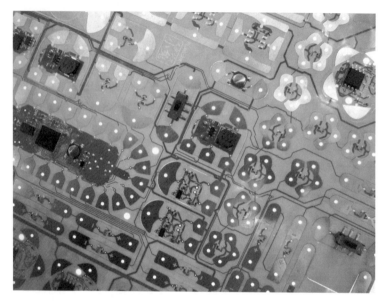

プロセス能力試験のために設計したサーキットステッカー

造方法を開発する必要があった。

　生産候補のバージョンを2回改善したあたりで、僕らはサーキットステッカーでユーザーテストをおこなう準備が整ったと判断した。これはジーの博士論文の一部でもあったので、ユーザーテストには2種類の方法があった。アカデミックで伝統的なアプローチは、予算を申請して、その範囲でいくつかのステッカーを製作し、クリエイティビティのある若者たちがどう反応するか、クローズドなワークショップをおこなって調査するやり方だ。でも、これをやったのは2013年ごろだったから、クラウドファンディングで関心のある人たちに直接研究成果を届けて、大規模な研究を実装（Deploy）する方法に現実味が出てきた。ジーの所属するMITメディアラボは「実装」を旗印にしているので、規模の大きい研究が可能にする将来性、社会実装をとても重視する。2011年にMITメディアラボ所長になった伊藤穰一は、「デモしなきゃ死ね（Demo or Die）」で知られたメディアラボの文化を、「実装するか死ね（Deploy or Die）」に変え始め、やがてこれが、これほどおっかなくない「実装しろ」に変わった。かつての「デモしなきゃ死ね」の環境だと、研究グループは注目とお金を集められるような奇妙なデモを作ることが奨励された。伊藤穰一が率いるようになってからは、クラウドファンディングや一般的なハードウェアを用いた大規模な研究で、技術をラボから一般社会に解き放つことが重要だ。

　2013年11月、僕らはCrowd Supplyというクラウドファンディングのプラットフォームでキャンペーンを開始した。僕らにとってはサーキットステッカーの背景にある学術的な使命に忠実なことが大事だったので、資金調達の目標はわずか1ドルに設定した。1人でも面白がってくれる人がいたら、ステッカーを製造して、その人と協力してフィードバックを集める。もちろん、だれかがサーキットステッカーをハックしたり、プロジェクトをフォークしたりできるように、研究成果をオープンにした。

　僕らはこの慎ましい目標を何桁も上回る成果を挙げた。1ヶ月少しかけて、ほとんど何の宣伝もしないのに、60,000ドル弱もの資金を集められたのだ。

期日どおりに出荷する

　僕たちはクラウドファンディングのキャンペーン後、出資者特典を2014年の5月までに出荷すると告知していて、ありがたいことに期日どおり出荷す

ることができた。

1,000個以上のChibitronicsキットが入った62個のダンボールが、出荷を待っている。

　どんなクラウドファンディングのプロジェクトでも、時間どおりに出荷するのは難しい仕事だ。僕は今回のクラウドファンディングであえてプラットフォームにCrowd Supplyを選んだが、これは「もっと名の知れたKickstarterなどを使ったほうがよかったのでは？」などと議論が分かれるかもしれない。でも、Crowd Supplyはハードウェア関連のプロジェクトのチェックに精通していて、キャンペーン後の特典出荷、1次顧客対応、キャンペーン後の予約販売への対応、出荷量に応じた出荷日の調整などのサポートに優れていて、ハードウェアのスタートアップにとってはありがたい。特典出荷や顧客サポート、Webでの販売サイトをまとめてお任せできるから、そういうことを処理するために人を雇わなくてすむ。これは、Chibitronicsのような研究者2名のスタートアップでも、ガレージのスタートアップでも、とても助かることだ。

　Crowd SupplyはKickstarterに比べるとユーザー数も少なくブランド力も弱いため、大規模な資金調達が難しい。でもなんだかんだいって、起業家とユーザーの両方にとって有益な、持続可能なクラウドファンディングの慣行を確立するのがとても重要だと僕は思う。今日のお金儲けだけを考えてはいけない。何年にもわたって信頼されるブランドと評判を築くことが大事なんだ。

期日どおりに出荷するのがなぜ大事か

　Chibitronicsでは自分への課題として、出資者への配達を時間どおりにおこなうように全力でチャレンジした。僕はかけ声倒れのクラウドファンディングキャンペーンをいやというほど見ていて、ハードウェアのクラウドファンディングがどれも詐欺と思われ始めていることを深く懸念している。
　KickstarterやIndiegogoは、詐欺や出荷できないプロジェクトだらけだし、彼らの軽々しい「お金を出すほうが自分で気をつけろ」という態度は、消費者とクラウドファンディングサイトとの利益背反を浮き彫りにしている。要するにクラウドファンディングサイトは、支援者に対してこう言っているわけだ。
　「おう、お金をありがとうな。でも、あんたの出資金に何が起きてもあんたの問題で、オレたちは知らないよ」
　僕はクラウドファンディングの評判があまりに低下して、善意の起業家やイノベーターにとって有効なプラットフォームではなくなってしまうのをとても心配している。
　要するに、現在および将来の支援者たちに対し、僕がプロジェクトを時間どおりに届けられると証明できなければ、自分が将来製品を発表する有益なプラットフォームを失いかねないということだ。ありがたいことに、Chibitronicsではまちがいなく僕たちの能力は実証されたし、僕はその後もクラウドファンディングプロジェクトにはCrowd Supplyを使用している。

今回の教訓

　もちろん、Chibitronicsの出荷もかんたんではなかった。もともとのキャンペーンのタイムラインでは、出荷開始は最速で2014年のちょうど旧正月(2月)後、長ければ4月ごろだと思われた。僕はそこからさらに1ヶ月予備を設けたが、本当にその予備日をギリギリまで使い切ってしまった。
　もちろん僕は多くのミスをしたが、ハードワーク、幸運、きちんと立てた計画、生産工場との強力なパートナーシップによって、多くの困難を乗り越えることができた。ここに、僕がそのプロセスで学んだいくつかの教訓がある。

単純に思える要求が、だれにとっても単純とは限らない

　Chibitronicsスターターキットには、ジーが書いた、ステップバイステップで自習できる『Circuit Sticker Sketchbook』というすばらしい本が物理的に入っている。この印刷物はちょっと変わっていて、読者がそこにテープで電子回路を貼り付けるようになっている。だから、いくつか印刷について特殊な対応をする必要があった。

　まず、LEDを紙の下に置いて光らせたときにうまく光が拡散するような、適切な紙の厚さが必要だった。製本も、工作をしやすくするための工夫が必要だ。背表紙には、書籍内のプロジェクトで使う材料をいろいろ入れるための小さなポケットまでついている。

　印刷会社はこれらのニーズのほとんどには問題なく対応してくれたが、ある1つの要求だけは大騒ぎになった。この本はスケッチブックのようにらせん綴じだが、綴じるための金属ループは、銅テープをまちがって接触させてもショートしないように、非導電性である必要があるのだ。

　電子回路を扱う人にとって、「針金が導電性かチェックしてくれ」なんていうのは単純きわまりない要求に思える。でも、印刷会社にとっては異様な注文だ。伝統的な印刷製本では、そんな知識はまったく必要としない。印刷業者は当初、製本用の針金の導電性は一切保証できないと言った。そのとおり、最初に見せられたサンプルのループは非導電体だったが、次に見せられたループのワイヤーは導電体で、印刷会社はなぜそうなったかわかっていなかった。

　これは直接対面して説明する必要がある。メールで印刷会社を怒鳴りつけるかわりに、僕は毎月深圳に行っていたので、ついでに彼らとの会議をセッティングした。印刷会社と、彼らが何を気にしているのかについて、生産的な議論をした。そして会議の結論として、本の背が絶縁性だという保証をもらうかわりに、5ドルのテスターを注文してあげた。要するに印刷会社としては、自社に品質管理手順がないものについて保証をしたくないというだけだったのだ。これはまったく納得のいくことだ。結局、彼らにテスターの使い方を教えるだけで話はすんだ。

　この本の、絶縁性という珍しい要求で、本のコストは数セント上昇し、出荷までの貴重な数日が消費された。それでも、全体的には僕らはその代償を十分に受け入れられた。

決してチェックプロットを飛ばさない

サーキットステッカーのパッドは複数の線で構成されている複雑な形で、僕がPCBを設計するのに使っているソフトAltiumではうまく扱えなかった。さんざん苦労させられたあげく、Altiumで複雑な形状を扱うと、ときどきハンダマスクの層が消えてしまうというバグも見つけた。作業中に設計ファイルを保存すると、ハンダマスクの層が何のアラートも出さずに消えてしまう。この手のバグは珍しいけれど、本当に起こる。僕はいつもはPCB製造の注文前に、ガーバーファイルをチェックのために別のツールにインポートしてチェックプロットを確認するが、そのときは急いでいたし、既存のファイルを再発注するだけだったから、このチェックプロットをせずに発注した。

結果は？ 何千ドル分ものPCBをスクラップにし、4週間も日程を消費してしまった。なんてこった！

出荷日に余裕を持たせておいたのはとてもよかった——それと気を抜くと何が起こるかという苦い経験を飲み下すのを多少は楽にしてくれる、高級スコッチのボトルを手元に置いているということも。

部品配置ミスの可能性は必ず実現してしまう

僕は部品が誤って配置されていたことで何度も痛い目を見ていて、きちんと配置されていることに偏執的なまでにこだわる。Chibitronicsのエフェクトステッカーは、まさにその問題が手ぐすね引いて待っている好例だった。

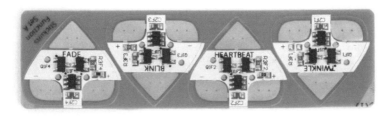

Chibitronicsのエフェクトステッカー

この写真のステッカーはそれぞれ異なる4つのパターンでLEDが光るが、それ以外は同じものだ。点滅のパターンは、ソフトウェアで制御される。こ

の4ステッカーそれぞれのために別々のファームウェアを管理し、それぞれのテスターにロードしようとするのは、悪夢を自分から呼び込むようなものだ。この問題を解決するために、この4つはまったく同じファームウェアを使うように設計した。起動するときにマイクロコントローラに内蔵されたADC（アナログ to デジタルコンバータ）が外付け抵抗の値を読み取って動作を変えるように設定した。

　このときの僕の理屈はこんな具合だ。「すべてのステッカーが同じソフトウェアで動くなら、プログラムの書き込みミスは起こりようがなくなる」。だって、そうだよね？

　残念ながら、僕は元になるPCBを完全に左右対称に設計してしまった。180度回転させる指示をして組み付けロボットがPCBを製造したところ、組み付けは完了したが、動作を制御する抵抗部品は基板に印刷されたラベルとは逆の順序で配置されてしまった。中国語と英語で方向を指示し、位置を決めるための基準穴もあったのにかかわらずだ。最初に製造されたエフェクトステッカーは、「ハートビート」ステッカーが「点滅」してしまい、「ツインクル」ステッカーが「フェード」した。逆も同じだ。

　運のいいことに、この工場は基板への抵抗差し込みをきわめて一貫した形で逆にしてくれた。これは、この手の問題ではいちばん軽症だ。僕は抵抗の読み方を逆にしたファームウェアのパッチを慌てて書き（これも危険な行為だが）、新しいサンプルをFedExでシンガポールまで送ってもらった。僕らは同時に追加試験のためのテスト治具を作り、中国の製造ラインで点滅動作を確認してもらえるようにした。

　これでエフェクトステッカーの問題は解決したが、この追加テストをおこなう際に、別の「よくある問題」が発生した。

いくつかのコンセプトは中国語に翻訳できない

　フェード（ゆっくり点滅するパターン）と点滅（点滅するパターン）の違いに関する指示書を中国語で書いたのだけれど、じつは、英語のtwinkleとblinkは中国語に訳すとどちらも似たような意味になってしまう。twinkleは閃烁（チラチラする、光る、輝く）か閃耀（瞬く、輝く）、blinkは閃閃（チラチラする）、閃亮（まぶしく光るなど）、どちらも似たような意味だ。

　こういうことがあるので、僕はいつも試験オペレーター用に主観的な記述

の仕様書を書くのが怖い。だからこそ、なるべく多くのテストを自動化しようとしている。僕の中国人の友達が言ったように、中国語は詩やアートのためにはすばらしい言葉だが、正確な技術コミュニケーションは難しいのかもしれない。

ここでの課題は、fadingとtwinklingの違いを、だれもが理解できる単純な用語だけで完璧に説明すること、つまり技術用語のランダム、ヘルツ、周波数などを避けて説明することだった。

僕は工場に、各種のLEDパターンの動画を送った。それを見て工場は、fadeには漸変（"漸進的な変化"）、twinkle には閃烁（チラチラする、光る、輝く）、という訳語を使うよう推奨してきた。これが完璧な説明かどうか、いまだに納得はしていないけれど、少なくとも僕の思いついた翻訳よりはずっとよかった。そしていまだに、品質管理スタッフに、こうしたエフェクトの違いをどう説明するか悩まされている。じつは不良品のステッカーもまた、かなりよいtwinkle効果を示すのだ——しばらくの間は。

笑える話だけれど、ジーと僕も、「twinkle」エフェクトというのがどう見えるべきか合意するまでにかなり苦労した。ジーは最初の試作品を見て、そのエフェクトが「twinkleというより嵐の稲妻みたい」と表現した。僕らはこのために長々と何度か話し合い、デモビデオでどういうエフェクトステッカーにしたいかを明確にした。そしてコードをいじって、2人とも満足するまで変えた。このエフェクトをお互いに表現するだけでこれだけ苦労したんだから、それを中国語で正確に表現するのに苦しんだのも当然だろう。

単一障害点を避ける

テスト治具を作るとき、作業速度的には1つの治具で問題なくても、僕は必ずコピーを作るようにしている。なぜか？ 治具が壊れるかもしれないから。

そして、いわんこっちゃない。本当に治具が1つ壊れた。いまだに原因は不明だ。でも、2つ作っておいて本当によかった。そうでなければすぐに中国に飛んで、なぜ唯一の試験治具がダメになったか診断する羽目になったところだった。

ギリギリでの変更もときに有意義

　Chibitronicsキットの注文を確定する6週間前になって、ジーはセンサーとマイクロコントローラーの2種類のステッカーについて、パターンのステンシルもキットに含めようと提案してきた。マイクロコントローラステッカーのような複雑な（7つのパッドがある）ステッカーだと、接点パターンの絵がないと、銅テープのパターンを配置するのが難しい、というのが彼女の主張だった。

　僕は期日が迫っていることと、もともとの仕様には入っていなかったことで、最初はそのアイデアに反対した。ジーがよく言うように、僕はスケジュールがずれるととても機嫌が悪くなる（ごめん、ジー！　いつも我慢してくれてありがとう）。

　とはいえ、彼女の言うことはもっともなので、僕は工場にステンシルベンダーを探してくれるように依頼した。2週間後、まだだれもその仕事を引き受けてくれなかったけれど、工場の調達部門はあきらめなかった。やがて、十分な材料を持っているとある会社がステンシルのカッティング用金型を削り、2週間で2,000本のステンシルを作ってくれた——スケジュールにギリギリ間に合った。

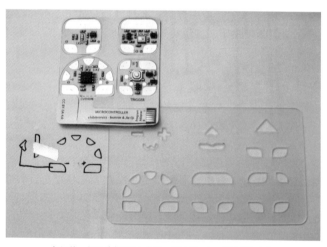

センサーとマイクロコントローラステッカーのステンシル

センサーとマイクロコントローラのキットのサンプルにステンシルがついたものが届いて、ちょっと試してみた。その有用性について、ジーが圧倒的に正しかった。元になるテンプレートがあることで、7つのパッドのあるマイクロコントローラのステッカーが、すごく使いやすくなっていることがわかった。

　このおかげで、もともとキャンペーン時には約束に含まれていなかったステンシルが、センサーとマイクロコントローラキットの支援者すべてに追加された。

旧正月のサプライチェーンへの影響

　中国の新年、2月の旧正月は2週間の休暇ではあるけれど、僕らが引いた最初のスケジュールは、2月は丸1ヶ月空白としていた。実際にそのぐらい空白になったけれど、中国で製品製造を考えている人のために、ここで旧正月が僕らの生産計画にどう影響したのか、正確に伝えよう。

　僕らは1月にはスケッチブックの原稿を完成させていたが、実際に見本刷りが手元にきたのは3月だった。印刷業者が丸1ヶ月間休みだったわけではない。ほかの中国の業者同様、印刷業者の休暇は2週間ほどだった。でも、製紙業者は同じく2週間の休暇を、印刷業者の1週間前からスタートさせ、製本業者は印刷業者の10日後に休暇を終了した。それぞれの業者の休みは2週間かもしれないが、サプライチェーン全体は24日間、実質的に2月まるまる停止したわけだ。なぜ旧正月がこんなずらした形で実施されるかというと、中国は大きい国で祝日にはすさまじい人数が移動するから、物理的にそうしないと無理なのだ。

発送は高額で面倒

　送料について最初に試算したとき、自分たちが売っているのはサーキットステッカーではないのだと気がついた——本まで含めサイズと重量を考慮すると、主要な製品は印刷された紙だ。物流コストを最適化するために、僕はスケッチブックの本が入ったスターターキットや、追加の単独での書籍注文を、航空便でなくて船便で送ることにしていた。

　じつは、最初のキットが出荷するほとんど4週間前には、スターターキッ

トも本も出荷準備ができていた。でも、どうやっても船便送料のまともな見積が得られない。海運会社と3週間近くにわたり、値引き交渉や見積合戦を繰り広げた。でも結局、出てきた値段は航空便とほぼ同じなのに、3週間も長くかかり、リスクも多いのだ。海運では、輸送費自体はどうやらほんの一部でしかなく、港湾労働者への支払いや、港湾で品物を扱う中間業者や倉庫への支払いなど、無数の手数料がやたらにかさむらしい。そういう固定費が積み上がると、今回合計ダンボール60個以上の商品を出荷したにもかかわらず、航空便のほうがコストパフォーマンスがいいということになる。

注記 参考までに、大手海運業者マースク社の40フィートの海上コンテナは、1つに40個のスターターキットが入るダンボールを1,250個以上格納できる。僕らの扱った数量は、海運貨物を効率的に利用する規模に比べ、何桁も小さすぎた。

出荷するまでは峠を越したとはいえない

「捕らぬ狸の皮算用」ということわざがある。このプロジェクトの各段階で、僕はいつもこれを思い出す必要があった。よくあるUPS便の不具合、悲劇的な飛行機の事故、Crowd Supplyの配送在庫での物流問題、そして税関まで、いろいろな不具合が発生し、時間どおりの配送が阻害されることになる。でも、何はなくとも僕たちは、時間どおりに発送するために、自分たちにできることはすべてやった。

ありがたいことに、なんだかんだで僕らの製品の支援者たちは、時間どおりに製品を手にすることができた。その後Chibitronicsは、僕の当初の期待をはるかに超えた成果を出し続けている。僕たちはアカデミックな実験としてこのプロジェクトを始めたが、多くのユーザーが購入してくれたことで、実験が立派な企業になった。サーキットステッカーはオープンなハードウェアプロジェクトなので、公開された仕様を見て知見のあるハッカーがハックすることもできるが、ほとんどのユーザーは技術者ではなく、基本的な使い方の手助けを受けられるほうがメリットがある。これを念頭に、僕らの会社はユーザーが学習し、美しい電子工作を実際に作れるよう、手助けや、活動や、もっと多くのステッカーの提供をおこなっている。

この章のまとめ

　Chibitronicsは、今も僕にいろいろと学ばせてくれる。僕のキャリアでこれほどうまくいった会社はなかったからだ。会社が成長するのを見ていくのは本当にうれしいが、僕はエンジニアとして、自分の限界も知っている。ビジネスマンには向いていない。Chibitronicsがスタートアップの段階を過ぎ、持続可能な形で社員を雇えるほどの規模になったら、僕は手綱をその人たちに譲り、自分の実験室に戻って、またオープンなハードウェアを夢見る作業にかかりたい。それを本当に楽しみにしている。

Part 4
a hacker's perspective

ハッカーという視点

　エンジニアリングとリバースエンジニアリングは、同じコインの裏表にすぎない。最高のメイカーは自分のツールをハックする方法を知っているし、最高のハッカーはしょっちゅう新しいツールを作る。回路を設計しようと思って始めたのに、気がつくとデータシートの曖昧さや不完全、あるいは単なるまちがいに気づいてチップのリバースエンジニアリングをしていたりする。エンジニアリングは創造的な活動だ。リバースエンジニアリングは学習的な活動だ。その2つを組み合わせれば、どんな難しい問題でもクリエイティブな学習体験として解決できる。

　僕は25年以上も学生をやってきたけれど、エレクトロニクスについては学校よりもリバースエンジニアリングから学んできた。僕は何かのハードウェアを設計したエンジニアが、何を考えてそういう設計にしたかを考えるのが大好きだ。熟練エンジニアは、巧妙な技を考案しても、それがどんなに革新

的か気づかない。そうした技は文書化もされず、特許も取得されないものが多く、それを学ぶためには完成した設計物をリバースエンジニアリングして読み解いていくしかない。

　たくさんの基板を見ているうちに、僕はそれぞれの設計者の文化ともいえるパターンや個人的なスタイルに気づき始めた。たとえばAppleの回路基板は黒くミニマルで、スティーブ・ジョブズがいつも黒いタートルネックを着ているように一貫した特徴がある。回路基板を設計するときに決めるべきことはあまりに多いから、ほとんどのエンジニアは自分の文化的影響や一連のツールから、部品やフォントといった様式的なものを選択するしかできないのだ。

　こうした学習は僕にとってとても大事なので、僕は10年以上、毎月自分のブログに基板をアップし、ブログの読者にその設計から機能を推測させるクイズを続けてきた。このコンテストをおこなう動機の1つは、リバースエンジニアリングという文化を読者に受け入れてもらうためだ。多くの人が、ほかの人の設計を解読し、ハードウェアを改造してハックするのが合法かどうかを僕に質問してくる。でも、子供を育てたことがある人ならだれでも、人間はいろいろなものを真似する中から学ぶのが人間性の一部だと知っている。ソフトウェアのライセンス条項が、自分自身のハードウェアを所有する権利よりも優先されるという法解釈に、僕は賛成できない。ハックできないなら、それは自分のモノとは言えない。

　技術への民主的なアクセスの重要性は、人々がスマートフォンやコンピュータに依存を高めるにつれてますます大きくなっている。技術そのものは、本質的には倫理中立だ。技術をコントロールする人々が、それを倫理的に適用する責任を持つ。ある思想によれば、技術は信頼できる少数の達人たちにコントロールさせるべきだという。別の思想では、技術を学ぶだけのやる気と根性のある人間すべてが技術をコントロールすべきだという。残念ながら、僕らの生活を支える技術的なインフラは、ますます特定の技術プロバイダたちによるカルテルに管理され、単一的になっている。だれもが同じOSとライブラリによって動く、同じ電話を持つようになり、限られたクラウドサービスにデータを保存している。こういう多様性のない文化が免疫なしにいると大災害を生むことは、歴史が証明している。1つのウィルスがある個体群を全滅させてしまえる。技術へのユニバーサルアクセスは、たまに登場する悪者が有害なエクスプロイト（訳注　コンピュータの脆弱性を突く、広義のコンピュータ

ウィルス）を開発できるということではある。でもこの苦い薬は結局は、技術的な免疫系への予防接種となり、みんなをもっと強力で回復力を持つように強制してくれる。どんな方向から脅威がやってこようと、自由な発想の技術者たちが活気ある文化を保っていれば、それがあらゆる攻撃に対する究極の防衛線になる。

今、ウイルスと免疫系の例えを出したが、ハードウェアシステムと生物の生態系（エコシステム）は驚くほどよく似ている。ハッキングはAPIの使い方を見直して、予想外のことをさせるという話だ。同じように、生物学——進化——の中心的な命題は、優れた「API」実装が、もっと弱い解釈に置き換わるという話だ。

僕はよくライフサイエンスの論文誌を読む。この分野がすごく面白いからというだけでなく、それが役に立つからだ。自分の主要分野の外を見て新鮮なアイデアを探すのは、問題解決に役立つ。

生物の働きを解明するのは、リバースエンジニアリング問題として、とんでもなく難しい。ドキュメントはない。相談できる設計者もいない。使える診断ツールは、ミキサーで粉々にした大量のスマートフォンを、さまざまなふるいにかけるのと大差ない。それでも生物学者たちは、生物という複雑なシステムをオシロスコープなしで解析するために、多くの技を開発した。そのいくつかの原理は、高次のレベルでは、電子回路でも使える。

人類が生物学を理解するにつれて、コンピュータエンジニアリングが生物学の発展に貢献できる機会もたくさんある。僕たちはすでにカスタマイズされた生命体を生み出せるようになっている。人間のハック——または子孫のエンジニアリング——も数十年以内にできそうだ。そうした強力なツールについてはもっときちんと調べて、何が実際にできることで何がSF的なアイデアなのか、きちんと自分で判断できるようになるべきだ。

エンジニアリングは創造的な活動だけれど、ハッキングも重要な体験なのに、しばしば過小評価されている。エンジニアリングとリバースエンジニアリングとで、かんたんにモードを切り替えられるようになるのは強力な手段だ。ハックする権利は、そうした健全な技術の文化の基盤だ。

この第4部の最初の章（第9章）では、僕自身のハッキング手法や活動を振り返り、そうした活動を保護する法的な枠組みについて少し論じる。次の章（第10章）では、生物学の主要概念をいくつかときほぐし、それをエレクトロニクス畑の人間の視点で整理してみる。そして最後の章（第11章）は、インタ

ビュー集だ。「ハッカー」というのが僕にとって何を意味しているのかを論じ、製造業やスタートアップにおける僕の経験をおさらいしよう。インタビューすべてを網羅しているわけではないけれど、僕がその時に考えていたことを読んでもらえるとうれしい。

9. ハードウェア・ハッキング

　ハッキングするときのいちばん大きな心理的な障害は、「ハックすることでそれを壊してしまうかも」という恐怖だ。でも、オムレツを作るには卵を割る必要がある。同じように、システムをハックするときには、デバイスを犠牲にする覚悟が必要だ。ありがたいことに、量産品のハードなら、いくつも買っておくのはかんたんだ。研究目的でサンプルユニットを手に入れるときには、よくゴミ箱漁りをしたり、売ります買います欄を見たりする。ふつう、同じものを3つ入手するようにする。1つめは、元に戻せないぐらいまで分解するもの。2つめは、つつきまわすもの。最後の3つめは、あまりカスタマイズせず初期状態のまま。これにより、ある動作が調査のために設定を変えたせいなのか、もともとそのハードウェアの動作なのかを正確に見分けることができる。

　どんなハードウェアでも、ハックするときの通常のアプローチは、まず外装を開けてみて、デバイスの動作に影響を与えずに検査用のプローブを差し込める正しいポイントを見つけることだ。コンピュータチップの中身をのぞ

くときには、それこそが課題のすべてだとすらいえる。
　この章の最初のハックは、そういうシリコンのハック例だ。パッケージが外れてむきだしのシリコンが見えたら、攻撃者が圧倒的な優位に立てることがわかるだろう。

　ハードウェアハックの中には、もっとシステムエンジニアリングを必要とするものも多い。特にリバースエンジニアリングして、そのデバイスを別の形で使いたいときはそうなる。そういうとき、僕はシステムをリアルタイムに近い形で（少なくともコマンドをタイプするくらいの速度で）いじったり観察したりできる専用ツールを別に開発して、仮説検証にかける時間を最小化することが多い。テストのための変更を目的にするのでなく、テストそのものをどれだけ速くするかがいちばん大事だ。本章の第2のハックでは、普通のSDメモリの中にある比較的かんたんなSoC（System-on-Chip）のリバースエンジニアリングと、それを支援するために開発したツールについて説明する。

　最終的に、一部のハックはどうしても法の境界に挑むようなものになる。本章の3番目のハックでは、ほとんどのHDMIビデオ接続で番組の動画を保護するHDCP（High-Definition Content Protection）暗号化規格を見なおすために開発した、NeTVというシステムを説明している。NeTVでは、法的問題とハードウェアシステムの両方をハックした。MITM攻撃（Man In The Middle攻撃、中間者攻撃）で暗号化を迂回しなくてもビデオデータを変更できるように、HCDP規格を再解釈して、デジタルミレニアム著作権法（DCMA）のやっかいな部分を回避した。暗号化を迂回しなければ、DCMAの問題もない。コンピュータシステムと同様に、法律というシステムもハックできる。この例の教訓として大事なポイントは、法律もある目的を実現する過程で取り組むべき制約の1つにすぎないのだと考えるやり方だ。

　この章で最後のハック例は、ハードウェアへの侵入、ツール作成、法的問題を組み合わせ、複雑な携帯電話SoCをリバースエンジニアリングするものだ。これもまた僕がxobsと共同でやったプロジェクトで、ここでも専用ハッキングツールを作るのはとてつもなく価値があった。おかげで、システムの実行中にいろいろ実験ができたからだ。

PIC18F1320マイコンをハックする

　セキュリティシステムを作るなら、まず秘密を保持するのが課題となる。セキュリティシステムの設計ではチップ内に秘密を隠そうとすることが多いが、それは硬いエポキシのパッケージに包まれた小さなチップに侵入して中を調べるのは困難だからだ。

　理論的にはこれでうまくいきそうだけれど、実際には問題も多い。チップの設計者だってまちがえるし、チップの設計に問題がある場合には、設計者はそれをこじ開けて調べる方法が必要だ。そういう状況はじつに多いので、そのためにチップをこじ開けてくれる専門の商業サービスがあるぐらいだ。故障解析サービスと呼ばれるこの人たちは、チップからエポキシを取り除いてシリコンを見るためのいくつかの技術を持っている。

　Chumbyで中国にサプライチェーンを構築する突貫講習を受ける数年前、僕はチップのハックがどれほどかんたんかをデモンストレーションしてみせて、それを公開すると面白かろうと思った。当時はマイクロチップ社のマイクロコントローラのPICシリーズが普及していたので、人気のあるPICモデルを対象にした。PICは通常、設定用のヒューズを備えていて、それをアクティブにすると、メモリの特定領域を読み書き禁止にできる。でも、セキュアなプログラムされたPICの中身を読みたいという正当なニーズはしばしば発生する。もしもPICで開発された製品のドキュメントが失われたり、セキュリティで保護したPICのコードを書いたエンジニアがいなくなったりすれば、その企業じゃ製品を修正やアップグレードするとき、チップを読む方法がなければお手上げだ。

　僕は、まずはセキュリティ保護されたPICからメモリをダンプする方法を知りたかった。このオムレツを作るには、卵を何個か割る必要があると知った僕は、友達からPIC18F1320を4つ得て、それをむき出しにし始めた。そこでわかったのが以下のことだ。

何も手を加えてない状態の PIC18F1320

ICのカバーを外す

まず中身のシリコンを見るために、上を被っているカバーを取って開封しなければならない。家でチップを開封する場合は硝酸や硫酸を使うことが多いが、これは家には置きたくない化合物だし、入手も難しい。特に硝酸は、爆薬を作るために使われる化合物だ。なので、チップ開封には故障解析ラボに送るのがいちばん確実で、手間も少なそうだった。約50ドルと2日間で、僕は開封チップを手にすることができた。

僕はこのプロジェクトでは3個のチップを開封した。2つは「機能保持開封」（シリコンはむき出しだけれど、デバイスはリードフレームに入ったままで、完全に作動する）で、もう1つは「完全開封」（パッケージを完全になくし、むき出しのシリコンダイだけ）だ。なぜ完全開封のを1個頼んだかというと、僕の検査用の顕微鏡は最高倍率だと焦点距離がきわめて短く、チップのパッケージのエポキシが残っていたらレンズに当たりそうだったからだ。

機能保持開封した PIC18F1320。
中央の少し持ち上がった四角い部分（実際は金色っぽい）がシリコンチップだ。

チップの構造を読み取る

開封したICが手に入ったので、シリコンダイを顕微鏡でざっと見て、いくつか特徴的な部分を見つけた。物理法則はどこでも同じなので、チップ内の微細な構造の大部分は、だれがチップを設計しても似たり寄ったりだ。この物理法則による制約はシステムレベルにまで影響するから、少し訓練を積めば、シリコンチップの中身を楽々と読み取れるようになる。

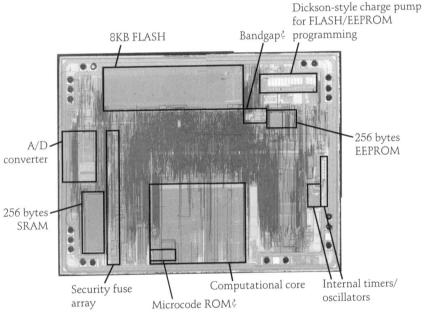

このチップの各種構造についての、僕の精一杯の推測。まちがっているかもしれない。

すぐに目につく構造の塊があった。一部のトランジスタに金属シールドがかかっていて、それが規則的なパターンになって、すべてのセキュリティビットに対応しそうな、正しい数のデバイスを持っているようだ。デバイスを被う金属のシールドは半導体ではとても珍しいから、「ここが重要」とでかでかとマークされているようなものだ。

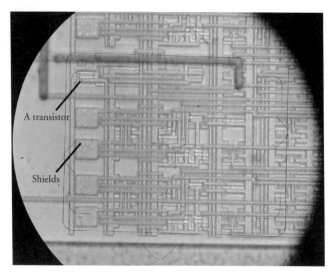

金属シールドの部分をズームしたところ

フラッシュメモリを消去する

　この金属シールドが重要なのだが、それはPICデバイスがセキュリティプログラムの情報と内部のプログラムコードの蓄積に使うフラッシュメモリの技術について、面白い事実があるからだ。フラッシュメモリ技術はフローティングゲートトランジスタ構造を使っているが、これは1970年代の2716チップのような、紫外線消去型プログラマブルROM（UV-EPROM）技術によく似ている。2716はセラミックパッケージで、水晶の窓がついていて、紫外線ランプを当てると消去できるのだ。

　フラッシュメモリとUV-EPROMではどちらも、電子がフローティングゲートに流れ込むことでデータが書き込まれる。この電子はずっと残るので、データを記憶しておける。フローティングゲートに電子があると、保持トランジスタの特性に、計測可能なオフセットを作りだす。フラッシュメモリとUV-EPROMの違いは、フラッシュメモリは電気信号のみでフローティングゲートから電子を追い出してデータを消去できるが、UV-EPROMでデータを消去するには、電子よりエネルギーの高い光子をフローティングゲートに

当てて電子を追い出す必要があるということだ。この光子を生成するために必要な紫外線は、通常250nmくらいの波長だ。過剰な損失なしにこの紫外線波長を透過するには、高価な水晶製の光学部品が必要であり、そのため使うのは少し難しくなる。

　こうした事実から僕が引き出した重要な結論はこういうことだ。フラッシュデバイスはUV-EPROMと同様のトランジスタ構造を持っているから、電子の代わりに紫外線を使って消去もできる。製品として売られているフラッシュデバイスでは、シリコンのまわりを被うことで、紫外線は一切ダイに当たらないけれど、このPICデバイスでは被っているプラスチックを除去したので、ダイに紫外線を当ててみて、何が起こるか観察できる。

　僕はかんたんな実験をしてみた。PICデバイスに、0x00から0xFFまでの16進数を1ずつ値を上げる漸増パターン繰り返し書き込むというものだ。そして、PICをUV-EPROM消去機に投げこんだ。その時間は……うーん、メールチェックして長いシャワーを浴びるぐらいだ。PICを消去機から出したら、フラッシュメモリは完全に消去されていて、データのすべてが1になった状態に変わっており、セキュリティヒューズはそのままだった。ほかにいくつかのPICデバイスを消去機にかけてみたところ、PICを十分な時間だけ消去器に入れておかないと、書き込んだ配列からの読み出しがすべて0とか、変な結果になることがわかった。この現象がなんなのか、いまもわからない。

セキュリティビットを消去する

　まちがいなく、セキュリティヒューズの上の金属シールドは、フラッシュメモリの内容に影響を与えないでヒューズだけを消そうという試みを妨害するために置かれていた。

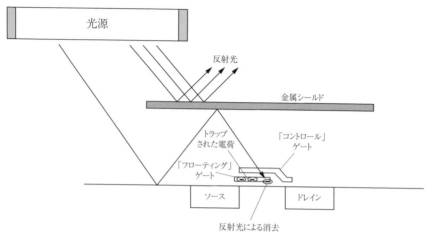

ヒューズの部分を金属シールドがどうガードしているか、それをどう迂回すればいいかを説明する図

　問題は、ヒューズを構成するフラッシュメモリのトランジスタの内容を消去するために、強い紫外線をどうやって目的のフローティングゲートに当てるかだ。

　金属のシールドはすべての入射光を反射し、光がゲートに届かないようにしている。でも僕は、チップを被っている透明な保護誘電体の二酸化ケイ素層と、シリコン自体とでは、光の屈折率が違うことを知っていた。つまり、ある角度で入ってきた光は、シリコンのなめらかな表面で反射してしまう。こうした反射効果は、たとえば水泳プールで潜水してみて、水面を見上げてみればわかる。斜めから見ると、水面は鏡のように反射しているはずだ。水と空気の反射率の違いのおかげで、水中の光が完全に反射してしまうからだ。

　僕の計画は、この反射を使って、紫外線を金属シールドに反射させて、目的のフローティングゲートに当てることだった。消去機のなかのPICの角度を変えたら、十分な光が反射して、フラッシュメモリのトランジスタ領域に入り込み、セキュリティビットを消せるはずだ。チップの角度を固定するために、いろんな金具やら粘着材やらで試したあげく、驚くほどシンプルな方法にたどりついた。UV-EPROM消去機内部に帯電防止のためについている導電スポンジにチップを斜めに押し込むとうまくいく、というものだ。

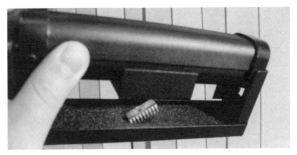

チップを帯電防止のフォームに押し込む

ほかのデータを保護する

　このテクニックは、僕が消したくないフラッシュデータも消してしまう。それを避けるために、とても細かくカットした絶縁テープでマスキングすることにした。ハンダ付け固定台、2つのピンセットと顕微鏡を使って、電気テープをダイの表面に貼り付けた。絶縁テープは紫外線がフラッシュコードメモリ領域に直接当たるのを防ぎ、シリコンの下層で反射された光も少し吸収した。

目的の位置のフラッシュROMを電気テープで被ったダイパッケージの顕微鏡写真

このマスクにより、フラッシュコードの領域にあまり影響せずに、セキュリティヒューズだけをリセットできた。以下のスクリーンショットは、僕が使っているプログラミングと読み出しのためのツールで見たフラッシュメモリの状態だ。

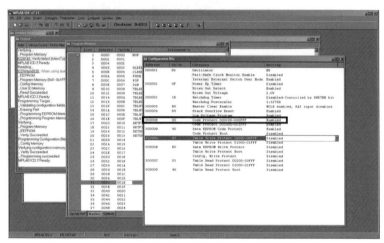

僕の PIC プログラムツールのワークスペースで見た、消去前のメモリの状態

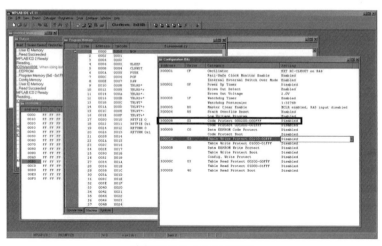

消去後に見たデバイスの状態

使用前のスクリーンショットで、[Configuration Bit] ウィンドウのセキュリティヒューズの設定と、[Program Memory] ウィンドウに表示されているフラッシュROMにプログラムされた値に注目してほしい。使用後のスクリーンショットでは、セキュリティヒューズが無効に切り替わり、[Program Memory] ウィンドウのフラッシュROMの内容は以前にプログラムされた内容と同じものが読み込まれている。コード配列の別の部分は消えてしまっているが、絶縁テープをもう少し大きめに切ることでたぶん修正できたはずだ。

このハックを発表したあとで、Microchip社がヒューズだけでなくコードメモリ配列の上にも金属シールドを置き始めたので、この手を使うのが難しくなったという報告を聞いた。それでもこのハックは、シリコンハッキングのいちばん難しいところが往々にして外部パッケージを外すところだという事実を裏付けるものだ。そして幸いにも、その問題を助けてくれる、あまり知られていないけれど安価なサービスを利用できるのだ。

SDカードをハックする

それから数年後、僕はまたフラッシュメモリを搭載した別のデバイス、SDカードをハッキングしていた。Chumbyチームにいるとき、製造工程に紛れ込んだ偽物らしきSDカードを調べたときにもSDカードの分解はやった。これについては、第5章で詳述した。今回の意図は、SDカードに本来の働きとは違うことをやらせることだった。今回のハックもまた友人xobsとの共同作業で、DARPAのCyber Fast Track（CFT）イニシアチブ（訳注　有名なハッカー集団L0phtがホワイトハウスの前で「30分もあれば世界中のすべてのインターネットを停止できる」と宣言したことから始まったプロジェクト）から資金提供を受けたものだ。CFTは、L0phtのオリジナルメンバーだったスーパーハッカー.mudgeが考案し、政府をもっとスマートにイノベーション、特にサイバーセキュリティに関係する問題を強化するために始まった、アメリカ政府のハックだ（訳注　.mudgeはその後、DARPAのProgramメンバーになった）。Novenaの作業を終えつつあり、僕がジー・チーと協力してChibitronicsをスタートさせつつある時期だった。

xobsと僕は、SDカードにカード単体で任意のバイナリを実行させられる脆弱性があることを発見した。USBフラッシュドライブやSSDなど、同じようなフラッシュメモリを使った記憶媒体にも同様の脆弱性があった。悪い

ケースでは、メモリカード上でMITM攻撃を可能にする。SDカードは表向きは普通に動いているのに、じつは攻撃者がカードとデバイスとの間の通信を横取りして操作してしまうわけだ。

一方でよいケースだと、ハードウェア開発者はSDカードやメモリデバイスという安価でどこにでもあるデバイスから、マイクロコントローラを手に入れられる。

この脆弱性を見つけるために分解された SD カードたち

SDカードの構造

このハックを理解してもらうために、まずSDカードの構造を説明しよう。この説明はSDカードだけでなく、microSDやSSD、MMCなど、フラッシュメモリでできている記憶媒体すべてに共通するものだ。OSや固有の設定を保存するためにスマートフォンの基板にハンダ付けされているeMMCデバイスやiNANDデバイスも含まれる。

フラッシュメモリは、メモリがきちんと整列して、信頼できる形でつながっていて、とても安いものだと思われている――あまりに安いから、本当

にあまりに話がうますぎる。実際にはどのフラッシュメモリも、例外なく欠陥だらけだ。それが信頼できるように見えるのは、すばらしいエラー訂正機能と不良ブロックの管理機能のおかげだ。この仕組みは、エンジニアと自然環境の絶え間ない競争の結果だ。製造プロセスの進化によってトランジスタの集積度が上がり、小さくなるたびにメモリは安くなるが、そのぶん信頼性は低くなる。一方で、チップの世代ごとに、エンジニアはますます高度で複雑なアルゴリズムを創り出し、原子レベルで生じる自然のランダムさやエントロピーを補おうとする。

こうしたアルゴリズムは、OSやアプリケーションで実行するには複雑すぎたりデバイス固有の事情が多すぎる。そのため、すべてのフラッシュデバイスにはツギハギのメモリを抽象化して1つのもののように扱うための強力なマイクロコントローラがついている。小型のmicroSDカードでさえ、1つではなく、少なくとも2つ以上のチップを搭載している。コントローラと、最低でも1つのフラッシュチップだ（高集積度のカードでは、複数のフラッシュのダイを積み重ねる）。

microSDカードの内部。
右上の小さい四角が大きいフラッシュメモリを管理するためにマウントされているマイクロチップ。

僕の経験では、メモリカードに内蔵されているフラッシュチップの品質は、

ものによって大きく違う。工場出荷時の新しいシリコンばかりでできているものから、80％以上の不良セクタを持つものまである。デジタルデバイスのゴミを気にする人なら、廃棄部品から回収されたフラッシュチップがしょっちゅうリサイクルされていると知って、喜ぶかもしれない（そうでない人もいるだろう）。比較的大手のベンダーは安定した品質を提供する傾向があるけれど、最大手のベンダーですら、さまざまなメモリチップをコントローラでまとめて同じ製造番号で出荷することがある。実装段階で不具合が発生すると、悪夢だ。

メモリカード内蔵のマイクロコントローラは100MHzに近い性能があり、組み込みでいくつかのハードウェアアクセラレータを搭載した、カスタム版のIntel 8051やARM CPUが使われている。驚いたことに、フラッシュメモリとコントローラの両方を製造できる会社の場合、コントローラのコストは0.15〜0.30ドルぐらいだ。それ以上におもしろいこととして、メモリチップのテストをウエハのレベルでおこなうのは高価だから、フラッシュメモリチップを徹底的に検査して特性評価するよりも、不良ブロックを管理するマイクロコントローラを追加するほうが、差し引きで安上がりなのだ。実際問題として、生のフラッシュデバイスを市場で調達するより、マイクロコントローラがついて統合されたものは、機能が追加されているのにもかかわらず、1ビットあたりの単価が安い。

すべてのフラッシュデバイスには独自のアルゴリズム要件があり、おかげでマイクロコントローラが処理する必要がある抽象化レイヤーの数も増える。この複雑さはバグの温床だから、変更できない静的なコードをオンチップROMに書き込むことは不可能だ。コントローラをサードパーティーから手配して組み込む場合はなおさらだ。

だから、あらゆるフラッシュデバイスにはファームウェアのロードと更新の仕組みが必要になる。このプロセスはすべて工場でおこなわれるため、エンドユーザーは触れることがないが、仕組みとしては存在する。中国のエレクトロニクス市場を調査したとき、僕は店主がカードにファームウェアを焼いて容量を「拡張」するのを見てきた。このやり方を使えば、実際に使えるストレージよりもはるかに大きな容量を表示することもできてしまう。これが店頭でできるなら、更新の仕組みはあまりセキュアでない可能性が高い。

SDカードのマイクロコントローラを
リバースエンジニアリングする

　xobsと僕は、AppoTechのAX211とAX215マイコンを使ったメモリカードを調査しているとき、この脆弱性の一例を発見した。製造元専用コマンド上で送信できる、単純な「ノック」シーケンス（CMD63というコマンドに続いてA、P、P、Oのバイトコードを送信）により、コントローラはファームウェアをローディングするモードになり、その後受け取った512バイトをプログラムとして実行した。

> **注記**　僕がここで説明しているAppoTechのチップは、さまざまな機能を統合しているので、学術的には単なるマイコンにとどまるものではなく、完全なSoCと呼ぶべきだろう。でも、AppoTechをSoC扱いするのは僕にとってはとにかく異様なので、やらない。いつでも、僕にとってはこれはマイコンだ！

　このメモリカードのAppoTechシステムも、Intelの8051マイコンを使用している。8051のレジスタについて全機能を解析するために、「ノック」シーケンスを足がかりにして、IDA（インタラクティブ逆アセンブラ）、fuzzing（マイクロコントローラにランダムな入力を与えて反応を見る）などを分析用コードと組み合わせ、8051の機能別レジスタのほとんどをリバースエンジニアリングした。この解析により、僕らはメーカーが独占的に提供しているドキュメントなしに、このチップに向けた新しいアプリケーションを開発できた。この作業のほとんどは、第7章で説明したNovenaラップトップを使っておこなった。

　この章のアタマで説明したように、僕ら（この場合は特にxobsだ）はSDカードをリバースエンジニアリングするのに役立ついくつかの専用ツールを開発した。SDカード用で任意のコードを実行するためのインタラクティブなREPL（read-evaluateprint-loop）シェルが特に役に立った。次のリストは、その環境の様子を示すものだ。

```
root@bunnie-novena:~/ax211-code# ./ax211 -d debug.bin
FPGA hardware v1.26
Debug mode APPO response [6]: {0x3f 0x00 0xc1 0x04 0x17 0xab}
Result of factory mode: 0
00000000 0f 41 1f 0f 0f 0f ff ff  |.A......|
```

```
Expected 0x00 0x00, got 0x0f 0x41
Loaded debugger
Locating fixup hooks... Done
AX211> help
List of available commands:
       hello    Make sure the card is there
        peek    Read an area of memory
        poke    Write to an area of memory
        jump    Jump to an area of memory
     dumprom    Dump all of ROM to a file
      memset    Set a range of memory to a single value
        null    Do nothing and return all zeroes
       disasm   Disassemble an area of memory
         ram    Manipulate internal RAM
         sfr    Manipulate special function registers
        nand    Operate on the NAND in some fashion
       extop    Execute an extended opcode on the chip
       reset    Reset the AX211 card
        help    Print this help
For more information on a specific command, type 'help [command]'
AX211> help disasm
Help for disasm:
Disassemble a number of bytes at the given offset.
Usage: disasm [address] [bytes]
AX211> disasm 0x200 16
.org 0x0200
        nop
        nop
        reti

        nop
        mov R7, A
        reti
```

```
mov R7, A
nop
mov R7, A
nop
mov R7, A
nop
```

　この環境の中から、デバッガでプログラムを実行し、helpコマンドで実行可能なコマンドとその機能のリストを取得し、disasmコマンドでコードの一部を逆アセンブルできる。
　こうした豊富な機能を備えたインタラクティブなツールの開発には多くの時間がかかったが、おかげで自動化されたfuzzingのフレームワークを利用して、複雑な仮説もテストすることができたから、すぐに元は取れた。
　アップできるコードのサイズは512バイトに制限されていたため、ホストであるNovenaコンピュータとターゲットのAppoTechの間でREPL環境を分割する必要があった。ソースコードは以下にアップしてある。

https://github.com/xobs/ax211-code/

　たとえばあるメモリ領域を逆アセンブルするためには、ホスト側で実行されるスクリプトがAX211に対して要求されるメモリ領域をダンプするようリクエストをいくつか出し、続いてホスト側のARM CPUで実行されているプログラムが逆アセンブルのアルゴリズムを実行する、といった感じだ。

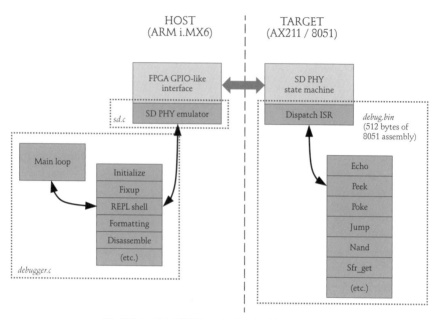

SDをデバッグする機能を、ホストとターゲットで分割する

　このツールを作るにはまず、SDの物理エミュレーション層（PHYと呼ぼう）から始めた。NovenaのFPGAを使用して、SDホストPHY用にGPIOのようなレジスタAPIを作った。データ入力と出力のためにレジスタが1つずつ、そしてビットごとにデータが入出力のどちら向きかを設定するためレジスタが1つある。AX211カードは、このために作ったフレキシブル基板アダプターを介してFPGAにつないだ*。

---

*　余談ながら、第8章で触れたのと同じフレキシブル基板を使い、これが部分的にChibitronicsにつながった。

フレキシブル基板で作ったアダプターで Novena につなぐ

　SDのコマンドはAX211で受信され、組み込み8051CPUにつながった、ハードウェア状態マシンで処理された。状態マシンは、データ受信を扱い、エラー検出のため無限ループのコードをチェックした。状態マシンに完全なパケットが受信されると、8051に割り込みがかけられて、パケットの到着が知らされる。

　僕たちは割り込み処理の仕組みをハイジャックして、デフォルトハンドラを独自の512バイトコードスタブにマッピングしなおした。これで、peek、poke、jump、NANDレジスタ操作など、REPL環境に必要な新しいコールバック関数の実装に必要なSDコマンドを定義できる。これは、MITM攻撃を実装するための理想的なフックになる。

REPLのためのコールバック機能が、開発環境の画面に現れた

　ファームウェアのアップデートシーケンスにセキュリティをかけないメーカーが、ほかにどのくらいあるかは知らない。AppoTechはSDコントローラの世界では比較的小さいプレーヤーだ。ほとんどの人は聞いたことがないはずの、Alcor Micro、Skymedi、Phison、SMIといった一握りの会社がSDコントローラを作っている。もちろん、SanDiskやSamsungなどもいる。それぞれファームウェアのロードや更新の仕組みはちがう。でも、ARMの命令セットを使うSamsung eMMCの実装に少なくとも1つはバグがあって、ファームウェアのアップデータをAndroidデバイスに送信することが必要になってしまったのは知っている。これまた、さらになにかを発見できそうな題材としては有望かもしれない。

潜在的なセキュリティ問題

　セキュリティの観点から見ると、一見なんの機能も持っていないように見えるメモリカードがじつはコードを走らせていて、それを改変すれば検出が難しいMITM攻撃を実行できるとわかった。メモリカードのマイコンで実

行されているコードを検査して証明する標準的なやり方はまだない。

もし、高リスクで厳しいセキュリティが求められる状況でSDカードを使っている場合、そのカードにsecurity-eraseコマンド（またはその他のあらゆる消去ツール）をかけても、機密データを完全消去できるかは保証できない。本当にデータを消去したい場合、物理的にメモリカードを破壊して処分すべきだ。必要なら乳鉢ですりつぶすこと。

SDカードはホビイストのためのリソースになりえる

ハッカーやDIYの視点から見ると、今回の調査結果は、シンプルなプロジェクト用の安くて強力なマイクロコントローラの入手策として、潜在的に面白いものを示唆している。

Arduino（8ビット、16MHzのマイクロコントローラ）のクローンは20ドル前後だ。数ギガバイトのメモリと数倍の性能を持つマイクロコントローラを搭載したmicroSDカードは、その数分の1の価格で買える。たしかにSDカードはI/Oが限られているけれど、SDカード内のマイクロコントローラをうまくハッキングすると、I2C通信やSPI通信を使うセンサーのための、とてもコンパクトで安いデータロガーのソリューションになるかもしれない。

保護されたビデオコンテンツに合法的にオーバーレイする

ハッキングするときによく「うまいやり方だけど、それって合法なの？」とよく聞かれる。工学的なシステムにハックが通用するように、法律のシステムにも抜け穴がある。一部の抜け穴は、意図的に組み込まれたものだ。そうでないものもあるが。いずれにしても、抜け穴はイノベーションの重要な突破口になるときがある。ハックをするときに、僕はエンジニアリング上の制約だけでなく、法的な問題も考える。外装ケースに何かを合わせる時にサイズの制限を考えたり、バッテリーで駆動するシステムの大きさと使用時間を調整するのと同じだ。

僕がChumbyにいた2011年頃、僕らが狙っていた市場をiPhoneやAndroidが奪う中で、どうやってもっと普及させるかで悩んでいた。消費者に受け入れてもらう永遠のネックは値段だ。chumbyで圧倒的に高かった部品は、画面のLCDだった。当時のCEOスティーブ・トムリンは、家でいちばん大き

なディスプレイであるテレビが当時はインターネットに接続されていないことに目をつけた。そこで、僕にこんな問いかけが降ってきた。「一石二鳥のやり方はないのか？　こっちの部品一覧から画面をなくし、同時にテレビをインターネットに対応させるうまいやり方はないかな？」これは、GoogleのChromecastやLogitechのRevueなどが登場する前の話だ。

　僕らが思いついたのは、HDMIポートに接続するスティックに安価なPCをパッケージングするということだ。これでテレビ画面にchumbyのネットニュースを表示できるが、これではテレビでchumbyを選択したら、番組や映画を見ることができない。僕たちは「テレビを見ながら、TwitterやFacebookの通知が画面上に何らかの方法で出てくること」がユーザーの本当の望みだと考えた。

　コンセプトは単純だ。ケーブルテレビのセットトップボックスやブルーレイプレーヤーやAVレシーバーなどから既存のビデオ出力をchumbyのボックスにつなぎ、番組の内容とchumbyの出力を混ぜて出力し、テレビに表示させる。ただしここで、デジタルビデオの信号にはすべてHDCPの暗号化（訳注 ダビング禁止のためのもの。デジタルミレニアム著作権法は、この暗号化を解除することを違法にしている）が施されているため、ヘタにビデオの情報とchumbyの情報をミックスすると違法になる。正しいやり方を考える中で、NeTVが生まれた。

chumbyのロゴがつけられたNeTV

NeTVの内部

NeTV開発の背景

　NeTVは合法的な範囲で既存のビデオ番組にインターネットのコンテンツをオーバーレイするという課題への僕の回答で、2010年9月にHDCPのマスターキーが公開されたのも役に立った。このハックを理解してもらうために、まずHDCPについて説明する。

　HDCP（High-bandwidth Digital Content Protection、高帯域幅のデジタルコンテンツ保護）は、HDMIで転送されるビデオ信号をピクセルレベルで暗号化するものだ。著作権管理のための暗号化をおこなうことで、放送局やスタジオなどの著作権管理者がコンテンツの再生画面をコントロールできる。HDCPはピクチャー・イン・ピクチャーやオーバーレイ、サードパーティーによるフィルタリングやイメージの変更、つまり勝手に別番組と同時再生したりロゴを載せたりすることを制限する。著作権コントロールの迂回を犯罪にするDMCA（デジタルミレニアム著作権法）とHDCPを組み合わせると、いくつかの番組では自分の画面でコンテンツを変更すると違法になる。テレビ放送や映画の上に何かをかぶせるHDMI機器がほとんどないのはそのためだ。

　繰り返すと、僕はNeTVでだいたい以下の4つぐらいの目標を持っていた。

- ユーザー側がコンテンツをミックスできる
- 広告を削除できるか、自分に関連する広告に置き換える
- インタラクティブなテレビ体験を作る
- どんなテレビでも使えるようにする

　このために、僕はNeTVをMITM（訳注　中間者攻撃と呼ばれるハックだが、ここでは悪用ではない）として設計し、たとえばブルーレイプレイヤーからデータをもらって、マスターキーを使用してユーザーにカスタムオーバーレイを提供するようにした。ビデオをオーバーレイで表示するシナリオはいろいろあるけれど、基本的にはコンテンツXを見ている間に別のコンテンツYも見たいというものだ。2つのコンテンツを組み合わせるには、ビデオのオーバーレイがいる。

　僕のMITMだと、NeTVはあらゆるビデオフィードにWebKitブラウザ（SafariやChromeのエンジン）を重ねる。この技術の具体的なユースケースとしては、テレビ番組にTwitterを、コメント表示の帯のように重ねて、番組について人々がどうつぶやいているかを、番組の表示されているのと同じ画面で、リアルタイムで見るというものがある。一部のテレビ番組ではすでにTwitterを番組に取り込もうとしているが、それは放送局の側でおこなっていて、ユーザーは番組が表示するハッシュタグしか見られない。NeTVではユーザーがハッシュタグを入れることができるので、同じテレビ番組（たとえば、政治討論会）でもどのハッシュタグを見る側のTwitterのコメント欄に入れるかで、まったく違う視聴体験が味わえるわけだ。

　つまらないビデオのオーバーレイでも面白い話題になるという事実は、DMCAがもたらした伝統的な権利や自由の歪曲を如実に示している。でも、マスターキーの公開で登場すると予言されたHDCPのプロテクト解除機と違い、僕のハックはもとのビデオデータを復号しない。つまり、著作権処理を迂回していないので、DMCAには触れていない。うまい抜け穴が見つかったんだ！

NeTVの動作

もちろん、このハックは完全なオープンソースとして公開した*。ハードウェアも、HDMIやDVIで使われる信号規格であるTMDS互換入力と出力を作るのに使ったSpartan-6 FPGAとVerilogによる実装もオープンソースだ。

FPGA内の基本的なパイプラインは、入力ビデオを並列化して、出力を直列化しなおすというものだ。このごくありきたりのモードでは、NeTVは単にビデオ信号を増幅しているだけだ。暗号化ピクセルが入ってきて、暗号化ピクセルが出ていく。復号はないし、ビデオ操作もない。

NeTVは、HDCPで暗号化されたビデオとユーザー生成コンテンツを混在させることができる。なぜかというと、HDCPは検証をおこなわずに暗号化するからだ。言い換えれば、MITMの中間者が暗号化されたデータを改ざんしても、受信側は改ざんされたピクセルを受けとり、それを有効なデータとして復号してユーザーに渡す。

リンク検証がないのは意図的なものだし、必要なものだ。HDビデオリンクの自然なビットエラー率はすさまじいものだが、人間の目は10,000ビットに1回まちがいがあっても認識できない（エラー率が高いと画面上に「ちらつき」や「雪」が出るけれど、画像はほぼ無事だ）。ピクセルレベルでの破損をある程度受け入れることで、消費者にとってのコストは下がる。もしそれを許容しないなら、フレームハッシングのような厳密な暗号検証技術なみのビットエラー率を達成するためのFEC技術だけでなく、ずっと高品質なケーブルが必要だ。

つまり、このNeTVの大きな課題は、送信側のキーストリームと同じで同期したキーストリームを元映像から抽出し、そのキーストリームでユーザー生成コンテンツを暗号化して、送信側からのピクセルをその場で選択的に置き換えることだ。すべてがうまくそろえば、受信側が復号する画像は、もとのビデオフィードにユーザー生成コンテンツを完璧にオーバーレイしたように見える。

---

* ドキュメントはスタジオ子兎wikiにある、ただし本書が出版される頃には、Adafruitで販売されている当初のNeTV製品は、もっと新しく改善された実装が登場してきて、すでに廃番になっているはずだ。

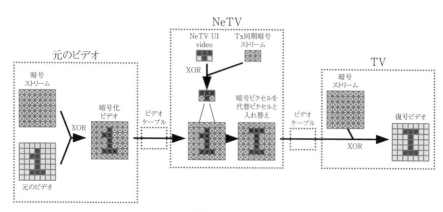

NeTVが動作する仕組みの概念図

オーバーレイ画像を生成する

　ユーザーが望むオーバーレイのコンテンツを生成するために、僕らは小型の組み込みLinuxコンピュータとFPGAをつなげた。Linuxコンピュータ側から見て、FPGAは/dev/fb0（Linuxの最初のフレームバッファのファイルパス）にあるフレームバッファを使って、パラレルRGB液晶モニタをエミュレートする。このLinuxコンピュータは、起動時にWebKitブラウザをフルスクリーンを立ち上げることで、/dev/fb0の画面にユーザーのコンテンツを埋め込む。
　システムは、WebKitでオーバーレイされたビデオの色を読み取ることで、入れ替えるピクセルを選択する。クロマキー合成という手法だ。オーバーレイされているビデオはユーザーによって生成されていて、暗号化されていないため、色を読み取るのは合法だ。もっと表現力が豊かできれいなアルファブレンディングなどのピクセル合成方法だと、もとのビデオを復号しなければならず、違法になる。
　オーバーレイするビデオが特定のクロマキーカラー（今回は、特定の明るいピンクを使用した）に一致すると入力ビデオが表示され、それ以外の場合はオーバーレイビデオが表示される。
　このシステムを使えば、ユーザーは透明な「穴」をカスタムUIに作成して、オリジナルのビデオをそこから覗ける。UIはWebブラウザでレンダリングされているため、UIページのCSSで指定する背景色をその特定のピンク色にするだけで、クロマキー合成を実装できる。

こういう設定だと、Webページのデフォルト状態は透明になる。UIがクロマキーの色を使わず、アンチエイリアスなどの機能を無効にしておけば、その上にレンダリングされるすべてのアイテムは不透明になる。

キーストリームを生成する

このクロマキー合成は、暗号化された領域でおこなわれている。FPGAの2つめの仕事は、HDMIリンクを嗅ぎ回り、送信側と同じキーストリームを生成することだ。

最初に、FPGAはデータ表示チャネル（Data Display Channel, DDC）というHDMI上のI2Cリンクを調べにいく。DDCは、モニターが自分の解像度などを報告する機能（拡張ディスプレイ識別データ、Extended Display Identification Data, EDIDと呼ばれる）を実現していて、暗号鍵が交換される場所でもある。

NeTVは送信側と受信側の間の鍵交換ハンドシェイクを観察し、HDCPマスター鍵の助けを借りることで、送信側と受信機側間の秘密鍵を数学的に抽出できる。いったん秘密鍵ベクトルを抽出してしまえば、入力や出力でやるのとまったく同じ方法でかけ算をして、Kmと呼ばれる共有秘密鍵を抽出できる。

KmがFPGAのHDCPエンジンに書き込まれると、暗号の状態は準備よしとなり、NeTVはビデオソースとディスプレイの間で送信されるビデオに、オーバーレイを暗号化して乗せられるようになる。

法的な制約を、単なる工学的な制約として考えることで、僕はまったく新しいデバイスを創り出し、ある論点を証明してみせた。その論点というのは、DRMシステムを迂回するハッキングと、著作権そのものを迂回する試みを、すぐに同じものと考えてはいけない、というものだ。NeTVは暗号化されたビデオをまったく復号していないし、既存の有効なHDCPリンクなしでは動作しない。HDCPマスター鍵の商用利用として文句なしの、法律違反なしのアプリケーションだ。

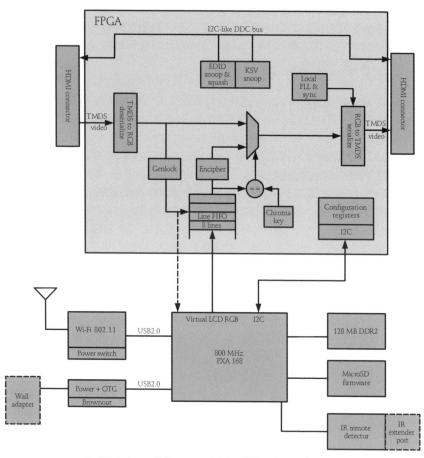

NeTVのFPGA動作についてもう少し詳細に書いたブロック図

　本章ではこれまで、物理的な侵入、システムレベルのツール構築と解析、法律問題を工学的に解釈することなど、さまざまなハッキングのやり方とテクニックを見てきた。第4章の「だれが山寨なのか？」では、携帯電話のチップセットをリバースエンジニアリングするためのツール、Fernvaleの法的アプローチについて説明した。携帯電話のような複雑なシステムをリバースエンジニアリングするために、僕とxobsはエンジニア的に法について考えるだ

けでなく、あらゆる制約をとっぱらい、手持ちのすべての技能を適用した。この章の残りの部分では、そうした技能をいくつか紹介する。

山寨電話をハックする

　僕とxobsがFernvaleのプロジェクトをしていたときのゴールは、12ドルの公開電話機のハードウェアから新しいプラットフォームを作り、技術情報をオープンソースのIPシステムで公開することだった。僕たちはリバースエンジニアリングしたいチップのいくつかについては何のドキュメントも持っていなかったが、それでもひるまなかった。僕たちは複雑な法律分野をかいくぐり、無意識の盗作を避けるためにチップのファームウェアをプログラムする独自のカスタムスクリプト言語を制作した。

　ファームウェアに比べると、チップのリバースエンジニアリングはかなりストレートなものだった。僕らがかき集めたドキュメントで、チップのピン配置の考え方はわかったし、ピンの命名規則はかなりわかりやすかったから、僕らの常識と経験を適用すれば接続方法はわかった。

　ハッキリしない部分については、分解した電話機を動作させながらテスターを当てたり、顕微鏡で見たりして、どこがどうつながっているかを調べた。最悪の場合には、オシロスコープで調べながら電話を動作させ、接続の理解が正しいか確認した。

　もっと難しい問題は、このハードウェアの構造を決めることだった。

山寨電話のシステム設計

　僕らは電話を作るのではなく、IoTデバイス用に設計されたSystem-on-ModuleタイプのシングルボードコンピュータであるParticle社のSpark Core（今はPhotonとして生まれ変わった）に近いものを目指していた。じつは最初のレンダリングやピン配置は、ハードウェア拡張にSparkのエコシステムと互換性を持たせた。でもそこで、公開携帯のMT6260マイクロコントローラが、こんな小さなフットプリントにはとうてい収まりきらないほどの面白い周辺機器を持っていることに気がついた。

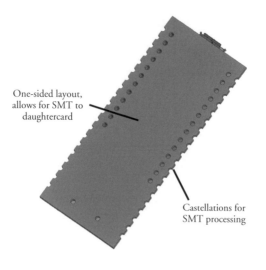

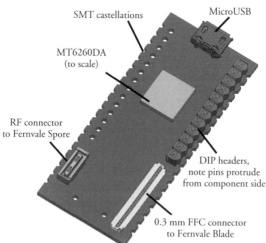

FernvaleのPCBの初期スケッチ

　最終的に、microUSB、microSD、バッテリー、カメラ、スピーカー、Bluetooth機能（それにもちろん必須のボタンやLED類）を1枚のボードに配置し

た、Fernvale Frondと呼ばれる片面実装のコアPCBを作ることにした。
Frondは厚さ3.5mm、長さ57mm、幅35mmのスリムで小さいボードだ。ボードには、Arduinoとの互換性を保つためにピンヘッダの一部をマウントするための穴を開けた。3.3V互換のArduinoしか差し込めないものではあったが。

実際に実装されたFernvale Frondと、それをArduino Unoに載せたもの

　残りの周辺機器は、2種類のコネクタ経由で接続されるようにした。片方のコネクタはGSM（2G携帯電話ネットワーク用のプロトコル）関連の信号、もう1つのコネクタはUI関連の周辺機器用だ。GSMのボードはFernvale Sporeと名づけ、UIのボードはFernvale Bladeと名づけた。GSM部分を分割モジュールにして、RFフロントエンドの選択を多様にすることと、GSMは完全にユーザー自身がインストールするものにすることで、規制や電波放出の問題をユーザーレベルのものにした。UI関連の機能も、別のボードに分割することでコアモジュールのコストを削減し、ユーザーが決まったLCDやボタンの位置に縛られずに、さまざまなやり方でFrondを試せる。

GSM antenna
GSM RF: PA + TxRx + Filters

Keypad		SIM	
Headphone		TS	LCD

Expansion/breakout board

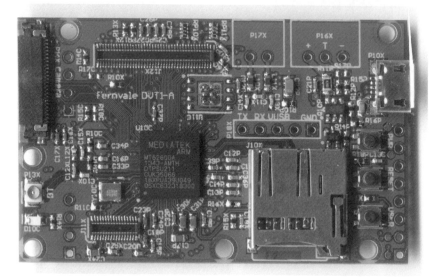

AFE header						Expansion header		
Fernvale Mainboard (MT6260DA)								
UART	Speaker	Battery	Camera	USB 1.1	MicroSD	BT		Arduino

Fernvaleのシステム図。機能ごとに分けられた3つのボードが見える

MT6260の中身

僕はニセモノを特定するために、MT6260のX線写真を撮影した。MT6260はグレー市場で調達するしかなかったので、空のエポキシブロックやほかのチップのリマーク版を避けたかったのだ。MT6260には-DAと-Aのバリエーションがあるが、違いは内蔵フラッシュメモリの量だ。

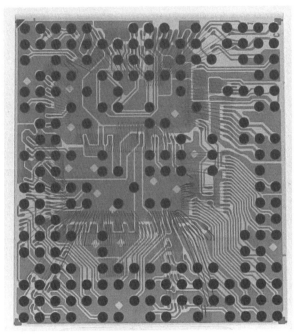

X線で見たMT6260のチップ。
注意して見ると、複数のICがワイヤーで接続されているのがわかる。

驚いたことに、このたった3ドルのチップは、1つのICだけでできているのではなかった。1つのマルチチップモジュール（MCM, Multi Chip Module）に数百のワイヤーボンドで統合されているのは、少なくとも4つの（おそらくは5つの）チップだ。1990年代の後半にPentium Proのデュアルダイパッケージが登場したとき、単一の大きなダイに比べてMCMの歩留

まりコストはどうなのかという議論が花開いたものだ。そのときは、MCMは風変わりで高価な手段だと考えていた。

またその頃、MITのAI Labの教授で、その後UCバークレーの教授になったクリスト・アサノビッチから、エレクトロニクスの未来はシステム・オン・チップのデバイスではなく、「システムのほとんど・オン・チップ」だと聞いたことも覚えている。彼の主張の根拠はDRAM、フラッシュ、アナログ、無線、およびデジタルを1つのプロセスにまとめるためにマスク層を追加するのは、コスト的に望ましくないというものだった。複数のダイを1つのパッケージにまとめるほうが、安価でかんたんだという。

今なお、プロセスを半導体ファブに追加する費用への影響（1個あたりの費用の面でも、1回限りのエンジニアリング費用の面でも）と、モジュールをまとめるやり方の歩留まりへの影響、相対的なリワーク性、および1回限りのエンジニアリングコストの低さは、競争関係にある。

シングルチップのシステム・オン・チップデバイスは、クリストがおこなった頃には主流だったし、いまでもかなり有力なので、このMT6260という大きなデータポイントが彼の洞察を裏付けているのを見るのは興味深いものだった。

チップの内部構造を理解することで、システム全体のリバースエンジニアリングにも役だった。MediaTekが単に複数のチップを単一のパッケージにまとめているだけだと知ることで、彼らのAPIの目的と構成について、非常に重要なポイントが明らかになった。また、いくつかのシステム要素が、別の製品カテゴリや複数の世代の間で再利用されているはずだと見当もついた。そのため、別の世代の古いチップや関連チップのドキュメントから有意義な情報が得られるのもわかった。これほど複雑なパズルを組み合わせるときは、チップの物理的構造を見て得られるものに加えて、あらゆるものがヒントになる。

ブートストラップをリバースエンジニアリングする

　中国の山寨エンジニアは、電話機を組み立てUIをカスタマイズするためのドキュメントには十分にアクセスできるが、OSを移植するための情報は足りていないようだ。多くの電話機を調べた結果、あるチップセットで作られたすべての電話機に同じバックドアコードが含まれ、かつOSのGUIは組み込まれているハードウェアとしばしばかみ合っていないことがわかった。たとえば第4章で取り上げた12ドルの携帯電話は、ヘッドフォンをジャックに差し込むとFMラジオ機能が有効になると画面に表示されたが、ヘッドフォンジャックはない。

　オープンソースライセンスを通じてFernvaleを西側のエンジニアに利用できるようにするために、OS、アプリケーション、ファームウェアの更新ツール、アプリケーション、ツールチェーン（訳注　プログラムを制作するのに使われるツールの集合体。1つのツールの出力がほかのツールの入力となるため、ツールチェーンと呼ばれる）など、すべてをゼロから再構築する必要があった。でも、中国の電話機はすべてMediaTekの独占ツールチェーンに依存していたため、ブートプロセスとファームウェアアップロードのプロトコルを理解するためにリバースエンジニアリングをおこなう必要があった。

　僕はリバースエンジニアリング時には第1歩として、もし可能ならいつもROMのダンプをする。ROMが外付けされていた電話機は1種類だけだ。そのモデルでは、ROMが内蔵されない-D版のチップを使用していたため、そのハンダ付けを外し、通常のROMリーダーを使ってデータを読んだ。ROMのデータはほとんど暗号化されてなかったが、多くの圧縮データがあった。ここに、静的解析後のROMに関する僕たちのメモの1ページを記載する。

```
0x0000_0000              media signature "SF_BOOT"
0x0000_0200              bootloader signature "BRLYT", "BBBB"
0x0000_0800              sector header 1 ("MMM.8")
0x0000_09BC              reset vector table
0x0000_0A10              start of ARM32 instructions
                         - stage 1 bootloader?
0x0000_3400              sector header 2 ("MMM.8")
                         - stage 2 bootloader?
```

0x0000_A518	thunk table of some type
0x0000_B704	end of code (padding until next sector)
0x0001_0000	sector header 3("MMM.8")　- kernel?
0x0001_0368	jump table + runtime setup (stack, etc.)
0x0001_0828	ARM thumb code start
	- possibly also baseband code
0x0007_2F04	code end
0x0007_2F05	begin padding "DFFF"
0x0009_F005	end padding "DFFF"
0x0009_F006	code section begin "Accelerated Technology / ATI / Nucleus PLUS"
0x000A_2C1A	code section end; pad with zeros
0x000A_328C	region of compressed/unknown data begin
0x007E_E200	modified FAT partition #1
0x007E_F400	modified FAT partition #2

　左側の16進数はメモリアドレス、右側のテキストは僕とxobsがその意味を推測したものだ。SoCのリバースエンジニアリングをする際に問題となるのは、起動時にコードが外部デバイスからロードされる前に実行される内部のブートROMがあるということだ。そこに外部コードの改ざんを防ぐ署名とセキュリティのチェックも含まれている場合がある。

　このシステムのリバースエンジニアリングがどのくらい難しいか見極めるため、まず外部のブートコードを読みにいく前に、内部でどれだけのコードが実行されているかを把握したいと考えた。Tek（Tektronix、テクトロニクス）社のオシロスコープMDO4104B-6を使うことで、わずか数時間ほどでその作業が実現できた。

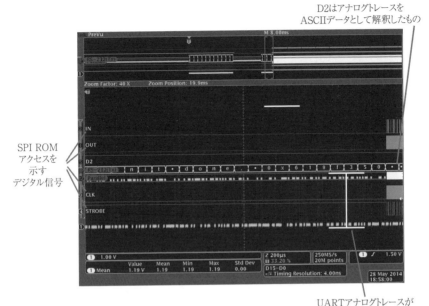

MDO4104B-6 のスクリーンショット。
いちばん上のウィンドウにはキャプチャした信号全体のズームアウトが表示されている。
SPI ROM へのアクセス中にコンソール出力が定期的におこなわれているのに注目。

　このオシロスコープは、深く高解像度のアナログ信号のトレースに対し、それをキャプチャした後で解析し、結果をデジタルデータとして出力するすばらしい機能がある。たとえば、チップの周りにプローブを当てながら電源をオンオフして、エンコードされたRS-232信号のように見える波形を見つけたら、信号をキャプチャしてその後にそれを分析し、ASCIIテキストを抽出できる。同様に、SPIトレースをキャプチャできたら、このオシロスコープはROMアクセスのパターンを抽出できる。テキスト送出のタイミングとSPI ROMのアドレスパターンを調べることで、内部ブートROMで実行される検証は、あったとしても最小限で、少なくともRSA暗号を計算するような複雑さは持っていないことがすぐにわかった。

そこから僕たちは、計測―改変―試験のループをスピードアップする必要があった。ROMのハンダを外し、バーナーに入れて、また基板にハンダ付けして直すという手順には、すぐにうんざりしてきてしまう。ちょうどいいことに、僕らは一部SDカードに内蔵されたAX211をリバースエンジニアリングするために使った、NovenaのNANDフラッシュROMエミュレータ（愛称はロミュレータ）をすでに持っていた。そのコードベースを再利用して、SPIのROMエミュレータを開発した。GPBBとそれに対応するFPGAコードをハッキングし、元のブートSPI ROMとデュアルポート64kiBエミュレータ領域とを入れ替えられるようにした。このエミュレータは、NovenaのLinuxホストのアドレス空間にマッピングされている。その後、携帯電話をラップトップにつないで、ROMエミュレータを動かしてみた。

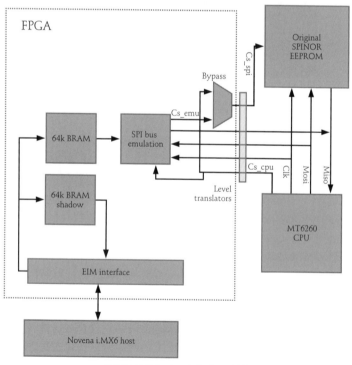

SPI ROM エミュレータのブロック図

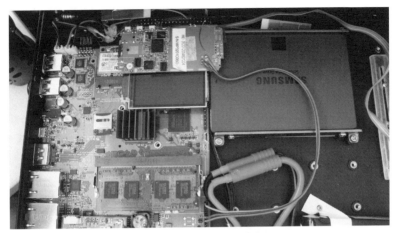

Novenaが電話になった写真だ!

　Tektronixのオシロスコープによって判明したアドレス、ROMエミュレータで素早く作られたROMパッチ、そしてインタラクティブ逆アセンブラ（IDA）を使用した静的なコード解析で得られたSHA-1関数の痕跡から、最初のブートローダ（1bl）はSHA-1用の詰め物をつけてハッシュチェックをしているのがわかった。

> **注記**　ハッシュ関数用の構築はきわめて独特の形というか命令群があることが多く、ハッシュ値のほうも固有のマジックナンバーがある。このため、認証システムをリバースエンジニアリングしようとするハッカーが最初にやることは、IDAを利用して、そのハッシュ関数の形をした関数のそばにある定数を探すことだ。

橋頭堡を作る

　次のステップは、目標のハードウェアで実験をするための足がかりとして、対話型のシェルを作成することだ。xobsは、SDカードのリバースエンジニアリングでやったのと同じように、Fernlyと呼ぶコンパクトなREPL環境を作った。これはメモリの読み込み、データの書き込み、CPUレジスタのダンプなどのコマンドを実装していた。

エミュレートされたROMをLinuxホスト上の64Kバイトのメモリにマップされたウィンドウとして表示することで、POSIXとして定義されたいくつかの関数でROMにアクセスできるようになる。たとえば、mmap()関数、open()関数（/dev/mem経由）、read()関数、write()関数などだ。

　xobsはこれらの関数を利用して、移植可能なリバースエンジニアリングのフレームワーク redare2のI/Oターゲットを作成した。I/Oターゲットは、1blのコードスペースを変更するたびに、自動的にSHA-1ハッシュを更新する。このシステムができたおかげで、エミュレートされたROM空間の中でインタラクティブにパッチを当てたり、逆アセンブルをするようなことがサクサクできる。

ROMにいくつかのパッチを当てる

さらに、電話機の電源スイッチをFPGAのI/Oに接続した。これでROMの内容をアップデートしつつ電話機の電源を切ったり入れたりするようなスクリプトを書けるようになり、不明なハードウェアブロックを自動的につつける。

デバッガを接続する

デバッガでROMの中のコードにアクセスするには、critical blockの場所を決めるのが難しく、またJTAGは対象デバイスのほかの重要な機能と多重化されているので、普通ではない方法を使わないといけなかった。

xbosは彼が開発したFernlyシェルをエミュレートされたARMコアに接続して、動作中のターゲットのメモリに仮想的なロードやストアを反映できるようにした。この方法で、JTAGをまったく使わずに、エミュレートされたARMプロセッサにリモートデバッガを接続できた。これにより、x86で動くIDA（インタラクティブ逆アセンブラ）など、クロスプラットフォームのツールをUIリバースエンジニアリングに使えるようになった。

このデバッグ技法の核心にあるのは、マルチプラットフォームのシステムエミュレータであるQEMUだ。QEMUはARMターゲットのエミュレーションもこなす。特に今回の対象であるARMv5が扱える。新しい仮想マシンFernvaleを作ったが、これはターゲットで見つかったハードの一部だけを実装し、不明なメモリアクセスはデバイスに直接投げてしまう環境だ。

まずFernlyシェルを刈り込んで、最もシンプルな3つのコマンド、書き込み（write）／読み込み（read）／zero-memoryだけを実装した。writeコマンドは、byte、wordおよびdword単位で動作中のターゲットROMに書き込み、readコマンドは読み出す。OSはまとまったメモリ領域に大量の0を書き込むので、zero-memoryはそのために最適化されたものだ。

また、シリアルポートレジスタを途中でフックしてエミュレートし、ホストシステムがターゲットデバイスに送るシリアルデータを表示できるようにした。

最後に、実際のデバイスに表示されるようにSPI、IRAM、PSRAMの各デバイスをエミュレートした。メモリのほかの領域は、トラップされて実際のデバイスに回送されたか、どこにもマップされずに残って、QEMUによりエラーとして報告された。

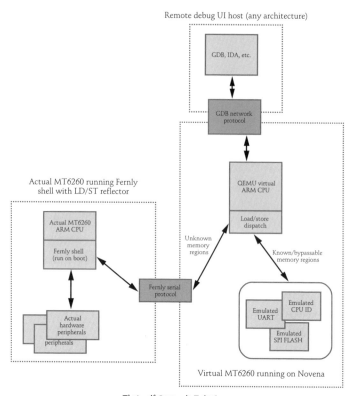

デバッガのアーキテクチャ

　デバッガを動かすには、複数の段階がある。まず、MT6260上でFernlyシェルが動いている状態を作る。次に、ブートプロセスの都合のいいところで、レジスタの状態がわかっているオリジナルのROMイメージによって、QEMUの仮想ARM CPUを動かす。この段階で、未知のアドレスへのロードかストアが実行されるまで、仮想マシンでコードが実行され続ける。その未知のアドレスへのロードやストアは実機で実行され、その結果が仮想マシンに中継されて、仮想マシンでの実行がそこから再開される。

　ベンダーのバイナリの初期化ルーチンがSPI ROMのタイミングを改変していたので、SPI ROMからFernlyを直接実行できなかった。でも、ストア命

令がFernlyの格納されている領域（memory footprint）に対しておこなわれた場合、もちろんFernlyはクラッシュしてしまう。ロード命令やストア命令がFernlyシェルコードを上書きする可能性を避けるために、トラップされてエミュレートされたIRAMの領域にFernlyコードを隠した。ターゲットCPUをエミュレートすると、TCP上のGDBを経由したIDAのようなリモートデバッガを接続できる。デバッガはエミュレートされたCPUを完全に制御でき、エミュレートされたRAMにアクセスできる。以下に、ハイブリッドQEMU／ライブターゲットデバッグハーネスの出力例を示そう。

```
bunnie@bunnie-novena-laptop:~/code/fernvale-qemu$ ./run.sh

~~~ Welcome to MTK Bootloader V005 (since 2005) ~~~
**======================================================**

READ WORD Fernvale Live 0xa0010328 = 0x0000... ok
WRITE WORD Fernvale Live 0xa0010328 = 0x0800... ok
READ WORD Fernvale Live 0xa0010230 = 0x0001... ok
WRITE WORD Fernvale Live 0xa0010230 = 0x0001... ok
READ DWORD Fernvale Live 0xa0020c80 = 0x11111011... ok
WRITE DWORD Fernvale Live 0xa0020c80 = 0x11111011... ok
READ DWORD Fernvale Live 0xa0020c90 = 0x11111111... ok
WRITE DWORD Fernvale Live 0xa0020c90 = 0x11111111... ok
READ WORD Fernvale Live 0xa0020b10 = 0x3f34... ok
WRITE WORD Fernvale Live 0xa0020b10 = 0x3f34... ok
```

この出力では、横取りされたシリアル出力をコンソールに表示したものと、エミュレートされたARM CPUの読み書き動作が、縮小版Fernlyシェルを実行している動作中のターゲットに中継されている様子のログも表示されている。これが僕たちの足がかりとなった。

そこから、xobsと僕は、メモリの中で「署名」を探すことにより、既知のMediaTekチップから使い回されたいくつかのIPブロック（たぶんCPUの周辺I/O、たとえばGPIOやシリアルのこと）のオフセット（メモリマップ中で、先頭からどれだけずれているか、メモリ中のアドレス、と考えてOK）を発見した。ここでいう

署名というのは、電源ON時のレジスタの初期値などの単純なものだったり、もっと複雑なものとしては、そのIPブロックのアドレス空間中のビットを立てたり消したりするレジスタの副作用によるビットパターンの変化などがありうる。そうした署名をたどることで、いくつかのペリフェラル（周辺I/O）のレジスタのオフセット（アドレス）を見つけ、メモリマップが生成できた。

Starting Address	Ending Address	Size of Region	Description
0x00000000	0x0fffffff	0x0fffffff	PSRAM map, repeated and mirrored at 0x00800000 offsets
0x10000000	0x1fffffff	0x0fffffff	Memory-mapped SPI chip
??????????	??????????	??????????	??????????????????????????????
0x70000000	0x7000cfff	0xcfff	On-chip SRAM (maybe cache?)
??????????	??????????	??????????	??????????????????????????????
0x80000000	0x80000008	0x08	Config block (chip version, etc.)
0x82200000	??????????	??????????	
0x83000000	??????????	??????????	
0xa0000000	0xa0000008	0x08	Config block (mirror?)
0x10010000	??????????	??????????	(?SPI mode?) ??????????????????
0x10020000	0xa0020e10	0x0e10	GPIO control block
0xa0030000	0xa0030040	0x40	WDT block + 0x08 -> WDT register (?) + 0x18 -> Boot src (?)
0xa0030800	??????????	??????????	??????????????????????????????
0xa0040000	??????????	??????????	??????????????????????????????
0xa0050000	??????????	??????????	??????????????????????????????
0xa0060000	??????????	??????????	?? Possible IRQs at 0xa0060200 ??
0xa0070000	==========	==========	== Empty (all zeroes) ==========
0xa0080000	0xa008005c	0x5c	UART1 block
0xa0090000	0xa009005c	0x5c	UART2 block
0xa00a0000	??????????	??????????	??????????????????????????????

　このメモリマップは、チップ上のどのアドレスにどんな内容が格納されているかを示したものだ。たとえば、マップ内の2番目のアドレス（0x10000000から0x1FFFFFFF）は、メモリマップ化された（訳注　CPUからメモリのようにアクセスすると、

そのデバイスのレジスタにアクセスできること）SPIチップに対応する0x0FFFFFFFバイトだ。

OSを起動する

　レジスターオフセットを見つけてから多くの面で急速に作業が進んだけれど、僕たちの目標であるNuttX（BSDライセンスで提供されているリアルタイムOS）の電話機への移植はまだ手が届かなかった。この電話機の山寨データシートには、割り込みコントローラに関するドキュメントは見つけられなかった。バイナリを解析することで割り込みハンドラをインストールしたルーチンが見つかったものの、割り込みコントローラそのもののアドレスオフセットはわからなかった。

　MediaTekのコードベースを開いて、割り込みコントローラのレジスタオフセットとビット定義を含むヘッダファイルを見るしかなかった。これは、僕たち自身が設定した、著作権を侵害しないという制限内に収まるものだ。というのも、事実は著作権を設定できないからだ。この考え方の法的な根拠については、第4章「著作権との取引」で説明している。

　こうした事実を参照した後、僕たちはScripticという独自のカスタムスクリプトを作成し、既存のコードベースから無意識に盗用してしまわないようにした。

新しいツールチェーンを作る

　FernvaleをハックするためにNovena ROMエミュレータを必要とするのは、そんなにNovenaユーザーが多くない以上難しい。オープンソースの文化に乗った山寨電話というストーリーを完成させるために、僕らは完全に機能する開発用のツールチェーンを作った。

　コンパイラはもう出来合のものがあった。ClangやGCCなど、多くのコンパイラはARMをサポートしている。それでも、MT6260をフラッシュするためのツールチェーンを作るのはずっとたいへんだった。MT6260が要求するプロトコルバージョンをサポートしている既存ツールは、僕たちの知る限り、すべてプロプラエタリな（オープンソースでない）Windowsを想定されて作られていた。ということは、MediaTekのフラッシュプロトコルをリバースエンジニアリングし、オープンソースのツールごと作らなければならない。

ありがたいことに、素のMT6260は、Linuxホストに接続すると、/dev/ttyUSB0、つまりUSB経由でエミュレートされたシリアルデバイスとして表示される。デバイスにバイトを送受信するという低レベルの処理はこれで解決だ。残るは、プロトコル層のリバースエンジニアリングだ。

xobsは、MT6260の内部ブートROMを見つけ、プロトコルの解析をおこなった。また、MediaTekのフラッシュ書き込みツールを解析し、残りの詳細を調べるためにUSBプロトコルアナライザを使って信号をキャプチャした。オープン版のUSBフラッシュツールで使って彼が抽出したコマンドを以下に表示する。

```
enum mtk_commands {
    mtk_cmd_old_write16 = 0xa1,
    mtk_cmd_old_read16 = 0xa2,
    mtk_checksum16 = 0xa4,
    mtk_remap_before_jump_to_da = 0xa7,
    mtk_jump_to_da = 0xa8,
    mtk_send_da = 0xad,
    mtk_jump_to_maui = 0xb7,
    mtk_get_version = 0xb8,
    mtk_close_usb_and_reset = 0xb9,
    mtk_cmd_new_read16 = 0xd0,
    mtk_cmd_new_read32 = 0xd1,
    mtk_cmd_new_write16 = 0xd2,
    mtk_cmd_new_write32 = 0xd4,
    // mtk_jump_to_da = 0xd5,
    mtk_jump_to_bl = 0xd6,
    mtk_get_sec_conf = 0xd8,
    mtk_send_cert = 0xe0,
    mtk_get_me = 0xe1, /* Responds with 22 bytes */
    mtk_send_auth = 0xe2,
    mtk_sla_flow = 0xe3,
    mtk_send_root_cert = 0xe5,
    mtk_do_security = 0xfe,
```

```
    mtk_firmware_version = 0xff,
};
```

これはちょうどC言語の列挙型構造で、数値を命令の意味にマッピングする方法としては非常にオタッキーな方法になっている。たとえば、mtk_cmd_old_write16は命令0xA1、mtk_command_old_read16は命令0xA2などだ。

Fernvaleの結末

NovenaとChibitronicsのクラウドファンディングキャンペーンの合間を縫っての1年にわたる作業で、僕らはMT6260でNuttXの移植版を走らせ、ハードウェアまわりの最小限のセットをサポートした。Arduinoみたいな用途で使うAVRの機能をざっと再現するには十分ながら、それを大して超えるものでもない。

xobsと僕は、ハッカーの会議である第31回カオスコンピュータ会議 (CCC, Chaos Communication Congress) で結果を発表したけれど、そのための提案書を書いているときに、事態は予想外の展開を見せた。企画書提出の前の週に、MediaTekとSeeed StudioがMT2052Aベースの開発プラットフォーム LinkIT ONEをリリースしたことを知ったのだ。LinkIT ONEはホビイストやスタートアップがIoTを手軽に作るためのプラットフォームだ。Arduinoのフレームワークに統合され、GSM通信機能を含めて、チップのすべてにオープンAPIでアクセスできる。ただし、LinkIT ONEのMT2502Aで動いているOSはプロプラエタリ (オープンソースではない) で、Arduino経由のAPIを通さずにハードウェアにアクセスすることはできない。

現実問題として、僕らがプロジェクトを続けて、MT6260のそれなりの機能をオープンソースドメインに移植するにはまだ時間がかかる。さらに、不明瞭で文書化されていないDSPで制御されているGSM呼び出し機能を解析する必要があるから、GSM通信機能をきれいな形で実装するのは不可能なことも十分ありえる。現状のFernvaleと比べてLinkIT ONEがきちんと機能する以上、MT6260をリバースエンジニアリングする活動にどこまで価値があるかの判断は、オープンソースコミュニティに委ねることにした。その結果、プロジェクトに対する関心はとても高かったとはいえ、実際の活動はあまり見られなかった。LinkIT ONEのリリースでFernvaleプロジェクトはか

なり勢いを奪われ、結果としてプロジェクトの実質的な引退につながった。
　じつは、ほとんどのオープンソースプロジェクトがこうして終わりを迎える。オープンソースのオペレーティングシステムは、何十も、ヘタをすると何百もあるが、Linuxは1つだけだ。実際のところ、面白いアイデアは山ほどあっても、それを実行する有能な開発者ははるかに少ないということだ。オープンソースプロジェクトに火がついて、多くの人を巻き込んで自立するためには、最初の製品（MVP, Minimum Viable Product）を出すだけでなく、そのプロジェクトを本当に必要としているユーザーに恵まれなければならない。プロジェクトが人々の琴線に触れ、巨大なコミュニティがプロジェクトを後押ししてくれることもある。場合によると、親切で優しい傍観者はたくさん出てくるけれど、みんな実際に参加する気はなかったり、本業で忙しすぎたりして、手伝ってもらえない。さらに別の時には、怒鳴ってもだれも相手にしてくれなかったり、もっとひどいときにはそのプロジェクトがいかに無意味かをインターネットフォーラムで詳細に分析されたりするわけだ。

この章のまとめ

　オープンソースプロジェクトの性質を考えると、僕はスタートアップ企業の日々から教訓を得て「失敗して急いで先に進め」的な哲学をとる。いろいろなことを試してみて、何が残るか見極め、自分のまちがいから多くを学んでやりなおした。アイデアがうまくいかないときに、そのアイデアに執着しないことは大事だ。最後に、目的地に着くことよりもその過程を重視すると役に立つはずだ。Fernvaleは、まちがいなく壮大な旅だった。xobsと僕はたくさんのことを学び、そこで得たツールや技能は今もほかのプロジェクトで使っている。何よりも大事なことは、僕はそれを大いに楽しんだ。
　次の章は、今後数十年にわたり僕たち全員にとってますます重要になりそうなシステムのハッキングについてのものだ。生物システムをハックしよう。

10. 生物学とバイオインフォマティクス

『Science』誌で、最も小さな菌類の1つ、肺炎マイコプラズマ（Mycoplasma pneumoniae）の代謝経路を示す科学的な図*に出くわしたとき、僕は10歳にもならない頃にApple IIの回路図を見つめていたことを思い出した。その頃の僕は、回路図に描かれた複雑な線がコンピュータの中身の図だとは知っていたが、詳細はもちろんわからなかった。それでも、重要なのは地図があるということで、その恐ろしげな見かけにもかかわらず、その回路図は、そんな複雑なものでも解明できるという希望を与えてくれた。この生物学的な回路図も、僕に同じような希望を与えてくれた。

---

* Impact of Genome Reduction on Bacterial Metabolism and Its Regulation," *Science* 326, no. 5957 (2009): 1263-1268, http://science.sciencemag.org/content/326/5957/1263/

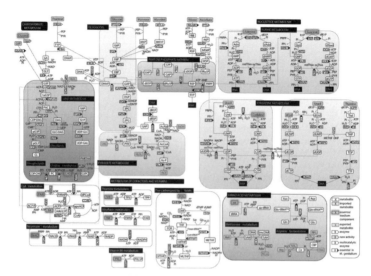

肺炎マイコプラズマの代謝経路

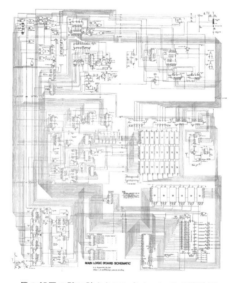

僕の部屋の壁に貼られていた Apple II の設計図

肺炎マイコプラズマの代謝経路ダイヤグラムは、Apple IIの回路図ほど正確ではないけれど、遠目に見るとその細部や複雑さは似ている。この図は、グルコースからエタノールまでの道筋を追いかけられる程度には詳細だ。Apple IIの回路図は、CPUからスピーカーまでの経路をトレースできる程度の詳細さがある。電気工学者が74LS74（電気装置）をつけた箱を大したものと思わないように、生物学者はADH内蔵の箱を大したものとは思わない（74LS74は、フリップフロップ回路を2つ内蔵している。ADHは、アセトアルデヒドをエタノールに代謝できるアルコール分解酵素で、遺伝子MPN564によって形作られる）。

　こうしてコンピュータと似ているところを探していくと、『Science』に掲載されたこの論文の補足資料には、マイコプラズマ肺炎のBOMに当たるようなリストも含まれていた。ダイアグラムの五角形の箱は、特定の化学反応を触媒する、酵素というタンパク質だ。それぞれの酵素は遺伝子配列と機能と一緒にリストになっていて、ソースコードと同じ構成だ。

　そのリストの最後には、まだ特性の判明していない遺伝子の表があった。リバースエンジニアリングをかじった人なら、電子システムの部品や関数呼び出しについて、似たような表を作ったことがあるはずだ。行き詰まったら、新しいヒントを求めてまっ先にこれを見る。生物学者とハッカーが複雑なシステムをリバースエンジニアリングするとき、似たようなテクニックを使っているのを見ると、とても心強く思える。

コンピュータウィルスと豚インフルエンザウィルスを比べる

　コンピュータウィルスと生物学的システムの比較は、代謝だけで終わらない。僕は『Nature』誌で新型インフルエンザ（H1N1、豚インフルエンザとして知られている）のウィルスとほかのインフルエンザウィルスを比較した面白い論文*を読んだ。

　それを読んで、デジタルのウィルスと生物のウィルスの対比について考え

---

* Gabriele Neumann, Takeshi Noda, and Yoshihiro Kawaoka, "Emergence and Pandemic Potential of Swine-Origin H1N1 Influenza Virus," *Nature* 459, no. 7249 (2009): 931-939, http://www.nature.com/nature/journal/v459/n7249/full/nature08157.html.

てみた。たとえばデジタルウィルスに比べ、生物ウィルスはどのくらいの大きさだろうか。つまり、人間を殺す、あるいは病気にするには、何ビットが必要なんだろう？　こういう考え方を進める中で、僕はデジタルの世界と有機物の間にいくつか類似点を考えると役に立つのがわかった。

DNAとRNAはビットだ

　2009年にH1N1インフルエンザが大流行したとき、このウィルスの遺伝子は完全に塩基配列を決められ、NCBI（National Center for Biotechnology Information）のインフルエンザウィルスデータベースに記録された。ここに集まったデータは驚異的だ。僕はここの記録の具体性が大好きだ。たとえば、アメリカからイタリアに帰国した26歳女性の鼻から採取されたA/Italy/49/2009 (H1N1) というインフルエンザの1インスタンスの完全な配列を、NCBIのウェブサイトで見ることができる。これが、そのDNA配列の最初の120ビットだ。

---

atgaaggcaa tactagtagt tctgctatat acatttgcaa ccgcaaatgc agacacatta

　合計で120ビットあり、それぞれの値（A、T、G、C）は2ビットの情報を表す。遺伝子ではアミノ酸の配列として表すことができ、3つのDNA記号が1つのアミノ酸に対応する「コドン」と呼ばれる。アミノ酸の長い鎖は複雑な構造に折りたたまれ、細胞の機能と構造を作るタンパク質になり、タンパク質にならない短い鎖はペプチドと呼ばれる。

　生物学者たちが標準遺伝コードと呼ぶ、コンピュータ用語でいうところのルックアップテーブルを使って、僕が前の配列をペプチドに変換するとこうなる。

　　　　　　　　　　　　　　　MKAILVVLLYTFATANADTL

　この配列では、1つひとつの記号はアミノ酸を表し、アミノ酸1つあたり3つのDNA塩基、6ビットになる。基準コドン表には20個のアミノ酸が記載され、各文字はそれぞれのアミノ酸に対応する。Mはメチオニン、Kはリシン、Aはアラニンなどだ。

こんどは、RNAについて考えてみる。RNAは、タンパク質の合成に関する情報をDNAからもらい、細胞の残りの部分に渡す。RNAの各塩基は、4つの記号（この場合はA、U、G、C）のうち1つを指定するので、同じく2ビットの情報に対応する。DNAとRNAは情報的には等価で1対1でマッピングできる。DNAはディスクに保存されたプログラム、RNAはRAMにロードされた同じプログラムと考えられる。DNAをロードすると、タンパク質合成の指示がRNAに転写される。このときに、T塩基はすべてU塩基に置き換えられる。

つまりタンパク質は、RNAプログラムを実行した出力というわけだ。タンパク質は、RNAの指示によって、3対1のマッピングで合成される。まるで、フレームバッファ内のピクセルのようにタンパク質を考えることができる。

- 完成されたプロテインは、画面に出た映像と考えられる。
- タンパク質を構成するアミノ酸は、ピクセルだ。
- それぞれのピクセルは、3対1のマッピングで、6ビットの情報（媒体は塩基1つあたり2ビット保存するので）を持っている。
- 最後に、各ピクセルはカラーパレット（コドン変換テーブル）を通過することで、生データをレンダリングされた色に変換する。ただし、コンピュータのフレームバッファと違い、生物学的に異なるタンパク質はアミノ酸の数が違う。ピクセル数が違うようなものだ。

具体例ではっきりさせよう。ハードディスク（DNA）上にATGとして保存されている6ビットが、RAM（RNA）にロードされて、AUGになる（Tは、Uとして転写されるから）。RAM内のRNAプログラムが実行されると、AUGはM（メチオニン）という色のピクセル（アミノ酸）に翻訳される。これは生物学的には「スタート」コドン——つまり、あらゆる有効なRNAプログラムの最初の命令となる。

DNAとRNAは1対1の関係なので、バイオインフォマティクスでは、生物学的なメカニズムがRNA形式の場合でもDNA形式で記述する。インフルエンザのウィルスは、DNAでなくRNAの構造を持っていて、以前に示した120ビットのDNAはインフルエンザのRNAサブルーチンに対応している。このサブルーチンはHA遺伝子を構成し、ヘマグルチニンタンパク質のH1変種を生み出す。これが、新型インフルエンザH1N1に含まれるH1だ。

生物固有のアクセスポート

　この背景情報をふまえ、生物をIPアドレスを持つコンピュータと考えるなら、生き物の中でそれぞれの機能的な細胞群は、独自のアクティブなポートを通じて待ち受け状態になる。コンピュータの25番ポートがメール配信のSMTPサービスだけに使用されるように、H1は人間の呼吸器官にマッピングされる。面白いことに、同じH1は鳥の腸にもマッピングされているため、H1N1ウィルスは人間の呼吸器系と鳥の腸を攻撃する。これに対して、H5――致死性の鳥インフルエンザH5N1で見つかるヘマグルチニンタンパク質――は、肺内部の組織に作用し、重度の肺炎を引き起こすため、H1N1よりもずっと命に関わる。H1N1がそんなに致命的でないのは、攻撃するポートがもっと無害なもので、鼻を詰まらせ、咳こんで痰を出やすくするくらいの影響しかないからだ。

> **注記**　H5ポートについては、まだ研究が続いている。僕が『Nature』で読んだ論文によると、ヒトの一部のミュータントたちは、H5ポートを開かない肺を持っているかもしれないという。肺がH5ポートを無視するヒトは、鳥インフルエンザに感染しても生き残る確率が高いし、肺のH5ポートを開いている人々は絶対生き残れない（あがくがいい……お前たちの塩基対（ベース）はすべてH5N1のものだ*）。

　致命的なウィルスがわかれば、ウィルスゲノム（ゲノム=遺伝子情報のすべて）のビット数を計算すれば、人間を殺す（最低でも重病にする）ために何ビットが必要かわかる。すると問題は、H1N1のこのインスタンスには何ビットが含まれているんだろう？

　僕が数えたところ、生のビット数は26,022だ。実際に符号化されたビットは、約25,054になる。"約"としたのは、一部の位置ではウィルスは自己修正コードと同じことをやって、1つの遺伝子から2つのタンパク質を生成するからだ。何がコードで、何が自己修正コードに必要な、偶発的な実行されないNOP命令（訳注　意図的に挿入される、何もしない命令）なのかは、なかなか判断がつかない。

　すると、人間にとって致命的となる見込みが高いウィルスをコーディング

---

*　原文は、make your time...all your base pairs are belong to H5N1。この古くからインターネットの上で使われるネタがわからなければ、https://en.wikipedia.org/wiki/All_your_base_are_belong_to_us を参照。

するには、約25Kビットまたは3.2Kバイトのデータが必要ということだ。これはコンピュータウィルスより効率的だ。たとえばMyDoomウィルスは22Kバイトある。自分が3.2Kバイトの遺伝子データで殺されかねないと考えると、謙虚な気分になる。でも、それをいうなら、僕のゲノムには800Mバイトのデータがあるんだから、こういうセキュリティホールの1つや2つはあっても不思議じゃない。

豚インフルエンザをハックする

　この『Nature』の記事を読み、ウィルスのシークエンスにアクセスできるという事実から、面白い結論にたどりついた。理屈の上からは、いまや僕はウィルスのシークエンスを改変し、その致死性を高められるということだ。たとえば、この『Nature』の論文によると、配列の中で627番部位にグルタミン酸を備えるPB2インフルエンザ遺伝子変異体は、病原性が低い。つまり、あまり致命的ではない。しかし同じ位置にリシンを有するPB2変異体は、致死率が高い。

　H1N1のPB2の配列を見てみよう。NCBIデータベースを見ると、位置627番付近で次のアミノ酸配列が見つかった。

---

601 QQMRDVLGTFDTVQIIKLLP
621 FAAAPP**E**QSRMQFSSLTVNV
641 RGSGLRILVRGNSPVFNYNK

　左の数字は、各行の配列の最初の記号の位置を示す。この章ではこの先も、このやり方に従う。621と書かれた行を確認し、627番位置のEに注目しよう。Eはグルタミン酸を示す。ありがたいことに、H1N1は致死性の低いインフルエンザらしい。メディアがあれだけ大騒ぎしたので意外かもしれないけれど、おそらくこのせいでH1N1感染者の死亡例は比較的少なかったのだ。

　さて、これをDNAコードに戻そう。

```
621   F     A     A     A     P     P     E     Q     S     R
1861  ttt   gct   gct   gct   cca   cca   gaa   cag   agt   agg
```

Eに対するコードGAAに注目してほしい。このゲノムを致死性のウィルスに変えるには、GAAをリシン（K）に変えるだけだ。リシンは、AAAまたはAAGのコードを持てる。だから、H1N1の致死性が強い変異体は、こんなコードになる。

```
621   F     A     A     A     P     P     K     Q     S     R
1861  ttt   gct   gct   gct   cca   cca   aaa   cag   agt   agg
                                          ^ changed
```

つまり、H1N1豚インフルエンザウィルスをもっと致命的な変異体に変えるには、このたった2ビットの塩基対を置き換えるだけだ。理論的には、こうした菌種を合成するために、一連のよく知られた生物学的な手順を適用すれば、このハックを実装できる。第1歩として、DNA合成を扱うWebサイトに行き、この修正配列を注文すれば、このおっかないプロジェクトを1,000ドルちょいで始められる。

こうしたDNA合成を請け負う会社の中には、バイオハザード製品を作るのに使われかねないDNAシークエンスから守るための、スクリーニング手順を持っているところもある。でも、HA変異体についてたまたまスクリーニングしていたとしても、有名な特定部位指向突然変異誘発プロトコルがあるから、それを使って正常なH1N1から抽出された材料を使い、RNAの塩基を1つだけ変えられるだろう。

インフルエンザウィルスの適応メカニズム

もちろん、インフルエンザも多少はほめてあげなくては。たった3.2kの情報量で致命的な効果を出せるし、科学者たちが全力でがんばっても根絶できていないんだから。インフルエンザはすでに、僕が考えたようなハックを自力でできるんだろうか？

答えはイエスだ。

インフルエンザは、こうした適応を可能にする形で進化した。通常、DNAが複製されるときには、エラーチェックするタンパク質がゲノム上を流れて、正確にコピーされたことを確認する。これにより、エラー率は非常に低く抑えられる。でも、インフルエンザウィルスはRNAアーキテクチャによって作られているのを思い出そう。だから、DNAの複製メカニズムとは違う。

インフルエンザウィルスは、そのタンパク質カプセルの中に、RNAテンプレートからRNAをコピーするための小さなマシン、RNA依存性RNAポリメラーゼと呼ばれるタンパク質複合体を備えている。通常なら、RNAはRNAをコピーするのでなく、DNAを転写することで生成される。だから、このメカニズムはRNAをベースにしたインフルエンザウィルスの複製には必須だ。このRNA依存性RNAポリメラーゼは、突然変異を防ぐエラーチェックのタンパク質を備えていない。だからインフルエンザはコピーされるときに10,000塩基対あたり1つほどのエラーを起こす。インフルエンザのゲノムは約13,000塩基対の長さがあるため、インフルエンザウィルスの各コピーは平均して1つのランダムな突然変異を持っている。

この突然変異は、何の変化にもつながらない。また、変異によっては、ウィルスを無害にする。でも、なかにはウィルスをずっと危険なものにすることもある。ウィルスは天文学的な量で複製されてばらまかれるため、この小さなハックが自然発生する確率は高い。保健当局がH1N1をとても恐れていた理由の1つはそれだろう。人は耐性がないし、実際には恐れられていたほどの致死性はなかったけれど、突然変異があと1つ2つ起これば、ずっと多くの健康問題を引き起こしかねなかった。

インフルエンザウィルスのRNAアーキテクチャには、高い突然変異発生率以外に、もう1つ重要な細部がある。ウィルスの遺伝情報は、8つの別々な、比較的短いRNA断片として保存されているのだ。これがほかの多くのウィルスや微生物だと、遺伝情報は1本のつながった鎖に保存されている。

なぜそれが重要なのか？　ホストが同時に2種類のインフルエンザウィルスに感染した場合を考えてみよう。遺伝子が1つのDNAかRNAとして保存されている場合、2種類のウィルスの間で遺伝子がシャッフルされる可能性はほぼない。だが、8種類の断片からなるインフルエンザでは、感染した細胞の中で遺伝情報が混じり合い、ランダムにウィルスパケットの中に出現する。一度に2種類のインフルエンザに感染した不運な人は、マジシャンの帽子の中でRNAの断片がコピーされ、混ぜられ、選び出され、さらに新しいウィル

ス粒子にまとめられるようなことで、新しいインフルエンザを生みやすい。しかもこの仕組みは、同じ仕組みで任意の断片を同じホストの中で混ぜ合わせられる点でよくできている。もちろん、同じ細胞に同時に3〜4種類のインフルエンザを感染させられたら、ウィルスの粒子のバリエーションははるかに激しくなる。

H1N1が三種遺伝子再集合（triple-reassortant）ウィルスと呼ばれる理由の1つがこれだ。一連の二重感染か、あるいはもっと多くのインフルエンザ変種にまとめて感染する単一のとんでもない例があったかして、新しいH1N1がRNA断片のミックスを手に入れ、高い感染率が生まれて、人間が元々免疫を備えていないものになった。これはパンデミックをもたらす最悪の事態だ。

このRNAシャッフルのモデルをコンピュータに例えると、リンクされていないオブジェクトコードファイルと、ホストに感染したときにファイルをランダムな順序で再リンクするヘルパープログラムが組み合わさった形で自分自身を配布するコンピュータウィルスとなるだろう。このウィルスは、コンピュータ内にすでに類似のウィルスに感染したプログラムを探し、さらにオブジェクトコード内で機能的に似たものを探す。そして、たまに新しいプログラムと自分をリンクして再編成する。この再編成とコード自体の新しい再リンクにより、固定コードパターンに基づいて、ウィルスのシグネチャーを探す各種のアンチウィルスプログラムは出し抜かれてしまう。そして、性質の予測できない多様なウィルスを世の中に広めるだろう。

インフルエンザウィルスのマルチレベルにおける適応メカニズムはすごいものだ。このウィルスには、自分自身が徐々に個別ポイントの突然変異で進化していくシステムと、たった1世代のうちにほかのウィルスと遺伝子レベルで混ざり合うことで劇的に性質を変えるシステムの両方が存在している。セックスとはかなり違う仕組みだけれど、結果はおそらくまったく遜色ないか、むしろいいかもしれない。また、このウィルスの2つの重要な特徴が、遺伝保存媒体としてDNAでなくRNAを使う結果だというのもすごい。

一抹の希望

インフルエンザウィルスの亜型はとても多く、ワクチン1種類でそのすべての型を対象にはできないけれど、H1N1の話には一抹の希望もある。どうやら、パンデミック中にこの豚インフルエンザに罹患した患者は、A型イン

フルエンザの16の亜型すべてに対して免疫を持つ革新的な抗体を作り出したらしい。

研究者たちは、この患者の白血球を分析し、この抗体を生み出すコードを持った4つのB細胞を抽出できた。その後彼らは、細胞をクローンして、インフルエンザに対して幅広い防御効果をもつワクチンの研究を進めやすくした。

この話は、直感的にとても面白いと思う。キラーウィルスが人類のほとんどを殺してしまっても、ひょっとするとヒトの小集団は生き延びるかも、という希望を与えてくれるからだ。

スーパーバグをリバースエンジニアリングする

2011年に欧州で「スーパーバグ」と呼ばれる大腸菌の変種、EHEC O104:H4が発生した。深圳にある遺伝子研究施設BGIの科学者が、だれでも調査に参加できるようにO104:H4の全シークエンスをオンラインで公開したので、僕はとても興味をそそられた。バイオインフォマティクス学者がDNA配列の分析にどのような開発ツールを使っているのだろうと、つい不思議に思ってしまったのだ。インフルエンザの単純な配列なら手作業で検査できるが、大腸菌のような複雑な生物を理解するためには計算ツールが必要だ。

ありがたいことに、僕のパールフレンド（ガールフレンドでプログラミング言語Perlを使うハッカー）は、有名なバイオインフォマティクス研究者だ。彼女は多忙の中、僕にこの分野のツール群を教えてくれた。じつは、DNA分析ツールのほとんどは、オンラインでフリーに入手できる。DNAはA、T、G、Cのシーケンスでしかなくて、標準のデータ交換フォーマットはASCIIテキストだ。これなら、使い慣れたgrep、sed、awkなどのコマンドラインツールを使っていろいろ分析ができる。

O104:H4のDNAシーケンス

BGIから提供された生のデータは、オーバーサンプリングされたサブシーケンスの集合だった。重複した領域をマッチングさせることで、そのサブシーケンスをつなぎ合わせる必要がある。サブシーケンスをつなぎ合わせるというのは、ランダムに撮影された小さい写真を組み合わせて大きな画像を構成するのと少し似ている。十分にサンプリングすれば、いずれほぼ完全な

画像を作ることができるが、それでも画像に曖昧な部分は残る。特に規則的なパターンのある部分だとそうなる。

O104:H4のゲノムは、500,000以上の短いDNAサンプル一覧として提供された。組み立てプロセスは、その短いDNAサンプルを513個の連続した断片（コンティグと呼ばれる）に縫い合わせ、530万塩基対を持つゲノムに仕上げる。大腸菌のような生物にはDNAの大きなループは1つしかないが、シーケンシング技術の限界か単なる不運で、いくつかの未知の塩基対が残り、全体の切れ目のないシークエンスはわからない。

通常の、スーパーバグでない大腸菌には約460万の塩基対しかないので、O104:H4は15％かそれ以上長い。同様に、この菌種は薬物耐性のない菌種より複製に時間がかかるだろう。これはアセンブリされたコンティグ34だ。

AAATGGTATTCCTGTTCACGATACTATTGCCAGAGTTGTATCCTGTATCAGTCCTGC
AAAATTTCATGAGTGCTTTATTAACTGGATGCGTGACTGCCATTCTTCAGATGATAA
AGACGTCATTGCAATTGATGGAAAAACGCTCCGGCACTCTTATGACAAGAGTCGCCG
CAGGGGAGCGATTCATGTCATTAGTGCGTTCTCAACAATGCACAGTCTGGTCATCGG
ACAGATCAAGACGGATGAGAAATCTAATGA**GATTACA**GCTATCCCAGAACTTCTTAA
CATGCTGGATATTAAAGGAAAAATCATCACAACTGATGCGATGGGTTGCCAGAAAGA
TATTGCAGAGAAGATACAAAAACAGGGAGGTGATTATTTATTCGCGGTAAAAGGAAA
CCAGGGGCGGCTAAATAAAGCCTTTGAGGAAAAATTTCCGCTGAAAGAATTAAATAA
TCCAGAGCATGACAGTTACGCAATTAGTGAAAAGAGTCACGGCAGAGAAGAAA

どのコンティグを選んでもよかったし、どのコンティグもこれと同じくちんぷんかんぷんだろう。どうでもいいポップカルチャー（訳注 DNAを扱った映画『ガタカ（GATTACA）』のこと。この言葉は、O104:H4ゲノムの中で252回登場する）への言及をしているという点を除けば、生のDNA配列をそのまま見ても、何もわからない。バイナリの機械語コードを見るようなものだ。データを分析するには、コードがどういう「メソッド」で書かれているか「逆コンパイル」する必要がある。

この場合は、タンパク質をコードするDNAを探している。前に書いたように、タンパク質は、アミノ酸という小さなブロックを組み合わせた、複雑でしばしば絡み合った鎖だ。細胞は、タンパク質を使って仕事をする。たとえばいくつかのタンパク質は糖をエネルギーに変える。そのエネルギーを利用して移動したり、細胞の形を変えたり、細胞をコピーしたり、修復したり

するものもある。

　ありがたいことに、タンパク質の配列はDNAでキッチリと保存されている。自然界では、異なる生物種の間でも同じようなタンパク質の構造を利用していて、ほとんど変わらない。だから、生物学的実験によって解明されたタンパク質の機能は、別の生物でも似たDNA配列と関連づいていることが多い。たとえば、DNA配列の機能を知るために、細胞から一部のDNAをカットし、その細胞に何が起こるのか調べることはよくある。失われたDNAに伴って消えた機能を見れば、その細胞におけるタンパク質の役割がそれとなくわかる。

　生物学者は、どのタンパク質が何をするのかについて、何十年もの研究結果を膨大なデータベースにしてきた。だから、あるDNAの塊が何を意味しているか知りたければ、そのDNAと、すでに知られているタンパク質のデータベースとで、あいまい検索でのパターンマッチングをおこなえばいい。

生物学のリバースエンジニアリングツール

　DNAをリバースエンジニアリングするためには、2つのツールがいる。タンパク質のデータベースとBLASTXというソフトだ。どちらも、オンラインで無料ダウンロードできる。

UNIPROTデータベース

　既知のタンパク質一覧は、Universal Protain ResourceまたはUniProt (http://www.uniprot.org/) からダウンロードした。2011年には、大腸菌だけについて「薬剤耐性」でデータベースを検索すると、長年かけて科学者が大腸菌バクテリアの薬剤耐性機構を構成すると突き止めた、1,387のタンパク質が一覧になって出てくる。毎年、新しい発見がデータベースに追加されている。

　以下はそのデータベースの一部で、O104:H4に見覚えのあるかもしれない薬剤への耐性をもたらすタンパク質を記述している。

```
>sp|P0AD65|PBP2_ECOLI Penicillin-binding protein 2
OS=Escherichia coli (strain K12) GN=mrdA PE=3 SV=1
MKLQNSFRDYTAESALFVRRALVAFLGILLLTGVLIANLYNLQIVRFTDYQTRSNENRIK
LVPIAPSRGIIYDRNGIPLALNRTIYQIEMMPEKVDNVQQTLDALRSVVDLTDDDIAAFR
```

```
KERARSHRFTSIPVKTNLTEVQVARFAVNQYRFPGVEVKGYKRRYYPYGSALTHVIGYVS
KINDKDVERLNNDGKLANYAATHDIGKLGIERYYEDVLHGQTGYEEVEVNNRGRVIRQLK
EVPPQAGHDIYLTLDLKLQQYIETLLAGSRAAVVVTDPRTGGVLALVSTPSYDPNLFVDG
ISSKDYSALLNDPNTPLVNRATQGVYPPASTVKPYVAVSALSAGVITRNTTLFDPGWWQL
PGSEKRYRDWKKWGHGRLNVTRSLEESADTFFYQVAYDMGIDRLSEWMGKFGYGHYTGID
LAEERSGNMPTREWKQKRFKKPWYQGDTIPVGIGQGYWTATPIQMSKALMILINDGIVKV
PHLLMSTAEDGKQVPWVQPHEPPVGDIHSGYWELAKDGMYGVANRPNGTAHKYFASAPYK
IAAKSGTAQVFGLKANETYNAHKIAERLRDHKLMTAFAPYNNPQVAVAMILENGGAGPAV
GTLMRQILDHIMLGDNNTDLPAENPAVAAAEDH
```

PBP2_ECOLI*はペニシリン耐性に関連していて、バクテリアの形状を決める突然変異遺伝子だ。通常なら、ペニシリンがあると適切な細胞壁を形成できず、殺されてしまうところを、この耐性亜型はペニシリンがあっても機能できる。ほかの遺伝子は、細胞から抗生物質をくみ出したり、抗生物質を細胞に対して毒性が低いように変えてしまうなど、もっと積極的な対策をする。UniProtデータベースを見ることで、バクテリアに薬剤耐性をもたらす遺伝子が、自然界で非常に多種多様であることがわかるだろう。

逆コンパイラ

次に、タンパク質からもとのDNA情報を読み出す、いわば逆コンパイルをおこなうものが必要だ。そこで登場するのが、BLASTX（後にアップデートされてBLAST+になった）というツールだ。このツールはBLASTの改良版で、BLASTはBasic Local Alignment Search Tool（基本的な局所的アライメント検索ツール）の略になる。

まず、この解析プログラムBLASTXで、大腸菌DNAからタンパク質配列への可能な翻訳をすべて計算した。DNAを翻訳すると、6つのタンパク質配列が得られる。DNAは前からも後ろからも読める（5'→3'および3'→5'と呼ばれる）し、各方向ごとに3つの可能なフレーム位置があるからだ。

次に、そこで出てきたアミノ酸配列の中で、薬剤耐性を生み出すことが知られている配列と一致するものがあるかどうか、プログラムにチェックさせ

---

* ちなみに、僕はPBP2の配列が、たとえば自分のPGP公開鍵より短いことを面白く思っている。

た（データベースのクエリーに別のものを入れたら、ほかのパターンも調べられる）。最終的に、既知の薬物耐性タンパク質のソートされた一覧と、それぞれのタンパク質に最もよくマッチする大腸菌ゲノム領域のリストを作ることができた。

　これはペニシリンを例にしたBLASTXの出力結果だ。

```
# BLASTX 2.2.24 [Aug-08-2010]
# Query: 43 87880
# Database: uniprot-drug-resistance-AND-organism-coli.fasta
# Fields: Query id, Subject id, % identity, alignment length,
mismatches, gap openings, q. start, q. end, s. start, s. end,
e-value, bit score
43 sp|P0AD65|PBP2_ECOLI 100.00 632 0 0 29076 30971 1 632 0.0 1281
43 sp|P0AD68|FTSI_ECOLI 25.08 650 458 21 29064 30926 6 574 2e-33 142
43 sp|P60752|MSBA_ECOLI 32.80 186 120 6 12144 12686 378 558 6e-17 87.0
43 sp|P60752|MSBA_ECOLI 27.78 216 148 5 77054 77677 361 566 8e-14 76.6
43 sp|P77265|MDLA_ECOLI 27.98 193 133 6 12141 12701 370 555 2e-10 65.5
--snip--
```

　# Fields:は、表の各列が何を示すかを表す。% identityの列を見ると、PBP2_ECOLIの遺伝子は、O104:H4のゲノム内で100%のマッチングが得られていることがわかる。

Unixのシェルスクリプトを使って生物学の問題を解く

　このリストを使って、「O104:H4の中に、既知の薬物耐性遺伝子がいくつあるか？」といった面白い質問に答えられる。それを突き止めるために、僕のパールフレンドが書いたワンライナー（訳注　1行の短いプログラム）がこれだ。

```
cat uniprot_search_m9 | awk '{if ($3 == 100) { print;}}' | \
cut -f2 |grep -v ^# | cut -f1 -d"_" | cut -f3 -d"|" | \
sort | uniq | wc -l
```

このスクリプトの出力結果で、O104:H4遺伝子のうち1,138個が、薬剤耐性遺伝子データベース1,378個に対して100パーセント一致した。99％一致まで基準を緩め、かつ1つの遺伝子あたり1〜2個の突然変異まで基準に含めると、リストは1,224個になった。O104:H4は、既知の耐性遺伝子を90％以上集めているので「スーパーバグ」と呼ばれてるんだ！

　僕はまた、逆方向の質問にも答えたかった。「薬物耐性遺伝子のうち、O104:H4の中にほぼまちがいなく存在しないものはどれ？」だ。スーパーバグに欠けている耐性遺伝子を見れば、それに対する治療法としてどれが有効か、手がかりを探すことができる。

　その薬物耐性遺伝子が含まれないことを見極めるため、僕たちはO104:H4の中で薬剤耐性データベースとの一致が70％以下のものを探してみた。70％の閾値は僕がいいかげんに選んだものでしかないけど、実際に科学者や臨床医が閾値を選定するときには、厳しい基準があるだろう。

　僕の端末に表示された検索結果はこうだ。

A0SKI3 A2I604 A3RLX9 A3RLY0 A3RLY1 A5H8A5 B0FMU1 B1A3K9 B1LGD9
B3HN85 B3HN86 B3HP88 B5AG18 B6ECG5 B7MM15 B7MUI1 B7NQ58 B7NQ59
B7TR24 **BLR** CML D2I9F6 D5D1U9 D5D1Z3 D5KLY6 D6JAN9 D7XST0 D7Z7R4
D7Z7W9 D7ZDQ3 D7ZDQ4 D8BAY2 D8BEX8 D8BEX9 DYR21 DYR22 DYR23
E0QC79 E0QC80 E0QE33 E0QF09 E0QF10 E0QYN4 E1J2I1 E1S2P1 E1S2P2
E1S382 E3PYR0 E3UI84 E3XPK9 E3XPQ2 E4P590 E5ZP70 E6A4R5 E6A4R6
E6ASX0 E6AT17 E6B2K3 E6BS59 E7JQV0 E7JQZ4 E7U5T3 E9U1P2 E9UGM7
E9VGQ2 E9VX03 E9Y7L7 O85667 Q05172 Q08JA7 Q0PH37 Q0T948 Q0T949
Q0TI28 Q1R2Q2 Q1R2Q3 Q3HNE8 Q4HG53 Q4HG54 Q4HGV8 Q4HGV9 Q4HH67
Q4U1X2 Q4U1X5 Q50JE7 Q51348 Q56QZ5 Q56QZ8 Q5DUC3 Q5UNL3 Q6PMN4
Q6RGG1 Q6RGG2 Q75WM3 Q79CI3 Q79D79 Q79DQ2 Q79DX9 Q79IE6 Q79JG0
Q7BNC7 Q83TT7 Q83ZP7 Q8G9W6 Q8G9W7 Q8GJ08 Q8VNN1 Q93MZ2 Q99399
Q9F0D9 Q9F0S4 Q9F7C0 Q9F8W2 Q9L798

　このタンパク質コードのどれでもUniProtデータベースに突っこめば、詳細を調べることができる。たとえば、上の中で太字にしてあるBLRは、β-ラクタマーゼというβラクタム抗生物質に耐性を示す酵素だ。UniProtデータベースには、以下のように詳細な説明がある。

BLR＝βラクマターゼ
　ペプチドグリカン生合成に関与するいくつかの抗生物質が効くかどうかに影響を及ぼす。
　ベータラクタム、D-サイクロセリンおよびバシトラシンを用いる。テトラサイクリン、クロラムフェニコール、ゲンタマイシン、ホスホマイシン、バロマイシンまたはキノロンに対する効果には影響しない。
　マルチサブユニット排出ポンプの一部として、薬物出口を強化する可能性がある。細胞壁の生合成に関与しているかもしれない。
（訳注　ここはDBの検索結果なので、原文も付記する：

Has an effect on the susceptibility to a number of antibiotics involved in peptidoglycan biosynthesis. Acts with beta lactams, D-cycloserine and bacitracin. Has no effect on the susceptibility to tetracycline, chloramphenicol, gentamicin, fosfomycin, vacomycin or quinolones. Might enhance drug exit by being part of multisubunit efflux pump. Might also be involved in cell wall biosynthesis.）

　残念なことに、大雑把に見てみたところ、O104:H4に欠けている機能のほとんどは、薬物耐性に関わる仕組みの中で、小さくてよくわかっていない断片ばかりだった。結果として、そのゲノムの中に、スーパーバグキラーの明らかな候補はいなかった。

解けていない問題がまだ多い

　よい報せは、だれもがゲノム解析ツールにアクセスできるということだ。そうしたツールの一部、grep、awk、sedなどは、コンピュータエンジニアならすでにおなじみだ。悪い報せは、こうしたツールでゲノムに関する質問はできても、相変わらず答えより質問のほうが多いということだ。たとえば、抗生物質への耐性はバクテリアの生存にとってよいものに思えるのに、なぜ一部の細菌にしかそれがないんだろう？　どうやってバクテリアが耐性遺伝子を獲得する、または失うのだろう。
　抗生物質耐性スーパーバグの登場は、僕らが抗生物質を好みすぎたことに原因がある。大腸菌（E.coli）のDNAは、毎秒12塩基対ずつコピーがおこなわれるため、未使用の遺伝子を1つそぎ落とすだけでも、指数関数的な成長競争の中で有意義な優位性をもたらせる。なんといっても、条件がいいとき、大腸菌は20分で倍増するのだ。このため、生存に必要でない遺伝子をそぎ落

とす淘汰圧力が作用する。O104:H4のゲノムは平均な大腸菌より15％長く生きるので、7世代分の時間が経過したとき、普通の大腸菌はO104:H4の倍の個体数になっている。抗生物質がない最適な成長環境なら、薬物耐性という重荷のない大腸菌は、半日経つとH104:H4の個体数の20倍に増えているだろう。つまり、抗生物質耐性遺伝子にこだわるバクテリアは、重い防弾チョッキをつけて短距離走を走るようなものだ。同じことだが、スーパーバグに対する最大の自然脅威の1つは、スーパーバグを単純に個体数で押し出せてしまう、スリムで複製が高速なごく普通のバグなのだ。

だが、殺菌性抗生物質や静菌性抗生物質は、耐性のないバグ菌だけを殺したり、増えるのを阻害してしまうことにより、耐性バグだけが邪魔されずに成長できるようにしてしまう。時間が経って、数種類の抗生物質に曝されると、耐性菌の個体数がますます選択的に、複数耐性を持つ遺伝子に向けて繁殖し、結果的にスーパーバグが生まれてしまうというのは理屈に叶っている。

それでも、スーパーバグが耐性遺伝子をこんなに素早く開発するように見えるのは驚くべきことだ。僕らは進化が緩慢なプロセスだと教わってきたので、細菌が数十万塩基対もの抗生物質耐性を天啓のように進化で獲得するのは、驚異的に思える。新しい遺伝子が自然発生するためには、たしかにすごい時間がかかる（リチャード・レンスキーなどの長期進化実験など、これを明確に記録した事例はまだほとんどない）。でも、耐性遺伝子は自然発生するのではなく、水平遺伝子移転を通じて、環境から獲得されるのだ。

僕らを取り巻く環境は、DNAのかけらでいっぱいだ。生物学的なGitHubリポジトリは、その辺の土から海、呼吸する空気にまで満ちている。DNA断片には、有益な性質のコードもあれば、ただのジャンクもある。バクテリアが抗生物質に晒されるなどのストレス下にあると、環境からランダムなDNA断片を取り込み、そのコードに基づいてタンパク質を製造し始める可能性がある。どのみち死ぬなら、やるだけやってみよう、というわけだ。ほとんどの場合、そういう状態で取り込まれたDNAは役に立たないが、ある幸運なバクテリアが環境から薬物耐性のあるDNAのかけらを拾うと、抗生物質だらけの環境で、ほかのものより競争に勝ち残ることになる。

このように、耐性のないもののほうが抗生物質耐性のある菌種を急速に数で上回っても、わずかに残る耐性バグの個体群（あるいは環境中に漂うその死体ですら）は、危機時に徴兵できる遺伝材料の貯蔵庫になりえる。そして、遺伝子コードそのものはどの種でも相互運用できるため、無関係の生物の耐性遺

伝子を取り込むこともできる。

　O104:H4に欠けている機能が、あまり理解の進んでいないものだったということも、それ自体として面白い教訓になった。小説では、DNAの配列がわかると、生物の病気や性質がすべてわかることになっている。だが、多くのタンパク質の配列や一般的な性質は知られるようになっていても、それを特定の病気や性質と結びつけるのはとても難しい。どこかの時点でだれかが実際に試行錯誤して、特定のタンパク質ファミリーと実際の生物を使って実験をおこない、生物学的な意味を割り当てる必要がある。

　DNA分析についての今のポップカルチャーでの扱いは、このプロセスのミッシングリンクに、浅はかにも気がついていない。おかげで、特に人間の病気診断や治療における有用性や優生学への応用で、DNA解析に過剰な期待をしてしまっている。いくつかそういう「神話」を見てみよう。

遺伝子解析についての神話を打ち壊す

　僕らはまちがいなく、かつて思い描いた未来に住んでいる。たとえば、電気自動車が街を走っている！　とはいえ、1960～70年代のハリウッドムービーでは、僕らは街に出るときにはただの電気自動車ではなく、空飛ぶ自動車に乗っているはずだった。もちろん、ハリウッドが誇大宣伝したのは、自動車技術だけではない。

　GATTACA（訳注　邦題『ガタカ』。アンドリュー・ニコル監督、1997年。タイトルどおり遺伝子操作についての映画）のような映画は、パーソナライズした遺伝子工学の潜在的な影響をえらく誇張していて、ゲノムを読むと水晶玉で未来を見るように運命のすべてがなにやらわかるように描いている。前出のパールフレンドは、23andMe社の消費者直結 (DTC) ゲノミクスサービスを検討する論文を『Nature』で共著した*。

　この論文を読んで、怪しい神話の打破に乗り出そう！

---

* P.C. Ng et al., "An Agenda for Personalized Medicine," *Nature* 461, no. 7265 (2009): 724-726, http://www.nature.com/nature/journal/v461/n7265/full/461724a.html

神話：ゲノムを読み出すのは、コンピュータのROMをダンプするようなもの？

　遺伝子判定（genotyping）と呼ばれる技術を使うと、ゲノムの一部を手頃な価格で見ることができる。この技法は、ある個人のゲノムとリファレンスのヒトゲノムのあいだで選択的な差分をとる。別の言葉で説明すると、調べたいゲノムを、潜在的に興味深いスポットについてかんたんにサンプリングして、一塩基多型（Single Nucleotide Polymorphisms, SNPs、「スニップ」と発音される）を探すというものだ。この遺伝子判定の考え方をみると、当然ながら2つの質問が浮かぶ。

- どのSNPがサンプリングするほど興味深いか、どうやって決めるの？
- リファレンスのヒトゲノムが比較対象として正確なものだと、なぜわかるの？

　そしてここから、怪しい神話をさらに2つ打破する準備が整う。

神話：病気を予測できるか？

　ヒトゲノムのいくつかの突然変異は、疾患と単純に相関しているだけだ。「このゲノムがあればこの疾患があると予測できる」とか「このゲノムがこの疾患を引き起こす」とかは証明されていない。じつは、今遺伝病とされているものも、多くはなぜ起こるのかキッチリと把握できていない。そうした理解の進んでいない病気の場合、「こういうSNPパターンを持つ人が、その病気の人に多い」ということが言えるだけだ。因果関係と相関を混同しないことが重要だ。

　なので、科学者はSNPを使って疾患の予測はできるが、その予測のほとんどは相関があるというだけで、因果的な予測ではない（その相関も弱い）。だから、ゲノム情報を見て水晶玉のようにその人の病気の未来を占うわけにはいかない。どちらかというとロールシャッハテストのようなもので、それがどんな意味を持つか判断できるまでには、かなり目を細くして見つめる必要がある。僕のパールフレンドが書いた論文では、企業ごとに疾病リスクの予

測が全然違っていることが判明している。企業ごとに、突然変異の意味の解釈が違っていたせいだ。

神話:「リファレンスゲノム」は存在するか?

　リファレンスゲノムという言葉の「リファレンス」と聞いただけで、何が問題かピンとくるはずだ。これだと「リファレンスとなる人間」がいるように思えてしまう。実際には、現在のリファレンスゲノムは、たった数名の、ほとんどがヨーロッパ人を祖先に持つ個人のゲノムをもとにして作られている。今後もっと多くのヒトゲノム収集が続けば、リファレンスゲノムもマージされ、均されてどの人類に対しても妥当なリファレンスになると思われる。だが今のところ、遺伝子判定というのは、妥当性に問題のあるソースレポジトリを基準にした差分なのだということは、ぜひ覚えておくべきだ。

　たとえばいくつかのSNPは、人口集団ごとに頻度が違う。ヨーロッパ人口群だとA塩基が圧倒的多数かもしれないけれど、同じ位置がアフリカ人口群ならG塩基がすごく多い、というように。今のリファレンスゲノムは10,000塩基対に対して1エラーぐらいの総誤差率があることを覚えておくことも大事で、つまりそのぐらいレアな事象は発見できない。もちろん、公平を期すために擁護もしておくと、疾病の変種を見つけるプロセスで、リファレンスゲノムでの関連シークエンス領域のエラーは通常はすべてきれいになる。

　ヒトゲノムのすべての配列が何を意味するか完全に解析できるまでは、まだ何十年もかかるだろう。それに、それが完了しても、疾患リスクや健康のすべてをまともに予測することはできないかもしれない。たぶん、ここにこそ最も重要な教訓があるというのは、いくら強調しても強調したりないほどだ。ほとんどの状況では、遺伝子よりも環境のほうが、その人がどんな人物で、将来どんな人物になり、どんな病気にかかるかについて、ずっと大きな影響を与えるのだ。パーソナルゲノム解析で何かよい結果が得られるとしても、それは水晶玉みたいな予測でなく、自分の遺伝的素因に関する理解が普及することにより、その人が健康を維持するのに役立つライフスタイルを選択できるようになることだ。優れた生物情報学者とデートして学んだいちばん大事なことは、「遺伝子構成にかかわらず、きちんとした食事と運動がほとんどの一般的な疾患の予防や進行遅延に効果的」ということだ。

ゲノムにパッチを当てる

　この章では、ここまででゲノムのシークエンシングと解析の例を挙げてきた。これは、実行プログラムファイルをダンプして、インタラクティブ逆アセンブラで解析するのにおおむね相当する。

　コンピュータの実行プログラムでは、解析した後で新しいことをやらせるために、パッチを当てたくなることがある。ソフトにパッチを当てるのは比較的かんたんで、信頼性が高い。16進数のバイナリエディタを起動してファイルを変更すればいいだけだ。最悪の場合でも、チップ内部のマスクROMの微細な個別配線を変更するために収束イオンビーム（FIB）を当てる必要があるくらいだ。

　それに比べて、生物ゲノムへパッチを当てるようなことは、歴史的に見てきわめて限られている。細胞内の情報は分子レベルで保存されていて、遺伝子の特定の部分を変更するのは難しい。ICの前に真空管やトランジスタがあったのと同様、亜鉛フィンガーヌクレアーゼ（zinc finger nucleases, ZFNs）や転写アクチベーター様エフェクターヌクレアーゼ（transcription activator-like effector nucleases, TALENs）のような技術は遺伝子編集を可能にしたが、性能や効率、そして最終的には費用面で、かなりの制約があった。2012年には、遺伝子編集の集積回路ともいうべきものが登場した。それが、CRISPR/Casシステムだ*。

バクテリアの中のCRISPRs

　CRISPR / Cas システムのCRISPRというのは、Clustered Regularly Interspaced Short Palindromic Repeat、つまり

- クラスター化された
- 規則的な間隔を置いた
- 短いパリンドローム反復（特定のRNA構造）

---

* Addgeneには、このシステムを非常に詳細に記述した優れたホワイトペーパーがあるので、僕の大雑把な説明で興味を覚えた人は、そちらを見てほしい。https://www.addgene.org/CRISPR/guide/

の略だ。Casというのは、CRISPRと関連するタンパク質のことだ。CRISPRは、生物学者たちの知る限り、バクテリアや真菌（たとえばキノコ）のような原始的な細菌に限って、ごく普通に見つかっている。そしてそれは、単純な生命体の巧妙な免疫系の一部だ。細菌は、ヒトと同様に、病原体に暴露されることでプログラムされる免疫系をもっている。細菌が侵略ウィルスと遭遇したとき、細菌は特殊なタンパク質を使ってウィルスのDNAの短い配列を切り出して、その配列をスペーサーとしてCRISPRに保存する。

　TALENを使った遺伝子編集に何ヶ月も失敗してきた研究室が、CRISPR/Casに切り替えたら一発で成功した。なぜそんなにすぐ成功したかといえば、CRISPRに挿入されるかんたんなRNAのスニペットを設計すればいいだけだからだ。そんな設計はコンピュータ上ですんでしまう、いやあえて言うなら手作業でもできてしまう、ごく単純なものなのだ。RNAのスニペットは、サービスプロバイダのどれかを使えば1週間足らず、50ドル以下で製造してもらえるから、薬品や試験管などの面倒なウェットラボ作業を、コンピュータ上での作業に置きかえられる。

　各CRISPR領域は、タグの役割を果たすリーダー配列を先頭につけて並んでいる。その直後から始まるCRISPRそのものは、パリンドローム反復と呼ばれるハッキリしたDNAの反復によって区切られた、ガイドRNA（gRNA）またはスペーサー（つなぎ）と呼ばれるもので構成される。

　　　注記　ガイドRNAとスペーサーは、同じものの呼び分けだ。免疫系の議論ではスペーサーと呼ばれ、遺伝子編集を論じる際にはガイドRNAと呼ばれる。注目したい部分を「スペーサー」（つなぎ）と呼ぶのは混乱するけれど、リバースエンジニアリングではこういう命名のまちがいはつきものだ。科学者たちが、最初にパリンドローム反復と呼ばれるデリミタのくり返しパターンを見つけて、そのデリミタの間にあるものを「スペーサー（つなぎ）」と呼んだのも、気持ちはわかる。結局のところ、物理学者だって、電流の向きの呼び方を逆にしてしまって（訳注　電子はマイナスからプラスに流れる）それをそのまま踏襲した。僕たちが他人のことをとやかく言える義理もない。

　パリンドローム（palindromic）とは、一般には前から読んでも後ろから読んでも変わらない単語、たとえばracecarのようなものを指す。生物学者が「配列がパリンドローム」という時は、ある配列がA→T、T→A、G→C、C→Gと転写したあとで、逆から見ても同じだということだ。たとえばGAATTCと

いう配列は、言葉としては回文にならないが、生物学的にはパリンドロームだ。

　CRISPR/Casシステムが解析されたのはChumby廃業の直後だが、僕はその頃シンガポールゲノム研究所の、スワイン・チェー先生の感染症研究室でインターンをしていた。その仕事の1つが、ル・ティン・リーからさまざまな指導を受けながら、特に尿道感染を誘発する大腸菌のさまざまな株を研究することだった。大腸菌に入り込む、ファージウィルスDNAの一部に関する調査を手伝っているとき、僕は大腸菌ゲノムのパリンドローム配列と反復配列を検出するためのスクリプトを書いてくれと言われた。僕のスクリプトの出した結果だと、ゲノムにはそうした配列が山ほど散在していることになっていた。僕はその結果を見て、単にスクリプトにバグがあると考えて、大した結果だとは思わなかった。でも、そのとき見つけた反復のいくつかは、CRISPRの一部だったのかもしれない。

　ここで、ある大腸菌株からのCRISPRを見てみよう。これは大腸菌O104:H4のCRISPRの直接反復シーケンスだ。

GAGT**TCCCCGC**GCCA**GCGGGGA**TAAACCG

　太字にした部分が、パリンドローム領域だ。このDNAがRNAに転写されると（つまりT→U）、パリンドロームの領域は自分自身と対になれるので、以下のようなヘアピンかステムループのようになる。

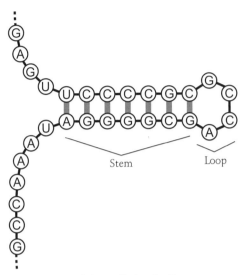

ステムループになっている

　この形は、CRISPRでは繰り返し回文の構造がいかに大事かを示している。RNAに転写されると、配列は自分自身に折りたたまれることで二次構造を形成する。

　遺伝子はプログラムと違い、単なるコードでないことを忘れないようにしよう。遺伝子は物理的なモノで、形が機能に深い影響を与える。生物学者は、DNA、RNA、タンパク質などの分子がそのソースコードに基づいて構成する物理的構造を記述するために、4層の記述方法を使う。

　一次構造は、生物学的にモノマー（塩基またはアミノ酸）の配列だ。

　二次構造は、分子間の水素結合の間隔および数、または水に対する特定のモノマーの親和性などの物理的特性などにより、モノマーの局所的な相互作用から生じる物理的形状を指す。RNAおよびDNAではヘアピンループのような構造を意味し、タンパク質では螺旋やシートのような構造を意味する。

　三次構造は、一次配列の潜在的に遠隔の部分の間の長距離相互作用から生じる分子の複雑な3D形状を指す。これは、システインのようないくつかのアミノ酸がより長い距離にわたって相互に架橋することができるので、特にタンパク質で顕著だ。

四次構造は、複数の分子の相互作用から形成される構造を指す。Cas9/RNA複合体は、四次構造の一例だ。化学的に活性され標的化された最終的な分子は、Cas9タンパク質がgRNAと合体した場合にのみ生じ、Cas9がそれを認識するためにはgRNAのステムループ二次構造が必要になる。

DNAカッティングの切断範囲を決める

CRISPR領域から転写されたRNAも、ほかのCasタンパク質と結合して、タンパク質複合体に組み込まれる。そのなかで、Cas9などの特定のタンパク質は、RNAを「サーチ・アンド・デストロイ」のためのテンプレートとして使う。Cas9/RNA複合体は、細胞の中を浮遊して、RNAテンプレートと一致するDNA配列を見つけると、それを選択的に切断してしまい、実質的に侵入ウィルスを破壊する。

でも、ここで再帰問題が生じるのに気がついたかもしれない。Cas9/RNA複合体は、宿主生物のゲノムにあるCRISPR領域もパターンと一致するので、切断してしまうはずだ。すると、CRISPR領域が破壊されて、もう使えなくなってしまう。

宿主のCRISPR領域が破壊されないために、Cas9/RNA複合体は、ひな型になるDNAと、プロトスペーサー隣接モチーフ（Proto-Space adjacent Motif, PAM）と呼ばれる、短い3〜5の塩基対の配列を標的にする。たとえば、S. pyogenes由来の一般的なCas9タンパク質のRAMをプログラマの使う正規表現で書くと、[AGTC]GGとなる。[ ]のなかのどれかが入る。生物学者は、同じことを違う方法で、NGGと表記する。CRISPRにPAMが含まれていなければ、それはCas9/RNA複合体に切断されない。

PAMの存在は、遺伝子はどこでも切断できるわけではなく、いくつか切断できる条件があることを意味する。0xC3で終わる16進数の文字列だけを対象にするか、ROP（Return-Oriented Programming）ガジェット（訳注　ROPで、Ret関数で終わる一連のプログラムを「ROPガジェット」と呼ぶ。バイナリハックなどでROPガジェットを探すことがある）を検索で探し当てるようなものだ。ROPガジェットを探しているハッカーがRETオペコードで終わる短い命令シーケンスを探しているように、生物科学者はPAMで終わっているDNAの短いシークエンスを検索して、そこから編集をおこなおうとする。

こういう制限があっても、CRISPR/Casは汎用的で信頼性の高い遺伝子編

集ツールとして確立され、遺伝子を切断して新しい配列をペーストするために使われている。新しいDNAを挿入するとき、DNAを任意の場所で正確に切断するのが、最も難しいステップだ。それでも、これまで触れてきたCRISPR/Casと、非相同末端結合 (Non-Homologous End Joining, NHEJ) や相同性指向修復 (Homology-Directed Repair, HDR) とを組み合わせれば、遺伝子に改変を挿入できる。

人間をエンジニアリングすることへの影響

　CRISPR/Casが自然発生しているのは細菌や菌類に限られるが、遺伝子コードは普遍的なので、人を含むすべての生物系とバイナリ互換だ。このシステムが発見される前は、遺伝子、特に生物のそれは、ほとんどが読み取り専用だった。CRISPR/Casは、宿主生物の生存能力を損なわずに遺伝子をパッチするツールとして、ずっと信頼性の高い効率的なものだ。生物学者は、CRISPR/Casのハックに必要なDNAをウィルスに仕込み、こうした遺伝子編集ツールをDNAを植物や実験用マウス、さらにはヒトなどの生き物の細胞壁から侵入させるのに成功している。CRISPR/Casの構造のおかげで、科学者は1回の実験で複数の編集をおこない、この技術の実験や治療での柔軟性を広げている。

　この技術は人間の細胞や胚ですら実験ずみで、その意義を考えるとクラクラしそうだ。お住まいの国の科学的コミュニティ、あるいは法的コミュニティの倫理基準がどうあれ、親を悩ませた遺伝的疾患のない、カスタム設計の子供を作るというのは、親にとってあまりに強い誘惑だろう。もし大部分の国がそういう行為を禁止しても、たとえば自分ではまともに子供が持てない億万長者などが資金提供したりして、どこかでだれかが、カスタムエンジニアリングされた人間を作ろうとし始めるのは避けがたいと思う。もしそれがよい結果を生んだら、ムーアの法則よりも人類の進路に大きく影響するだろう。しかもそれより先に、遺伝子ドライブというメカニズムが台頭してくる可能性がある。

遺伝子ドライブによる進化のハック

　特定の遺伝子を偏って伝達させる遺伝子ドライブは、生殖による遺伝の法

則を変えてしまい、結果として進化をも、これまで自然では考えられなかった形で変えてしまう。ヒトのすべての遺伝子が、2つずつあるのはご存じだろう。遺伝子の1つは母親から、もう1つは父親から来る。それぞれのコピーは対立遺伝子（allele）で、対立遺伝子が一致すれば、その遺伝子については同型接合体（またはホモ接合型）と呼ばれる。対立遺伝子が異なる場合は異型接合体（ヘテロ接合体）だ。通常、子供が両親からどの対立遺伝子をもらうかはコイン投げのようなもので、どちらか一方しか遺伝しない。ある対立遺伝子のセットが新世代に伝わるかどうかは、子供がその与えられた環境にどのくらい適応するかでおもに決まる。

　遺伝子ドライブは、このコイン投げをなくしてしまう。環境による選択をショートカットし、マイナスの副作用を及ぼしかねない遺伝子が集団内で急速に増殖できてしまう。このハックは、狙った対立遺伝子に、CRISPR/Casサポートの遺伝子編集システムを装備させ、ヘテロ接合体の対立遺伝子をホモ接合体に変換してしまうことで可能になっている。

　たとえば、母親がCRISPR/Casサポートの遺伝子ドライブを備えた遺伝子を持つ場合、父親の遺伝子は関係なくなる。子供の中で、母親のコピーはCRISPR/Casの編集システムを発現させ、父親からコピーされた遺伝子を探し、母親と同じものに編集してしまう。

　破壊力でいえば、普通のCRISPR/Casがファイル1つを削除するrmコマンドに相当するなら、遺伝子ドライブはすべてを削除するrm -r *を実行してしまうようなものだ。

　これは、自然淘汰に大きな影響を与える。もう適者生存なんかどうでもいい。変化が個体群に広まるにあたり、その生命体の適応性を厳密に高める必要はなくなってしまう。しかも、遺伝子ドライブによる変化は、突然変異の増幅にあたり、コイントスや自然淘汰に頼らなくていいから、指数関数的な速度で個体群に広まってしまう。

　よい面を見るなら、たとえば「マラリアを媒介しない蚊」のように、世界をよくする変化を強制するために遺伝子ドライブを使える。悪い面を見るなら、これまで自然界になかったこの新しいメカニズムは、進化と生態系に大混乱を引き起こしかねない。そうした変化は、しっかりエンジニアリングされた、善意のものかもしれないけれど、自然は突然変異、突発的な再編成、そして水平遺伝子伝達で、事態に揺さぶりをかけたがる。遺伝子ドライブで作り上げられた生物が、そのペイロード領域に余計な遺伝子を拾ってしまったら、結

果は予測不可能になりかねない。

たとえば、マラリアを媒介しない蚊は人間にとっては有益だが、蚊は魚や鳥の食料として、地球の生態系にも大きな役割を果たしている。デザインされた蚊があまり繁殖せず、蚊の持つ生態系のニッチに収まってくれなければ、ほかの種に危害を与えるドミノ効果が発生するかもしれない。しかもそれは、僕たちが対応できる速度を超えて短時間で起こる可能性がある。さらに、蚊のような生物は地政学的な境界など無視するので、世界の多くの国が遺伝子ドライブを禁止しても、その潜在的な影響から安全とは限らない。たった1個体でもうまくデザインされた生物が野生に放たれると、世界全体がそれに対応しなければならなくなるかもしれない。

CRISPR/Casが無性生殖する細菌や古細菌でしか見つかっていないのは、当然のことなのかもしれない。有性生殖による適応要件をショートカットしてしまうような能力は、CRISPR/Cas突然変異を持ったあらゆる生殖系列の総合的な適応性を急激に劣化させ、おかげでその系列が個体群の中で優勢になる前に絶滅してしまうのかもしれない。CRISPR/Casのペイロードに偶然入り込む遺伝子や突発的な突然変異もまた、その当初の勢いと同じくらい急速に、その個体群に広がるはずなのだから。

すると問題は、「この劣化と絶滅が起こるまでにどのくらいかかるか？」ということだ。改変された蚊が絶滅するまでに、数年しかかからないか、数千年かかるかによって、マラリア駆逐の話の方向はまったく違ったものとなる。

この章のまとめ

もちろん、生物工学のフロンティアには未解決の疑問がたくさんあり、しかもそれが今まさに起こりつつある。今日の実験の結果は、おそらくムーアの法則やインターネットのように、人類そのものに良かれ悪しかれ影響を与えるだろう。電子技術は僕たちの考えやコミュニケーション方法を一変させ、バイオテクノロジーは身体や環境を一変させる。大きな違いとして、バイオテクノロジーではバックアップのやり方を開発できていないのに、すべてを削除するrm -r *コマンドのような可能性を持つ技術を開発しているという点がある。

個人的には、楽観的に考えている。こうした技術は、僕たちの生活を改善

するのに使われるだろう。でもそのためには、社会が何が問題かを理解し、活発でオープンな議論をする必要がある。もしもこれらのバイオテクノロジーが僕らの健康や安全におっかない影響を与えかねないとしても、そうした課題を開示せず、弱点について議論しなければ、単に悪用が促進されるだけだ。気がついたら致命的なマルウェアに感染して、それを修正するまともなパッチもないという状況にはだれもなりたくない。

ハードウェアのブレイクスルーは僕らの生活を変えたけれど、ムーアの法則は鈍り始めていて、DNAシーケンシングがムーアの法則を上回るようになった。バイオテクノロジーの進化によってどのような新しい世界が開かれるのか、だれもわからない。そして、社会が脆弱性やクラッキング手段について責任ある形で公開し共有することで利益を得るのと同じように、科学的な議論はそれを検閲するよりも建設的なやり方だ。

過去50年でハードウェア産業は、電卓をポケットスーパーコンピュータに成長させるだけの成熟を遂げた。その中で得た経験と展望は、バイオテクノロジーでも同じくらいポジティブな結果が出てくるよう導くのに役立つだろう。

11. 2本のインタビュー

　僕はこれまで、何度かインタビューを受けてきた。この章ではみんなの興味を惹きそうな2つのインタビューを掲載する。
　最初は、「プログラマーの雑誌」と自称するCSDN (China Software Developer Network) に掲載されたものだ。続いて、Blueprintからの記事を。こちらはハードウェア界の創業者やイノベーターを集めたインタビュー集だ。

ANDREW "BUNNIE" HUANG: HARDWARE HACKER (CSDN)

　このインタビューは2013年に中国語でCSDNに掲載された。彼らは親切にも僕のブログに英語で転載することを許してくれた。
　インタビューの前半では、2013年当時はまだ始まったばかりだったメイカームーブメントと、自分のハードウェア製品作りの経験について話している。

後半はハードウェアのハッキングと、ハッカー精神を持つというのが僕にとってどういう意味を持つかについて話している。元の中国語版はここでアクセスできる。

http://www.csdn.net/article/2013-07-03/2816095

オープンハードウェアとメイカームーブメント

質問 メイカーたちとオープンハードウェアのムーブメントが注目されています。クリス・アンダーソンが『MAKERS』という本を書き、ポール・グレアムは今を「ハードウェア・ルネッサンス」と呼んでいます。この動きは普通の人々や開発者、そしてIT業界にどう影響すると思いますか？

僕が考えるに、メイカームーブメントというのは何かを引き起こす原因ではなくて、引き起こされた結果だと思う。まず、それについて説明しよう。
1960年代にはハードウェアだけがあって、ソフトウェアはなかった。ハードウェアはすべてオープンなものだった。たとえばトランジスタラジオを購入すれば、回路図が裏面に印刷されていて、ラジオが壊れたときには自分で直す必要があったし、自分自身が使うためにラジオのキットを買うのは一般的なことだった。
1980年〜90年に、パーソナルコンピュータ革命が始まった。コンピュータは、すぐ便利で面白いソフトウェアを走らせられるほど強力になった。
1990年〜2005年は、ムーアの法則に駆動された時代だ。1.5年〜2年ごとにコンピュータは倍の速度と倍のメモリを持つようになった。
この時代はソフトウェアだけが重要だ。最新技術で自分でチップを製造できるのでない限り、ハードウェアを作るのは引き合わないからだ。部品を組み立てた頃には新しいチップが出てきて、自分のデザインは旧式で遅くなってしまう。またソフトの最適化も、機能や利便性や創造性より価値が低くなった。ユーザーは速いコンピュータを買えば、古いソフトも高速に走らせることができる。こういう時代で「自分で作る」のは流行らなくなった。大急ぎで自分のコードを出荷するか、さもなくば死か、だ。
2005年から2010年にかけては、コンピュータのクロック速度は上がらなかったけれど、小型化は進んだ。スマートフォンが生まれ、すべてがアプリ

になり、あらゆるものがネットワークでつながるようになった。

2010年頃から現在まで、ムーアの法則は減速しつづけている。その減速は、イノベーション・チェーン全体に波及し始めている。新しいPCは意味があるほどは速く、良く、安くなったりはしていない。僕たちが新しいPCを買うのも、最新モデルがずっと優れているからではなく、ただ壊れたものの買い換えだ。iPhone 5はiPhone 4ととてもよく似ている。Samsungの携帯電話も、バージョンが上がってもよく似ている。

すると問題は、どうやってイノベーションするのか？　どうやってマーケットで差別化できるだろう？

ムーアの法則が減速すると、ハードウェアでイノベーションをしても、新しいチップが出てきたというだけで、それが遅く見えないようになる。PC、スマートフォン、タブレットといった安定したハードウェアのプラットフォームがあり、それを対象にハードウェアのアイデアを考えられる。新しいチップが作れるというだけでは、もうアドバンテージにならない。みんな、これまで見逃されてきたニッチを求めて、技術の歴史を見直しているよ。時代遅れに見えるスマートフォンのマザーボードでも、ドローンや人工衛星、HVACシステム（訳注 空調システム）、自動車、エネルギーモニタリングやヘルスモニタリングに搭載するならすばらしいものに見える。

さらに僕ら人間は、基本的にフィジカルなものとバーチャルなものは別のものと感じているんだ。スマートフォンアプリはすばらしいが、食卓、ベッドやトイレを備えた家は、人間にとってスマートフォンより大事だ。人々はまだまだ、雑貨や友達の写真、特別な贈り物などの物理的なものに囲まれている。僕は夜に抱きしめるテディベアのぬいぐるみが、バーチャルなものに置き換わるとは思わない。

結果として、そうした物理財へのニーズを満たす、形のあるハードウェア製品はずっと存在するだろう。そうしたハードウェアたちがよりテクノロジーと融合していき、ソフトウェアが走るようになる。最終的には、そこがハードウェアスタートアップやメイカーたちの活躍の場所になるだろう。その場所は、ハードウェア技術が安定するほど拡大していく。

質問　ArduinoやRaspberry Piは、ハードウェア設計のハードルを下げているようです。こういうものがハードウェア産業にどう影響すると思いますか？

こうしたものがハードウェア産業を飛躍させるのか、もし違うならどうす

れば本当に革新的な製品を作れると思いますか？

　ArduinoやRaspberry Piは、それぞれ特定のマーケットニッチを埋めるものだ。

　Arduinoのすばらしいところは、物理的に使いやすい形にコンピュータを落とし込んだことだ。あれを作ったのはだれよりもまずデザイナーやアーティストであって、技術屋はそんなに前に出てこなかった。ソフトウェアプログラマや、ハードウェア設計にくわしくない人たちもハードウェアテクノロジーにアクセスしたがっているので、このユニークな技術的観点はとても強力だ。いくつかのインタラクティブでディープで、感動的なアート作品がArduinoで作られている。ハードウェアにより、つまらない制御アプリケーションが、人々の気分を変え、人生の見方を変えるアートワークに変身するんだ。僕は、Arduinoが技術から「技術らしさ」を取り除き、普通の人に技術を使うだけでなく、それを使って何かを作るための最初のステップにすぎないと思っている。まちがいなく、これからほかのプラットフォームも出てくる。

　Raspberry Piはとても安価な、組み込みハードウェアのリファレンスモジュールだ。ほかのプラットフォームも追随すると思うよ。きわめて安価だから、自前のハードウェアを設計製造しても、Raspberry Piを使うより安くはできないだろう。ハードウェアのプロフェッショナルにとってRaspberry Piのすばらしい点は、リファレンスのデザインを購入して自前で基板を作らなくても、Raspberry Piをそのまま製品に組み込んで出荷できることだ。小ロットの製品を作る人たちにとっては、そのほうが筋が通る。

　少ない生産量でも成り立つプロダクトデザインがトレンドになりつつあるようだね。スマートフォンやコーヒーメーカーなどの大量生産の大ヒット商品市場はまだあるが、将来的には1,000〜10,000台といった生産数で、かわりにマージンがはるかに高いデバイス市場も出てくる。そうした小規模な製品は1〜2人ぐらいの少人数チームで開発販売されるから、その利益でも十分にいい生活を送ることができる。こうした製品が成功するための鍵は、固有の問題を解決するためならもっとお金を出してもいいと思っている少数のユーザーグループに対して、それを解決する高度にカスタマイズされた製品を提供することだ。

質問 新しい技術やコンセプトの登場は、常にとても楽観的な議論を生み出しますが、それらのほとんどが実際の生活に浸透するのは、開発に時間をかけてからずいぶん後です。メイカーとオープンハードウェアのムーブメントについて、僕らは楽観的になりすぎていないか？
普通の人によくある誤解を与えていないだろうか？

そうだね、技術が本当に僕たちの生活が変えるまでは時間がかかる。
メイカームーブメントは、僕が考えるに、製品よりも人間を変えるほうが重要なんだ。技術は人間が作ったものだから、技術は魔法ではなく、だれでも少しの知識でその力を利用できるということを、みんなに気がついてもらえるようにするんだ。だれでも少しの訓練でマジシャンになれる、と言ってもいい。
オープンハードウェアは、むしろ哲学的なものだ。製品がうまくいくか失敗するかと、その製品がオープンかクローズかはあまり関係がない。ハードウェアをクローズにしても模倣やコピーから守ることはできないし、ダメなアイデアをオープンにしていてもコピーされない。ソフトウェアと違って、ハードウェアを低価格で作るにはサプライチェーンや流通などのネットワークが必要だ。このオーバーヘッドがあるから、オープンソースかクローズかというのは話のほんの一部にすぎない。プロジェクトをオープンにするかクローズにするかは、エンドユーザーやサードパーティーが製品を変更したり相互運用することをどの程度歓迎するかで決まる。

質問 多くの商業企業がオープンソースのソフトウェアもサポートしています。オープンソースハードウェアの将来を考えるとき、ハードウェアも似たような状況になるでしょうか？　または、どういう違いが生まれると思いますか？

僕はそこはあまり似たものとは思えない。ソフトウェアではコピーや変更、配布のコストは基本的にゼロだ。Linuxのソースリポジトリをコピーし、makeコマンドを実行すれば、僕のデスクトップでも最高のサーバーやスーパーコンピュータと同じカーネルを実行できる。
でも、ハードウェアのコピーには実際にコストがかかる。部品、工場、熟練労働者が製造には必要だ。製造のプロセスや品質管理基準は、最終製品の

コスト、外観、感触、パフォーマンスのすべてに大きな影響を与える。僕がだれかに回路図と図面のコピーだけを単に渡しても、まったく同じものは作れないだろう。射出成形という単なる技術にさえ固有の技がある。2つの金型メーカーに同じCAD図面を渡すと、ゲートの配置、イジェクタピンの場所、金型冷却、金型サイクル時間、温度などの違いで、結果がまったく違うことがある。

そして、流通経路、返品、資金調達についても考える必要がある。世界が物流面で効率的になっても、テレビを買うのとテレビで見る映画をダウンロードするのが同じぐらいかんたんになることはない。

質問 オープンソースハードウェア企業にとって理想的なビジネスモデルはどんなものでしょうか？ 例を挙げてもらえますか？

オープンソースハードウェアの原則の1つは、ライセンスに関係なく、回路図とPCBレイアウトのレベルでは、ハードウェアは本質的にオープンだということだ。比較的少額で、PCBから設計情報を抽出してくれるサービスが使える。つまりハードウェアを出荷したら、それがコピーされかねないということだ。この仮定に乗って考えれば、回路図やPCBレイアウトを非公開にしても、コピーされるのを止めることはできない。だれかがハードウェアをコピーしたいと思ったら、デザインファイルをシェアしてもしていなくてもコピーはされてしまう。

でも、デザインファイルを共有することは、別の重要なグループに対しては大きな違いをもたらす。デザインファイルを使用して、製品に依存するアクセサリ、アップグレード、サードパーティーの拡張機能を設計できる、ほかの企業や個人のイノベータたちだ。彼らとデザインファイルを共有することで、新たなビジネス関係を作る機会が増える。だから、公開するというのが（いくつか基本的な権利や保護を留保するためにオープンソースのハードウェアライセンスは適用できる）、現実味を持つ提案になるんだ。

もちろん、一部のハードウェア戦略はオープンソースと互換性がない。消費者にとって大事なのがスタンドアローンのハードウェアで、コスト的な戦略優位性がないのであれば、低コストのコピー品が出てくるのをできるだけ遅らせるために設計図面を秘密にしておきたいと考えるだろう。

でも、今日の最も革新的な製品はハードウェア単体でなく、ソフトウェア

やサービスと組み合わさったものだ。そのようなハイブリッドな製品では、オープンなハードウェアビジネスモデルがうまく機能する。多くの場合、消費者はいろいろな製品に毎年お金を使う。サブスクリプション、広告、アップセル、アクセサリー、ロイヤリティやアップグレードなどだ。じつは、こういう料金だけもらって、自分はハードウェアの製造部分には関与しないのがいちばん儲かる。それに、動いているサービスへのアクセスをコントロールすることは、ハードウェアの設計図へのアクセスをコントロールするよりずっとかんたんだ。

したがって、儲かるオンラインサービスとハードウェアを組み合わせると、オープンなハードウェアが非常に役立つ。ほかの人にハードウェアをコピーして販売してもらい、自分のオンラインサービスのユーザーを増やせば、リスクを抱えずにより多くの利益を手に入れられるということだ。

質問 あなたはよく中国に来ていて、この国についてくわしいですね。中国のソフトウェア技術はあまり高くありません。世界の工場となることで、中国の技術水準の向上に役立つでしょうか？ この国がただの製造センターから設計・研究・開発にフォーカスした場所に変わるにはどうすればいいでしょう？ この国に欠けているものはなんでしょうか？

中国にくわしいとは言えないなあ。僕が少し知っているのは、中国のごく小さな一角についてだけだし、それもある特定分野——ハードウェア製造という分野のことだけだ。でも1つ絶対にわかっているのは、中国は多くの異なる種類の人々と長い歴史を持つ非常に大きな国で、僕はその入口をかじっただけということだ。それでも僕は、ハイテク技術の進歩の歴史のほとんどを生き抜いてきたので、ハイテクと人々の関係についてはコメントすることができる。そこから中国についてもいくつかの視点が得られる。

第1に、いまテクノロジー強国と呼ばれるすべての国が製造業から始まった。アメリカはイギリスの植民地として、鉱石採掘、毛皮の捕獲、綿花やタバコの栽培を始めた。時間がたつにつれて、アメリカは製鉄とリネンの生産をおこなうようになった。1900年代のはじめまでのアメリカは、本当の意味で独自の技術開発をおこなっておらず、そのプロセスが離陸するのは1900年代の半ばを待つ必要があった。

日本も同様な発展をした。製造業で始まり、多くのアメリカ産製品をコ

ピーしていた。じつは歴史的な記録を見れば、日本で作られた最初の車やラジオはあまりよくなかった。日本とアメリカは何十年もかけて、製造業ベースの経済からサービスベースの経済へと移行した。

それと比べると、中国のエレクトロニクス製造業はせいぜい20年前に始まっただけなのに、すでに製造中心の経済から設計とソフトウェア技術を実現できる段階の寸前まで変化してきた。僕はこれは自然な流れだと信じている。未熟練労働者の一部は最終的にエンジニアになり、エンジニアの一部は設計者になり、最終的には設計者の中から成功した起業家が生まれるだろう。

具体的な数字でいうと、工場労働者1,000万人から、ざっと1％、10万人の労働者が数年後に技術者になれる経験を積む。さらにその1％が、技術者として数年経験を積んだあと、オリジナル製品を生み出す設計者となる。これで1,000人の設計者が生まれる。これらの経験豊かな草の根設計者は起業家経済のコアになる。そこから経済が変わり始めるだろう。

10年か20年ほどで、数千の企業が最終的にほんの一握りのグローバルなブランド企業に蒸留される。僕は中国がこの最終段階に入っていると信じている。深圳の多くの人々は、製造業の経験、設計するだけの知恵、イノベーションとオリジナルの製品設計に才能を生かす能力を持っている。現在の経済発展・知的発展政策が問題なく進めば、今後10年は中国の技術産業にとって魅力的なものになるだろう。

このパターンは、おもにハードウェア製品についてのものだ。ソフトウェア製品にも同様のパターンがあるが、ソフトウェアデザインについては西欧が有利になる独特の文化的側面があると僕は信じている。ハードウェアでは、プロセスが効率的でなかったり、歩留まりが低下したりしていれば、根本的な原因をシンプルに特定し、問題の直接的で物理的な証拠を出すことができる。ハードウェアの問題は、本質的には議論の余地ないものだ。

ソフトウェアでは、コードが効率的でなかったり、ひどい書きぶりだったりしても、問題を引き起こしているのが何なのか特定することはとても難しい。プログラムがクラッシュしたり、実行が遅い場合という結果はわかっても、だれにでも見せられるような、断線したワイヤーもネジの欠落もない。開発者は複雑なデザインをレビューし、多くの意見を検討して、最終的に1つの原因を決定する必要がある。そしてその問題というのは、ある1人がダメな決定を下したというだけのことだったりする。すべてのソフトウェアAPIは、人間の意見による構築物でしかないんだ。

アジアの文化は关系（GuanXi）、評判、年長者への敬意をきわめて重視する。欧米の文化はもっと反逆的で、外から旗振り役を迎え、長老の助言をさほど尊重しない。その結果として、アジアのコンテキストでは、コードの品質とアーキテクチャ上の意思決定について議論するのは文化的に難しいと思う。ソフトウェアそのものは30年の歴史しかないし、経験豊かで年齢の高いエンジニアは、方法論や知識の面で最も時代遅れになっている。それどころか、若いエンジニアのほうが最高のアイデアを持っていることも多い。でも、若いエンジニアが年かさのエンジニアの決定に意義を唱えることが文化的に難しい場合、できあがるのは作りのまずいコードになってしまい、競争力は絶望的だ。

こうした障害を克服することは不可能じゃないが、正しいインセンティブや文化を徹底するには、とても強力な経営哲学が必要だ。労働者が正しい決定を下すことが報われるよう、年功やコネ、友情に基づいたえこひいきがあってはならない。上級エンジニアやマネージャーは、若手エンジニアがダメな上流の意志決定をコードのパッチでごまかすよう強いて自分のメンツを保つのでなく、自分のまちがいを受け入れることで金銭的な報酬が発生するようにしなければいけない。アメリカでは通常、エンジニアが自社株をシェアすることでこれを実現し、個人のエゴとは無関係に会社が生き残ったときに大きな報酬が払われるようにしている。

質問 今後、個人メイカーと商業企業の関係はどうなっていくと思いますか？　メイカーは、会社との競争だけでなくメイカー同士の競争にもなっていくかもしれないけれど、そのとき製品が成功するためには何が決定的な要因になるでしょうか？

最小発注数が減って、イノベーションがどんどん先端的になれば、商業企業はメイカーたちからもっと強い競争を受けるようになると思う。特に流通産業が、Webサイトと直接つながるAPIになっていくにつれて、その傾向は高まる。結局のところ、最も大事な成功への要素は、消費者が製品にどのぐらいの価値を感じるかということだ。それは優れた機能や品質に加えて、消費者への見せ方や便益がどれだけ明確に説明できているかが重要だ。

結果として、どの製品も視覚的に魅力があり、使いやすくなるべきで、さらにそのメリットをわかりやすく説明したマーケティング資料が必要になる。

これは、技術的に優れた製品を作れても、販売やマーケティングの才能はあまりない個人メイカーには難しいことが多い。両方をマスターできるメイカーが有利になるだろう。

ハードウェアハッカーbunnieについて

質問 あなたはこれまで多くの製品の開発プロセスに参加してきたけど、個人的なゴールはどこにあるのでしょう？

　僕は、何らかの形で人生をよりよくするものを作ることで、人々を幸せにしたい。僕がいちばんうれしいのは、だれかが僕の作ったものを楽しんでくれているのを見ることだ。それでその人の人生を僕がちょっとでも改善したとわかるからね。時には、その製品がユーザーの大きな問題を解決することもある。時には、もっといたずら心のある製品で、ユーザーの幸福は楽しさや美しさからくることもある。でもどちらの場合でも、自分がだれかを助けるために製品を作ってると自覚することが僕には大事だ。僕は、あるレベル以上にお金があっても、幸せが増えないと学んだ。だから、単にたくさんお金を払うだけで僕を雇うのは難しくなる。かわりに、人々を幸せにすると僕を納得させる必要がある。

　もう1つの重要なゴールは、世界の仕組みをもっと知ることだ。僕には自然な好奇心があり、なんでも理解したい。宇宙にはさまざまなパターンがあり、時にはまったく関連していないと見えるものが魔法のようにつながっていることがある。そうしたつながりを発見し、世界が巨大なジグソーパズルのように見える体験はすごく深遠だし満足できる。

質問 失敗は多くの経験を人に与えます。これまで参加した、あまり成功していないプロジェクトについて話してもらえませんか？　あるいは、刺激を受けた失敗プロジェクトについて話してもらえませんか？

　僕の人生は失敗の歴史だ。僕が何度も確実にやったのは失敗だけだ。だけど、僕は2つのルールで失敗を処理する。

1. ぜったいに諦めない

2.同じ失敗を繰り返さない

このルールを守れれば、いずれ多くの失敗の末に成功できるだろう。ちょうど、僕の最近の失敗についてフォーカスしたインタビューがある。Chumbyについてで、以下にある*。

http://makezine.com/2012/04/30/makes-exclusive-interview-with-andrew-bunnie-huang-the-end-of-chumby-new-adventures/

質問 あなたの本『Hacking the Xbox』が出版されて10年になります。リバースエンジニアリングを学んだり、ハードウェアハッカーになりたい今日の人に、こうした昔の経験やスキルは今やどう適用されるでしょうか？

あの本で取りあげた基本原則は、今も有効だと思っている。Xboxは単に僕がいろんなことのやり方を説明したときの例にすぎない。そのアプローチとテクニックは、幅広い問題に適用できる。

中国の読者には、僕は中国語がうまく読めなくても、携帯電話の修理マニュアルを読むのがとても面白いと伝えたい。エレクトロニクスの理論についての記述は必ずしも完璧とは限らないが、実用的には十分で、電話機の修理に役立つスキルをすぐに学ぶことができる。

あと无线电（英語のラジオエレクトロニクスのようなもの）という中国の雑誌もあり、それもとてもいい。そこに載っているプロジェクトを始めたら、すぐ上達できるだろう。

質問 Xbox One（後継機）にはユーザーにとってもっと厳しい制限がありますが、どう思いますか？ この黒いゲーム機を調べて、あの本のアップデートをしたいと思いますか？

僕はしばらく、ビデオゲーム機ではたいしたことをしていない。ゲーム機のハックが大好きな新しい世代が出てきていることはうれしく思っている。

---

* 本書第6章に抜粋を載せた。

Xbox Oneのセキュリティは、最もセキュアなものの1つだろう。マイクロソフトはXbox 360でとてもすばらしい仕事をし、僕が個人的に知っているXbox Oneのセキュリティチームメンバーは、セキュアなハードウェアを構築するために必要な原則をとてもよく理解していて、クラックするのは非常に難しいだろう。

そうはいっても、僕があれを買う気も使う気もないのはありがたい。使用ポリシーや制限にすぐ不満を感じてしまうだろうからね。

質問 電子デバイスについて、ユーザーがrootを取れないようにロックすることには多くの議論がありますが、どう思いますか？ ユーザーの安全と、ユーザーが完全にコントロールできることの間には矛盾があると思いますか？

僕は「ユーザーは自分のハードウェアを所有すべきだ」と信じている。所有するということは、改変する権利を持ち、ルートアクセス権を持つことを意味する。ユーザーがそれをすると安全が損なわれると企業が懸念するなら、サポートと補償を放棄することでマシンへ完全なアクセス権を与える、電子的な権利放棄書に署名をさせて、オプトアウトさせることはかんたんだ。ルートへのアクセスを望むほとんどの人は、すでに社内の電話サポートの人間よりもくわしいはずなので、問題はないだろう。

法律は、購入し所有しているハードウェアの場合でさえ、いくつかのルートアクセスが違法になるように変更されてしまった。僕は自然な所有権がこうして減少することは危険で、消費者をアンフェアな状況に置いていると思う。また、このことが、消費者がこれほどまでに依存している技術について、もっと多くのことを試して学ぶのを妨げている。

質問 ハードウェアのシステムがますます統合されると、ハードウェアのハッキングがますます難しくなっていると思いますか？ あるいはハードウェアのハッカーが絶滅する心配はありませんか？ もしそうなら、どうすれば状況を変えることはできますか？

ハードウェアシステムの統合は、これまでもずっと進んできた。TX-0はトランジスタだけを使い、Apple IIはTTL ICを使用し、PCはコントローラチッ

プセットを使い、携帯電話はSystem-on-Chipを1つしか使っていない。統合されたハードウェアは、いくつかの部分のハックを難しくしているけれど、システム統合のレベルでは必ずハックの可能性がある。

　言い換えれば、僕は今もハードウェアには技／アートがあると思っているけれど、ハードウェアハッカーが取り組むべき水準は日々高くなっているということだ。そしてそれはいいことなんだよ。ハックもだんだん強力になってくるということだからね。

質問　『Hacking the Xbox』は、アーロン・シュワルツ（訳注　インターネットアクティビスト。ネットの自由、WikiLeaks、Markdown記法などで活動）に捧げられていますね。なぜ今、ハッカー精神が重要だと思うか語ってくれませんか？

　ハッカー精神は、人間の問題解決能力を表現する究極のものだ。だれかに決められた社会の構造やしきたりではなく、自分自身の目で世界がどのようなものか見極める能力といえる。たとえばレンガは、建物を作るために使われるだけでなく、ドアストッパーや武器、文鎮、暖房用のバラストにもなるし、粉砕して土としても使うことができる。ハッカーたちは状況に応じて最も実用的で正しいことをするというレンズを通して、しきたりやルールを疑問視するんだ。ハッカーたちの方法がいつも調和に満ちているとはかぎらない。彼らはしばしば、ルールを守ることよりも、実際的に正しいことをすることを優先するからだ。

　より難しい状況になるにつれて、普通の人々の間にハッカーの精神が浸透し、より強くなると思う。僕は、世界中でそうした証拠を見ている。この精神は、生き残り、繁栄したいと願う人間の精神そのものと結びついてる。社会として、ハッカー精神を育んで容認することが重要だと思う。だれもがその精神を持っているわけではないが、持っている少数の人々は、難しい時代の社会をもっと立ち直りやすく生き残りやすいものにしてくれるのに役立つんだ。

質問　ほかに、中国の読者に向けて共有したい言葉はある？

　僕は中国のWebフォーラムを読んでいて、多くの中国人が山寨という言葉をネガティブワードとして扱っていることに驚いた。アウトサイダーから見

て、僕は山寨がとても興味深い有用な革新をたくさんしたと感じている。

英語でも同じような問題がある。英語のハッカーという用語もよい言葉として始まったが、時間がたつにつれて、多くのネガティブな行為にひも付けられた。メイカーという言葉は、ハッカーのポジティブな側面とネガティブな側面を区別するために作られたものだが、僕は伝統的な定義を奉じているから、ハッカーを名乗る。

同じような言語の分岐が中国語で起これば、中国で起こっているイノベーションも説明しやすくなる。僕は最近山寨がもたらしているオープンでイノベーティブな側面、つまり設計ファイル公開の手法を公開（gongkai、公開）と名付けた。重要な点として、僕は开放源代码（kai fang yuan dai ma、オープンソースソフトウェア）という表現で使われている开放（kai fang、解放）という中国語は、あまりしっくりこないと思う。それは西洋独特の法的側面におけるオープンを意味するので、中国のエコシステムで使われる手法にはあてはまらないと感じている。

> **注記** ちなみに、kai fangは中国語で花開くという意味も持っていて、詩的に聞こえる。一方、gongkaiは単に公開されていることを意味する——それが好きか嫌いかに関わらず。kai fangのように詩的や楽観的なところはない。

中国が西洋のシステムと異なる独自のやり方でIPを共有しているからといって、中国のシステムが悪いわけじゃない。実際に非常に興味深いやり方だし、これがどこに向かうのかにとても興味がある。僕は山寨が使っているいくつかの方法にプラスの価値を見ているから、中国で一般的におこなわれているIP共有の方法を説明するために、より一般的な言葉である公開を提案している。だが、オープンソースの厳密な定義にそれを関連づけようとは思わない。

でもそれを言うなら、僕がそれをとやかく言える立場でもない。僕は中国語のネイティブスピーカーじゃないし、ずっといいやり方があるかもしれない。

THE BLUEPRINT TALKS TO ANDREW HUANG

『Blueprint』はハードウェア関係の創設者たちについての記事を掲載する

媒体だが、このインタビューは、ライター曰く「個人的な道のり」に注目するものだ。僕は子供の頃に僕をハードウェアの道に誘ったものや、ハードウェアのスタートアップが気をつけるべき落とし穴について答えている。いくつかの写真と、紙面には載らなかったいくつかの興味深い質問と回答を含む原文はここで見ることができる。

https://theblueprint.com/stories/andrew-huang/

質問 ハードウェアとの最初の出会いはどんなものでした？

　僕が8歳の時、父がApple IIのクローンを買ってきて、それが僕にハードウェアへの関心を呼び起こした。互換機はケースなしの、すべてのエレクトロニクスがむきだしの状態でやってきた。エレクトロニクスが見えたから、それをいじりたいと思ったんだ。父は僕が壊すと嫌だからコンピュータに触るなと言ったけど、僕は父がいないときにしょっちゅういじった。チップがソケットに刺さっていたから、何度か壊してしまった。父に触るなといわれていても、チップを反対向きに刺したら何が起こるのか見たかった。僕は早い段階でチップの向きを逆にするのが悪いことだと学んだわけだ！
　Apple IIにクールな回路図とソースコードのセットがついていたのはすばらしいことだった。僕は、Apple IIのリファレンスマニュアルを持ち歩く、変な小学生だった。遊び場でも、回路図を広げて眺めてばかりいるんだ。魅力的だったからね。見ても理解はできなかったけれど、回路図の上に引かれた線と実際の基板の上の線が関連していることはぼんやりとわかっていた。時間と共に、僕は回路図上のマークをコンピュータの機能にひも付けることを学び、だんだんわかってきたんだ。
　中学校や高校では、コンピュータの拡張カードを自分で作れるようになったから、小さな音声合成装置を作った。ミシガン州のトウモロコシ畑の中で育って、しかも変な見かけでたった1人の中国人のガキだから、ほかの子たちが遊んでくれないとほかにすることがないんだ。

質問 そうした初期の経験は、ハードウェア業界で仕事をしようという決定にどう影響しました？

僕は、そこからずっと学び続けてきた。MITに進むとき、僕はコインを投げて、生物学の分野に進むのではなく、エレクトロニクスを学ぶことにした。学位を取って産業界に入り、まったく性に合わず、もうしばらく自分の殻にこもっていたかったので、Ph.Dを取得するために大学に戻った。Ph.Dを取得した後、僕は失敗してしまったスタートアップにばかりいろいろ参加した。僕は成功するスタートアップに所属したことはないが、多くの失敗から学んできた。

僕は製造の仕事を始める前に、シリコンチップの設計とリバースエンジニアリングをやってきた。長年にわたり、最大、最強、最凶のプロジェクトをやりたいと思っていたが、それはつまり純粋なテクノロジースタートアップで働くということだ。そういう状況だと、いつもはるか未来で活動していて、その技術が成功して市場に出る頃には、特許は失効してしまっている。

資本がマネタイズされることはない。がんばって働くけれど、製品は本当に得体の知れないものだ。結果として、大量に製品を出荷したことが一度もなかった。それがいちばん苛立つ部分だった。何か自分の人生を注ぎこんだものが、決して日の目をみないってことがね。

質問 Chumbyで働いた日々から、何を学びましたか？

僕は純粋なテクノロジーカンパニーで働くのに飽きて、ビジネスアイデアを素早くマネタイズする会社に入ることにした。Chumbyに加入したとき、僕はオープンなハードウェアと量産をやりたいと考えていて、その両方で経験を積み始めた。僕は2005年〜2010年まで、初代chumbyとその後の数世代を扱った。

働き始めた頃、僕は量産や機械設計をしたことがなかった。射出成形が何かすら知らなかった。でも、PCHのエンジニアたちと一緒に働く機会に恵まれ、工場のフロアに行ってみんなのやっていることを見て、学んだ。Chumbyの仕事を終える頃には、自分のケースをSolidWorksで設計し、射出成形のケースをゼロから作れるようになっていた。

これはとてもためになる経験だ。僕は試験計画、製造計画、調達ほか、走りながら身につけるしかないさまざまなスキルを学んだ。Chumbyが倒産したとき、僕はシンガポールに住んでいて、そこに同社の現地オフィスを作ろうとしていた。僕はそこにとどまってそのオフィスを閉め、きれいに清算し

て、従業員がみんなほかで就職先を見つけられるようにした。すべて片づいたところで、1年ほど仕事をしないことにした。まっ先にやったことは、2011年3月11日の日本の恐ろしい地震と津波の後で、放射線センサーを設計することだった。

その後、次にどんなプロジェクトをしようか考え始めた。僕はSDカードのリバースエンジニアリングをして、その後Chibitronicsでフレキシブルサーキットステッカーを作るのを手助けしたジー・チーに出会った。

あるとき、シンガポールで働いているときに出会ったショーン"xobs"クロスという男と一緒に、座って何を作ろうかを話し合っていた。僕らは、Chumbyの時は他人が使うものを作っていたので、今度は自分たちで使うものを作ろうと決めた。僕は毎日ラップトップを使っている。僕らは開発プラットフォームが必要だ。僕らは、自分たちが実際に使えるようなラップトップを作った。今、その製品のクラウドファンディングキャンペーンをしているよ。

質問 プロトタイプから大量生産までのプロセスを説明してもらえますか？

製造しやすいものを設計するには、じつはかなりのワザがある。そこにアプローチするすばらしい方法の1つは、自分のサプライチェーンをまるごと作り上げることだ。僕は製造マネージャーやサプライチェーンマネージャーを置くのは好きじゃない。僕は何でも自分自身で作りたいし、自分自身ですべての試験をおこないたい。製造上の問題も自分で手がける。そうすれば、設計するときに「これを自分で作れるかな？　このディテールをいい加減にしておいたら、後でえらいしっぺ返しをくらうかも」と考えざるをえなくなるからだ。

設計の本当に最初の頃から、僕はそれをどうやって製造できるようにするかを考えている。どんな製造プロセスを使うべきか、どうすればすべての部品が調達可能になるだろうか？　実際に製造までこぎ着けたとき、あらゆる決定をしたのは僕だ。なぜなら、最終的にはすべてのコストを自分で払うからだ。

質問 設計をするときに多くの人が最も見落としがちなのはなんでしょう？

忘れられがちな側面はいろいろある。まっ先に頭に浮かぶ2つの側面は、材料の調達と、歩留まりだ。たとえば、『Make:』マガジンのクールなプロジェクトでは、よく「1980年代のVHSビデオプレーヤーの内蔵モーター」のような、手に入りにくかったり、古すぎたりするものを見つけましょう、なんて指示が書かれている。理屈からいえば、それは結構な話だ。ガレージにそういう安物が転がっていることも多いからね。でも、それが雑誌に出ると、いきなりみんなeBayで同じパーツを探し始め、調達不可能になってしまう。

歩留まりの部分では、多くの人が歩留まりにどう影響するかをちゃんと計算しない。製造プロセスのすべてのステップで、ある程度は不良品が出る。99%の歩留まりのステップが10回あると、全体の歩留まりは約90%になる。ピサの斜塔を建てているようなもので、問題はどんどん大きくなり、出荷を妨げる。あらゆるステップをロバストでやり直ししやすいようにし、どのステップもほかのステップを組み合わさるようにして、不良率を最小限にすることが大事だ。さもないと、多くのお金をドブに捨ててしまうことになる。

質問 製造を手がけるようになってから、ハードウェアに関する見方がどう変わったか説明してもらえますか？

それが、おかしなもんでね。Xboxに関するプロジェクトをしていた2001年頃、ハードウェアはどん底だった。Web2.0がスーパーホットで、XMLやAmazonでなんかやったらクールだと思われていた。ハンダ付けは、どっか余所でやる価値の低いものと思われていた。

でも、僕は研究室でハンダ付けのやり方を知っていた変わりものだったから、みんな僕に故障品を修理してくれるよう頼み、僕も喜んで引き受けていた。それを続けていただけなんだよ、それが僕の役割だったし、それが大好きだったから。Xboxのセキュリティが破りやすい理由の1つは、ハードウェアは難しい、ハンダ付けは難しいという思い込みによるものだった。でも、ハンダ付けができる人にとっては、あのセキュリティ破りはとてもかんたんで、僕は約150ドルの大学院研究費でそれをやった。いくつかの学会で、Xboxのハッキングについて話した。「ハードウェアは難しくない、魔法のような仕掛けが隠れているわけではない」というのが、基本的に伝えたいことだった。人々が見ているマジックは、実際には単純な製造方法にすぎないことを示したんだ。

その後Kickstarterが来て、ハードウェアにお金が流れ込むようなしくみができた。それまで、VCはハードウェアに出資しようとしなかった。彼らは、ハードウェアには前払いして製造し、売り切ってからお金が入ってくる「販売の谷」があり、スタートアップはその時点で死んでしまい、お金を回収できないと考えていた。

突然、Kickstarterでクールな企業たちがシードラウンドで数百万ドルを獲得し、それなりの割合で製品を出荷するようになった。お金ほど、シリコンバレーの人たちの関心を惹くものはない。それ以来、ハードウェアに対する認識は、すぐに根本的に変化し始めた。今ではますます多くの人々がハードウェアの世界に入りつつある。問題は、多くの人々がハードウェアを自らの製品に加えなきゃとは思っていても、そのやり方が全然わからないことだ。

別の問題として、Kickstarter上での詐欺の増加もある。いろんなハードウェアのあれやこれやが転がっていて、支援者にはどれが本物でどれがニセモノかわからない。僕は業界全体としてバブルにあり、そのバブルが拡大してると感じている。

僕はだれもハードウェアのことなんて知らない頃のほうがよかったかもとさえ思う。少なくともその頃は、詐欺師との競争を心配する必要がなかったから。

質問 自分の工場を見つけるときに、どうアプローチしました？

君がスタートアップ企業で、工場にお金しか価値を提供できないなら、君は基本的に価値なしだ。スタートアップに金がなく、あっても少しだけのことは、どの工場も知っている。

多くのスタートアップがFoxconnみたいな工場と仕事をしたがるが、Foxconnには多くの人員も能力もある。君の助けなんかいらない。お金なら欲しいけれど、君は多くを持っていない。もし君がそういう上級の工場との契約を望むなら、お金はあっという間に枯渇し、製品をローンチすることはできないだろう。

僕はいくつかの能力が欠けていて、僕がお金以上の価値を提供できる工場を探す。僕が自分の製品を作るとき、僕は製品組み立てスタッフの訓練を手伝う。工場がその訓練に価値を見いだしてくれたら、僕はお金を超えた価値を提供して関係を構築できる地点に達したことになる。

質問 オンラインで販売しているハードウェアスタートアップが小売りをおこなうフェーズになったとき、どんな課題がありますか？

インターネットの世界ではすべてが自動化されていて、あらゆる問題がテクノロジーで解決できるように見える。でも、小売りはすべてが営業マンとバイヤーの対面交渉なんだ。デモンストレーションをし、WalmartやTargetの本社に行って関係を構築し、取引をする必要がある。古くさいシステムだよね。Kickstarterとビジネスをしている多くの人たちは、そんなものがあると思っていない。

問題は、人々が数百ドルする製品を買うときには、実際に見たり触れたりしたがることだ。BestBuyはAmazonのショールームになりつつあるが、店に製品を置くことは本当に価値がある。たぶん、ここでも一大変革の余地はあるだろう（多くの人を納得させられるようなレビュアーにハードウェアを渡して、ほかの人に説明してもらうとか）。それでも結局、ハードウェアを効果的に売るには、小売り店舗に置いてもらうのがいい。

オンラインのマージンは厚いため、オンラインでビジネスを始めた会社は値づけを低くしてしまう。すると、小売り店と取引を始めたときに生き残れないことがある。

質問 ハードウェアの起業家からよく聞かれる質問はどんなもの？

いろんなチームの尋ねる質問は、そのチーム構成の弱点に関するものが多いね。すばらしいエレクトロニクスのエンジニアがいるが、機械エンジニアがいないチームがある。そういうチームからは、いろいろメカメカしい質問が出てくる。

エレクトロニクスのエンジニアがいないチームでの最も大きな質問は、「エレクトロニクスを設計できる人なしでどうやってハードウェアのスタートアップを作るか」というものになる。

一般的に、ハードウェアスタートアップは技術主導の傾向が強く、マーケティングやビジネスに弱い傾向がある。一部のスタートアップは、ビジネス担当が早い段階からすべてを手配して戦略を立てる。でも多くのチームは、すごい技術的なアイデアを持ちながら、戦略に重要な側面が欠けているのに気がつかない。

その点で、僕は彼らがどういうことをしているかを聞き、フィードバックを与えるようにしている。彼らが最も助けを必要としているのは、そのチームが質問することではなく、むしろ質問しようとも思わない部分であることがほとんどだ。

質問 スタートアップがハードウェアのエコシステムを継続的にサポートし続けるために、何が欠けていると思いますか?

完成された製造業と、アジャイルでリーンで、正直いって経験の少ない会社の間には、大きなミスマッチがある。でも、それが超えられない谷間だとは思わない。

工場とリソースを持つODM (Original Design Manufacturing) 企業は、サービスのレベルを上げる必要がある。みんなODMが多くの質問に答えられると考えている。スタートアップとODMは、お互い過大な期待を持っている。なぜなら、ODMはコスト削減の方法を一切教えてくれないからだ。人々は、それがODMにとって利益背反になると気がつかないから、腹を立ててしまうんだ。

多くの人が、中国で製造すると魔法のように安く部品を調達できると考えている。わかってないよね。工場は設計者じゃない。彼らの仕事は、設計を仕様どおりに、確実に組み立てることだ。こちらが高い部品を指定して、それを工場が安いものに置き換えたら、動かないときにだれが責めを負うの?

さらに、工場は部品に対して何パーセントか利益を乗せる。つまり、工場が安いパーツを提案したら、工場のリスクを増やしつつ、儲けを減らすことになる。多くの人が工場にコストダウンの意識が足りないと怒っているが、でも今の点を考えるなら、こっちがもっと親身にならないと。コスト削減には、自分のエンジニアを向こうと協力させないと。だって結局は、こちらの利潤に影響するんだから。こっちの儲けの問題なんだから。中国に行ったら自動的になんでもきちんとやってくれるなんて、期待するほうがおかしい。

ODMは、コスト削減の専門スタッフを用意して、こうした問題を解決できるかもしれない。でもその場合、サービスに持続性を持たせるには、追加料金が発生するか、その分の追加費用を分散させるためにはるかに多くの発注量が必要になる。

業界の間で相互運用性を高めるのもいいことだろう。僕が一緒に働いてい

るスタートアップの1つがSparkだ。ここは、オープンにすることで、人々が同社のハードウェアプラットフォームを使ってくれるようにがんばっている。僕が見るに、Sparkで1つ欠けている部分は、Sparkのプラットフォームを使う製品を作るのに、ODMが「Spark認証」を受けられるようにすることだと思う。しばしば、だれかがある製品を別の製品に組み込みたいと思っても、それを効率的にやる方法についての示唆はバラバラだ。必要な情報がそろっていても、ほとんどの人にとっては、とてもなめらかなプロセスとはいえない。

設計がすべての問題を解決しても、多くの問題はまだ解読されないままだ。大きな会社でさえ、その解読のために人を雇うことを恐れている。

質問 今、ハードウェア産業のどこに注目していますか？

僕は今、ジー・チーと一緒にサーキットステッカーを作っている。今は出荷にとりかかる段階で、キャンペーンで設定した出荷の締め切りを守れるよう一心不乱に確認しているんだ。クラウドファンディングキャンペーンではあまりに多くの出荷遅れがあるから、自分の出荷は期日を守り、説明したとおりの日に品物をみんなに届けたかった。そんなに期日に遅れてばかりいる必要はないはずだ。まずは期待を設定して、製造準備が完全に終わって、いつ在庫が出荷できるようになるかわかってから、期日を設定すればいい。僕らのいくつかの製品ラインで、半分は製造を終えて出荷を待っている。2つほどの新しいラインが控えているが、5月までには問題を解決できて、問題ないと考えている。僕らのラインが増えて発展し、もっと多くの人と一緒に働けるのを楽しみにしているんだ。

もう1つ、僕はショーン・クロス（xobs）とNovenaラップトップというプロジェクトを進めている。これは昨年まで何の計画もなかった。でも、こないだの12月にプロトタイプを手作りしたんだ。ちょっとした、なんかみすぼらしい革と紙のやつでね。それを使ってCCC（カオスコンピュータ会議）でプレゼンしたところ、熱狂的に受け入れられた。ありがたい話で、いま僕は設計をより製造・調達しやすくなるようにリファクタリングしている。キャンペーンは今のところうまくいってるようで、僕はこの資金でNovenaを製造して世界に送り出すのを楽しみにしている。

質問 2つのクラウドファンディングから、君は何を学んだ？

2つのクラウドファンディングをほぼ終えたことから、多くの洞察を得た。さっき、オンライン販売での価格を下げすぎると小売りに移行できないという話をしたよね。でも、ほかに人には高い価格を維持しろと言うのに、自分でその価格を維持するのは本当につらい。持続不可能なところまで値下げしたい誘惑はあまりに強い。
　多くのクラウドファンディングキャンペーンが失敗する理由も、価格が低すぎるからだ。製品を作り上げて出荷するだけの価格を設定できない。僕はそれを知っていても、ラップトップにつけた価格を見て歯を食いしばったよ。僕が望んだ価格よりも高かったからだ。そんな高値でも、望んだだけの金額を得てキャンペーンを終えたとしても、ギリギリ収支トントンだろう。でも、多くの人にそれはわからない。
　Ubuntu Edgeの例を考えてみよう。彼らは1,200万ドルを調達したが、実際には2,500万ドルが必要だ。なぜかというと、電話機1台あたり700〜800ドルの値段をつけるには、40,000台を作る必要があるからだ。だから多くの人はUbuntu Edgeをクールだと考え、たくさんのお金が調達できたのに、それでもファンディングのゴールに達することはできず、皆にとって悲しい結末となった。
　ラップトップの値段をずっと下げて、ゴール達成に何千人もの人が買ってくれないとダメなようにすることもできた。あるいは、僕とまったく同じ考え方をしている、数百人の熱狂的なオープンソースの愛好家だけにフォーカスしてサービスを提供することもできた。
　最終的には、特に最初の段階では、愛好家たちを狙うのがいちばんいい。最高のユーザーになってくれるのは彼らだ。本当に大事にして最高のサービスを提供したい相手が彼らだ。少し値段は上がってしまう。でも、その人たちに本当によい製品を作ってあげるし、彼らもハッピーになる。それは、ものすごく高い目標を掲げて失敗するよりも、僕にとってはずっと幸せな結末だ。

エピローグ

　僕がハッキングやMakingを始めたのは、好奇心からだ。自分のやったことの中で、最終的に興味深かったり重要だったりするものはごくわずかだけれど、僕のブログ http://bunniestudios.com/ で成功や失敗を記録し、@bunniestudios でのツイートでその時々の考えをつぶやいている。何がアタリで何がハズレかを知るのは難しい。でも、僕が学び続けている限り、この旅には価値がある。僕はこれからも電子のフロンティアをさまよい続けるだろう。

監訳者解説 山形浩生

「これ、いったい何の本なの？」店頭でぱらぱらめくっている人は、本書の中身の得体の知れなさを見てそう思うはずだ。

『ハードウェアハッカー』というから、エレクトロニクス系のちょっと変わったハード作りや改造のノウハウや、それにまつわる各種エピソードかな、というのが普通の期待だろう。そして、たしかにそのとおりではある。あるのだけれど……その幅と深さが尋常ではないのだ。

イノベーションとハッカーの意義

そもそもハッカーというと、悪い印象を持つ人も多いだろう。一般にハッカーといえば、なにやら他人のコンピュータに侵入して、ファイルを勝手に消したり改変したり、データを盗んだりする犯罪者だ。じつは著者バニー・ファンも、そうした色眼鏡で見られてきた。

でもその著者を含め、誇りをもってハッカーを名乗る人々がいる。という

より、そちらのほうが正規の意味だ。ハッカーは、さまざまなものを独創的なやり方でいじり、その仕組みや性質を理解しようとする人々のことだ。そのいじり方は、マニュアルどおりではない。「分解するな」と書いてあってもばらすし、改造や説明書とは違う使い方も当然やる。勝手にほかのものと組み合わせ、全然違う代物にしてしまう。「作った人の気持ちを考えろ」とかいうバカな遠慮に凝り固まった人からすれば、許し難いお行儀の悪さではある。そして、たしかに結果として壊してしまうこともある（というかそのほうが多い）。安全装置を外し、悪用を可能にしてしまうこともある。ハッカーが何やら悪い連中と思われるのはそのせいだ。

でも、それはあくまで副作用だ。そしてその副作用の一方で、当初の設計者ですら気づいていない新しい可能性が拓け、そこから予想外のイノベーションが生み出されることもある。いや、むしろイノベーション（技術革新）というのは、本質的にそういうものだ。だって、教科書どおり、説明書どおりにやっているだけでは、何も新しいものは出てこないのだもの。そこから外れるからこそ、それは「革新」になる。

ただ、説明書以外の使い方なんて無数にある。その中でモノになりそうなのは何だろうか。そこで重要になるのが、ハッカーたちの技能だ。彼らは、別に無作為にいろんなものを意味なくいじっているわけじゃない。彼らの中でも（良くも悪くも）優秀な人々は、何かを見てその「いじりがい」にピンとくる才能を持っている。無限にあるさまざまな組み合わせの可能性の中で、掘り下げると面白そうなものを直感する能力を持つ。

だからこそ、そうした人々が注目を集め、いまや特に欧米の各種研究機関や先端的な企業で次々に活躍するようになっている。各種ビジネス雑誌やマネジメント系の駄文ではしばしば「イノベーション」がもてはやされているけれど、そこで扱われているのは、ほかのところですでに確立された技術や技法を早めに導入する程度の話がほとんどだ。「オープンイノベーション」とかいうお題目は、しばしば企業が外部の連中を無料でこき使えるような勘違いに堕し、しかも狭苦しいお砂場で塗り絵をさせる程度のことしか容認しない代物だったりする。そんなおままごとを超えたイノベーションをどうやって実現すべきか？　そこにハッカーたちの活躍の場があるのだ。物事の仕組みを掘り下げ、予想外のまったく違ったものがつながるチャンスを見出し、しかも自分の手でそれをモノにしてしまう——ハッカーのこうした能力こそが、過去も未来も真のイノベーションの源泉であり続けている。

そして本書に描かれた著者の各種ハッカー活動は、まさにそうしたイノベーションの可能性を信じられないほど広い分野から拾い上げる、驚異的なものとなっている。

本書の概要とその異様な広がり

　第1部は著者が会社のネット接続ガジェットを中国で量産した時の話だが、エレクトロニクスの話はそっちのけで、金型だ、射出成形のウェルドラインだ、歩留まりだ、品質管理だという話がやたらに続く。では量産ノウハウ本かと思ったら、第2部は欧米と中国の知的財産の扱いの話から、山寨携帯や中国特産インチキSDカードやLSIをこじ開けてその偽造ポイントをつきとめる話。そして第3部ではクラウドファンディングでハードウェアを設計製造し出荷するまでの苦労話、さらにリバースエンジニアリングを扱う第4部では、LSIのシリコンをむきだしにしてその中身まで書き換える話に、HDMIの映像信号を復号せずに改変する異様な技、はては遺伝子組み換え話まで……。

　たしかに、ハードウェアのハッキング話ではある。でもハードウェアハッカーといえば、いまやメイカー運動のおかげで3DプリンターとArduinoなどのマイクロコントローラを使ったもう少し軽いものがまっ先に頭に浮かぶ。もちろん、デジタル系にとどまらず、アマチュア無線系の自作マニアやオーディオ系の一部の人々が持つ、電子回路系の異様なマニアの世界はある。さらにフィギュアやプラモや、コスプレや、それを言うならお裁縫や料理や、車の改造や盆栽まですべて、広義のハードウェアハッキング活動だ。でも、いずれも自ずと常識的な活動範囲がある。LSIをこじ開けて、そのシリコンまでいじるというのは、その範疇をはるかに超える。オープンソースのハードウェアといっても、そのCPUの内部スペックまでオープンにこだわることは普通はない。そして、そこから遺伝子組み換えまで手を出すとなると、ほとんどわけがわからない。本書を訳しつつ、何度「こいつ、頭おかしい……」(いい意味で)と唖然とさせられたことか。

　その一方で、ほぼどんな人でも、自分のまったく知らなかったハードウェアの世界の広がりを実感できるはずだ。同じものを見ていても、自分には及びもつかない世界が見えている人物がいるのだということを実感し、そしてその視野の広さの背後にじつは今の自分にも多少は通じる考え方や世界観が

あるのだ、ということが感じ取れれば、本書を手に取った甲斐は十分以上にある。

本書の世界観:純粋なものづくり好奇心と哲学

　著者の活動すべての根本的な基本は、「目の前のこれがどうなっているのか知りたい」という純粋な好奇心ではある。どういう仕組みで、どういう作られ方をしていて、その背景には何があるのか？

　今、そうした好奇心の働きは薄れつつあるのではないか。僕たちの生活はやたらに便利になっている。モノはどんどん安くなり、なんでも百均とコンビニに並び、ネット通販ですべてが手に入る。おかげで多くの人々は、工業製品すべてが自動化されていて、ボタン1つで何でもできるような印象すら持っている。モノを作っているはずのメーカーですら、多くはファブレス化、仮想化され、実際の製造はどこか余所に任せていることも多い。それが高じて「限界費用ゼロ社会」などという変なことを言い出す人も出てきて、さらに「3Dプリンターが普及すれば何でもその場で生産され、20世紀の大量生産モデルは消える」などという主張まで登場する。

　でもじつは、そんなことはありえない。身のまわりのすべては、だれかが実際に苦労して生産している。安くてどこにでもあるように見えるもの、一見かんたんそうに見えるあらゆるものは、まさに大量生産のおかげでそうなっているだけだ。そしてそこには、その生産のためのノウハウが大量に詰め込まれている。それはいったいどんなものなのか？　この目の前のガジェットは、どのようにして作られているのか？

生産エコシステムの経済的背景

　本書はそこから出発する。中国の深圳での実際の生産の現場を体験し、日本のこの手の文章にありがちな、書き手の自国での狭い知見だけをもとに「あれができねー、これもダメ、中国なんか低品質」と決めつけるのとはまったく違うものを見出す。ものづくりに対する別の適応があり、費用と歩留まりのバランスの中で、モジュール化と現場合わせによる細やかな作り込みの合わせ技が実現しているのが、著者自身の苦闘と驚きの中から浮かびあがってくる。

そして、中国に蔓延しているさまざまな偽造やインチキ商品もまた、そうした適応の一部なのだということがわかる。ときに中国の店頭やオークションサイトでは「こんなの偽造するほうが手間がかかって、正規品より高そう」と思えるような代物に出くわすこともある。でも、それも中国の現場においては筋が通っている。そして、そんなものが出現する環境を作り出しているのは、じつは僕たち利用者の（じつにつまらない）嗜好や、理不尽な安値要求だったりするのだ。

適応としての知的財産レジーム

そして、知的財産についての考え方も、じつはその環境に対する違う適応でしかない。知的財産権は、もともとイノベーションを促進するための手段ではある（「保護してあげるから、みんなに公開してくださいね」というのが知財だ）。でも、欧米日の先進国ではそれがいまや、既得権益の保護に使われるだけになっている。一方の中国は、「知的財産権保護がおろそか」と批判される。でも、それは新製品開発や量産プロセス改善のイノベーションを大量に生み出す仕組みとなっているし、しかも決してオリジナルの開発者が完全にバカを見るものでもない。特にハードウェアの世界では、中国の知的財産アプローチのほうが筋が通っているのではないか？　著者はそう問いかける。

好奇心の実践：ハード、ソフト、制度、遺伝子

「どうしてこうなっているの？」という好奇心が、その背景となる経済的なバランスと知的財産の制度にたどり着いたところで、後半はその実践と言ってもいい。ハードウェアとソフトウェア、設計と製造、そしてそこからさらにチップの中身まで、やろうと思えばどんなものにでも著者の学んだことを適用し、新しい世界を切り開ける。現在の欧米流の知的財産のあり方——自分の買った電話の蓋を開けたりファームウェアをいじったりするだけで、ヘタをすると知財侵害とされてしまう——のおかしさを指摘しつつ、その法律すらハックし、迂回できる。そしてその技能と考え方は、エレクトロニクスにとどまらず、ほんのさわりながらもDNAハッキングにまで適用できるだけの応用力を持つ。この僕を含め、人は何かと易きに流れ、「あれができない」「もうこの分野も煮詰まった」「手の出しやすいネタは尽きてしまった」なん

てことを言って、自分の知っている範囲に安住したがる。でも本書を読めば、それが単なる甘えなのはわかる。可能性はいくらでもある。作るほうでも、ばらすほうでも、それ以外でも。本書に描かれた著者の実践は、それをビシビシと教えてくれるのだ。

著者について

　著者アンドリュー"バニー"ファンは、1975年生まれ。アメリカで生まれ育ち、現在はシンガポール在住だ。ハードウェアのハッキング業界では知らぬ者のない存在ではある。知名度的に並ぶ存在というと……強いて言うなら、あらゆるゲームコンソールをいじって改造するベン・ヘックあたりだろうか。でも、それとも質的にかなり違う。

　たぶん一般には、マイクロソフト社のゲームコンソールXboxの分解を解説した『Hacking the Xbox』(2003年、No Starch Press刊) の著者として最も有名だろう。ケースの開け方、さまざまなモジュールの交換法といった初歩的な話はもとより、コンデンサや抵抗、インダクタ、トランジスタの見分け方なんていうレベルの話から、かんたんな暗号方式の解説をしたと思ったら、あれよあれよとケーブルのデータ解析にROMの裏口からの侵入方法まで、丁寧な写真付きで解説がおこなわれ、そしてそれに伴う当時 (現在も同じだが) の知的財産やセキュリティ関連法規制の課題についてのくわしい説明までおこなわれる。そこに表れた精神は、本書ともまったく変わりない。もはやXbox自体が骨董品ではあるけれど、本書と同じでそこに出てくる各種手法はいまだに通用するものだ。

　だがこの本は、著者にとってハッカー活動の困難を思い知らされるものともなった。マイクロソフト社は、そこに書かれた細部を公表するなと執拗に圧力をかけ、おかげで著者が当時通っていたマサチューセッツ工科大学 (MIT) は「この本とは一切関わりを持たない」という念書をよこしたうえ、当初の出版社からも出版中止を言い渡されるのだった。

　同じ頃に、アーロン・シュワルツが学術論文のフリーアクセスを促進しただけで訴追され、同じくMITに停学処分を受けて自殺に追い込まれたことから、この本は彼に捧げられたものとなり、フリーで公開されることとなった。興味があればぜひご覧いただきたい。

　そして、このXbox以外の各種ハッキング活動については、本書で主要なも

のが網羅されている。著者はハッキング活動だけでなく、特に知的財産権関連の活動家としても知られ、2016年にはデジタルミレニアム著作権法（DMCA）の野放図な適用についてアメリカ政府を訴える訴訟を起こしている。

深圳について

　また、著者は2016年には『Essential Guide to Electronics in Shenzhen』という深圳のガイドブックのようなものを書いている。もちろん本書でもわかるとおり、彼は深圳のエレクトロニクス事情について、これ以上はないというくらいくわしい。ただし、このガイドブックは漢字も読めない人々のための入門だったりするうえ、深圳自体もここ数年でさらに急速な変貌と遂げている。日本のみなさんで、深圳電気街のガイドブックが欲しければ、鈴木陽介『これ一冊でもう迷わない！ 問屋街オタクが教える 深セン電気街の歩き方』（Kindle版）が、アップデートもしっかりおこなわれ、内容的にもくわしくて、いちばん参考になるだろう。

　またこのガイドブック以外にも、本書に描かれた深圳の状況はまだおおむね残っている。ものづくりの場としての深圳については、現地でJENESIS社として生産工場を営む藤岡淳一『「ハードウェアのシリコンバレー深圳」に学ぶ――これからの製造のトレンドとエコシステム』（インプレスR&D）も、工場側から見た深圳の特殊性について、本書の情報と補い合うさまざまな知見がこめられていて参考になる。

　ただしそこでも指摘されていることだが、最近では深圳も急激に開発と発展が進み、人件費も高騰してきた。そのため、大量生産からすでにだんだん少量多品種カスタム生産へと移行し、いまやそれすらも数年で消えるのではとさえ言われる。深圳の状況については、最近やっと主流メディアでも少し採りあげられるようになってきたが、おおむね三周遅れの古い情報ばかりで、そのうえガセも多い。深圳の新しい動きについては、本書のメインの訳者である高須正和のネット上での各種連載が参考になる。

最後に

　もちろん、深圳に出かけると、エレクトロニクスマニアであれば本書でバニーが感じたような興奮が本当に湧き起こってくるのはたしかだ。でも、本

書を読めば、そうした興奮の源はどこにでもあることがわかる。深圳は、その刺激の1つにすぎない。この解説を執筆中に開催されたMaker Faire Tokyoのようなイベントで刺激を受けることもできる。あるいは、本書を読んで何かその気になり、手近のラップトップの裏蓋を開けるところから入ってもいいし、ドローンのおもちゃを買って、ひさびさにガジェット精神を昂ぶらせることもできる。それをどこまでも深められるようにしよう。そして、ほかの人々にもその楽しさを伝え、今の世界のあり方をもっともっと深く理解しよう。本書の伝えるこのメッセージを、なるべく多くの人々が受け取ってくれればと思う。そして、ハッカーやハッキングの意義と広がりを、本書を通じてさらに多くの人が理解し、日本のイノベーションの高まりと活用促進が実現しますように！

2018年8月　東京／バンコクにて
山形浩生 (hiyori13@alum.mit.edu)

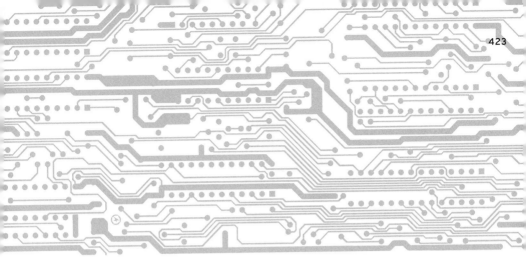

Index

数字

12ドルの携帯電話　155
　　□エンジニアの権利　164
　　□公開をオープンソースに　163
　　□ハードウェア　157
2色成型（オーバーモールディング）　68
3Dトランジスタ　274
5桁テスター　129

A

Akiba　99
Apple
　　□Apple II　237, 360, 403
　　□Foxconn　54, 56
　　□改良コスト　230
　　□品質管理　72
AppoTechのチップ　325
Arduino　242, 391
　　□Arduino Uno　135, 156
　　□製造　78
　　　　・PCBパターンを銅板に印刷　83
　　　　・PCBをエッチング　85
　　　　・仕上げとテスト　89
　　　　・銅板　79
　　　　・ハンダマスクとシルクスクリーン　88
AVL（製造業者指定リスト）　110

B

BLASTX　372
Blueprintでのインタビュー　402
BOM　部品表を参照

C

CFT（Cyber Fast Track）イニシアチブ　321
Chibitronics　281
　　□新しいやり方を構築する　290
　　□旧正月のサプライチェーンへの影響　303
　　□ギリギリの変更　302
　　□工場を訪ねる　291
　　□出荷　295
　　□ステッカーパターンのステンシル　302
　　□単一障害点を避ける　301
　　□単純な要求の複雑さ　298
　　□チェックプロット　299
　　□テストプログラム　124
　　□背景　281
　　□発送　303
　　□部品配置ミス　299
　　□プロセス能力試験　293
　　□翻訳の問題　300
China Software Developer Network（CSDN）
　　インタビュー　389
　　□オープンハードウェアとメイカー
　　□ムーブメント　390
　　ハードウェア・ハッカー　398
Chip-on-Board（CoB）製品　64
Chipworks　275
Chumby　38, 211
　　□NeTV　NeTVを参照
　　□マザーボード　217
　　□chumby Classic　213
　　□chumby One
　　　　・開発　214
　　　　・仕上げ工程　132
　　□回収と返品の処理　223
　　□外装ケース製作　63
　　□偽造microSDカード
　　　　・正規品　189
　　　　・調査結果　195
　　　　・データ収集　191

・徹底解析　190
・電子的なカードIDデータ　187
・見た目の違い　186
□キャッシュフロー　223
□組み立ての自動化　64
□契約　223
□工場見学　52
□工場テスト　75
□コネクタの配置　60
□射出成形　66
□テストポイント　217
□バイヤー　222
□ハッカーフレンドリーなプラットフォーム　212
□品質管理　71
□フィル・トローネとのインタビュー　219
□マージン　222
□マイク工場施設　56
□学んだこと　404
□リモートテスト　74
Circuit Sticker Sketchbook　286, 298
Circuit Sticker Sketchbookを綴じる金属ループ　298
CoB（Chip-on-Board）製品　64
COGS（売上原価）　122
CRISPR/Casシステム　380
Crowd Supply　278, 295, 296
CrypTech　277
Cyber Fast Track（CFT）イニシアチブ　321

D

DDC（データ表示チャンネル）　337
Debian　275
DFM　量産設計を参照
DIYスピーカー　267
DMCA（デジタルミレニアム著作権法）　166

DNA　362（ゲノムも参照）
DRAM　49
DTC（消費者直結）ゲノミクスサービス　377

E

E. coli（大腸菌）　375
ECO（Engineering Change Orders）　115
EDID（拡張ディスプレイ識別データ）　337
EDK（組み込み開発キット）　164
EDM（放電加工機）　68
EFF（電子フロンティア財団）　166
EHEC O104:H4　369
　□DNAシーケンス　369
　□Unixのシェルスクリプトで生物学の問題に解答　373
　□抗生物質耐性　375
　□生物学のリバースエンジニアリングツール　371
Engineering Change Orders（ECO）　115
EOL（製造停止）　115

F

Fairchild 74LCX244　177
Feist Publications Inc. v. Rural TelephoneService Co. Inc.　167
Fernlyシェル　351
Fernvale　339
　□Frond　341
　□OSを起動する　355
　□新しいツールチェーンを作る　355
　□橋頭堡を作る　349
　□結末　357
　□システム図　342
　□システム設計　339
　□周辺機器コネクタ　341
　□デバッガを接続する　351

□ブートストラップをリバースエンジニア
　　　リングする　345
　　□法的側面　164
Foxconn　54, 56
FPC(フレキシブル基板)のヘッダ　268
FPGA(Field Programmable Gate Array)
　　□Novena　270
　　□将来の動向　242
　　□偽造　197
　　　　・解決策　201
　　　　・不正なIDコード　198
　　　　・ホワイトスクリーン問題　197
Freescale/NXP iMX7 CPU　250
fuzzing　325

G
GPBB(汎用ブレイクアウトボード)　270

H
H1N1ウィルスとコンピュータウィルスの
　　比較　361
　　□H1N1ウィルスをハックする　365
　　□一抹の希望　368
　　□生物固有のアクセスポート　364
　　□適応性　366
　　□ビットとしてのDNAとRNA　362
H5ポート　364

I
i.MX233　214
ICのカバーの開封　314
IDコード(FPGA)　198
intellectual property (IP)　知的財産を参照
IQC(受入品質管理)ガイドライン　189

J
JTAG　199

K
Kickstarter　227, 407
KingstonのmicroSDカード　185
　　□正規品　189
　　□調査結果　195
　　□データ収集　191
　　□徹底解析　190
　　□電子的なカードIDデータ　187
　　□見た目の違い　186
Kovan　197

L
LCA(Linux Conference Australia)　92
LCDベゼル(Novena)　256
LinkIT ONE(MediaTek)　357
Linux Conference Australia(LCA)　92

M
Make:誌のインタビュー　219
MakerBot　232
MCM(マルチチップモジュール)　343
MediaTek LinkIT ONE　357
MediaTek MT6250DA　159
MediaTek MT6261　169, 343
microSDカード
　　□chumby One　216
　　□偽造　185
　　　　・正規品　189
　　　　・調査結果　195
　　　　・データ収集　191
　　　　・徹底解析　190
　　　　・電子的なカードIDデータ　187

・見た目の違い　186
MIMT（中間者）攻撃　322, 330, 334
min-maxスプレッド　119
MITメディアラボ　295
MOQ（最小注文数量）　113
MyriadRF　277

N
NAND Flash　50
NeTV　312
　□FPGA動作のブロック図　338
　□HDCPについて　333
　□開発　332
　□キーストリーム生成　337
　□仕組みの概念図　336
　□動作　335
　□目標　334
　□ユーザーが望むオーバーレイの
　　コンテンツを生成する　336
Novena　162, 245
　□DIYスピーカー　267
　□PVT2のメインボード　268
　□オールインワンデスクトップ　248, 272
　□家宝モデル　248, 256
　　・エンクロージャの木材　257
　　・機械設計の詳細　259
　　・ハードドライブ　274
　□ケース作り　263
　□コミュニティサポート　276
　□射出成形　263
　□初心者のためのブレイクアウトボード　270
　□寸法　249
　□設計　248
　　・エンクロージャ　254
　　・電源ボード　252

　　・マザーボード　250
　□電源パススルー基板　272
　□値付け　248
　□ハードドライブの選択　274
　□バッテリー輸送規定　273
　□ファームウェア　275
　□フロントベゼルの変更　266
　□マザーボード　268
　□木製の外装　257
　□ユーザー　247
　□ラップトップ　248
NRE（一時経費）　141
NuttX　170

O
ODM（Original Design Manufacturers）　409
OSを起動する　355

P
P.C. Ng　377
PAM（プロトスペーサー隣接モチーフ）　384
Particle社のSpark Core　339
PB2インフルエンザ遺伝子変異体　365
PCB基板　78
　□Fernvale Frond　341
　□USBチップを配線する　96
　□エッチング　85
　□送る　90
　□サーキットステッカー　291
　□仕上げとテスト　89
　□チップを配線　96
　□手作業でチップを置く　94
　□銅板　79
　□銅板にパターンを印刷　83
　□ハンダマスクとシルクスクリーン　88

PCH China Solutions 53, 72
Phase Locked Loop (PLL) 169
PIC18F1320のハッキング 313
　　□ICカバーの開封 314
　　□詳細な構造 315
　　□セキュリティビットの消去 317
　　□フラッシュメモリの消去 316
　　□ほかのデータの保護 319
PLL (Phase Locked Loop) 169

Q
QC（品質評価）部署 71
QEMU 351

R
Raspberry Pi 391
REPL（Read-Evaluate-Print-Loop）シェル 325
RNA 362
RNA依存性RNAポリメラーゼ 367
RoHS（有害物質制限試験） 75
ROMのダンプ 345
rootを取る 400
RTC（リアルタイムクロック）モジュール 268

S
SamsungのmicroSDカード 192
SanDiskのmicroSDカード 192
scriptic 168
SDカードのハッキング 321
　　□カードの構造 322
　　□脆弱性 321
　　□潜在的なセキュリティ問題 330
　　□ホビイストのリソース 331
　　□マイクロコントローラのリバース
　　　エンジニアリング 325

SMT（表面実装） 90, 111
SNPs（一塩基多型） 378
SPIのROMエミュレータ 348
ST19CF68チップ 174
System Elettronica 78
　　□PCBをエッチング 85
　　□仕上げとテスト 89
　　□銅板 79
　　□銅板にPCBパターンを印刷 83
　　□ハンダマスクをシルク印刷する 88

T
Tek社のオシロスコープ
　　MDO4104B-6 346

U
U-Boot（Universal Bootloader） 275
Ubuntu Edge 411
Universal Protein Resource
　　（UniProt） 371, 374
Unixのシェルスクリプトで生物学の問題に
　　解答 373
USBポート（Novena） 267
USBメモリ工場 92
　　□PCB基板にチップを配線 96
　　□USBメモリの基板を拡大する 96
　　□USBメモリの始まり 92
　　□手作業でPCB基板上に置く 94
UV塗料 184

V
Vanchip VC5276 159
V-NAND 274, 275

X
Xbox 360,76
Xbox One 399
Xilinx 199
xobs 163, 245, 321
（Novena、SDカードのハッキングも参照）

Z
Zテープ 288

あ
アシュビーチャート 259
新しいツールチェーンを作る 355
穴開け工程（PCB基板） 80
アミノ酸 362
アメリカでの製造 vs.中国での製造 70
粗利と量産設計 121

い
一塩基多型（SNPs） 378
一時経費（NRE） 141
遺伝子ドライブ 385
遺伝子判定 378
伊藤穰一 295
イノベーション 391
色でオペレーターに伝える 128
インクパッドを用いた印刷 133
インダストリアルデザイン 131
　□Arudino Unoのシルクスクリーンに見る技 135
　□chumby Oneの仕上げ工程 132
　□個人的なデザインプロセス 136
インタビュー 389
　□Blueprint 402
　□China Software Developer Network（CSDN） 389
　・ハードウェア・ハッカー 398
　・オープンハードウェアとメイカームーブメント 390
　□Make:誌 219
インフルエンザの適応メカニズム 366

う
ウイルス　H1N1ウィルスとコンピュータウィルスの比較を参照
ウェルドライン 265
受入品質管理（IQC）ガイドライン 189
売上原価（COGS） 122

え
エフェクトステッカー 293
エンクロージャ（Novena） 254
エンジニアの権利 164
　□著作権 166
　□特許とほかの法律 165
　□プログラミング言語 167
エンジニアリングサンプル 199

お
オーバーモールディング（2色成型） 68
オーバーレイを生成する 336
オープンBOM 154
オープンソース 146, 163
　□ソフトウェア 393
　□ハードウェア 205, 234
　（Chibitronics、Chumby、Fernvale、Kovan、NeTV、Novenaも参照）
　　・CSDNインタビュー 390
　　・家宝のラップトップ 239
　　・チャンス 241
　　・動向 234
　　・マネタイズ 225
オープン版のUSBフラッシュツール 356

オールインワンデスクトップNovena　248, 272
オモチャ工場　64
オンラインでのハードウェアスタートアップ　408

か
カート・モッツワイラー　257, 268
外観損傷　120
外見だけの模倣　180
回収　223
外装ケースの製作（chumby）　63
开放源代码　402
回路パターン印刷　80
拡張ディスプレイ識別データ（EDID）　337
型紙　62
金型　263
金型サンプル（ゴールデンサンプル）　71, 115
カバーレイ　291
家宝のラップトップ　239
家宝モデルNovena　248, 256
　□エンクロージャの木材　257
　□機械設計の詳細　259
　□ハードドライブ　274
関税とライセンス　142
完全開封チップ　314
管理されたNANDシステム　216

き
キーストリーム　337
機械的許容差　120
企業構造　231
期日どおりの出荷　297
技術水準（中国）　395
偽造microSDカードの解析　187, 190
機能保持開封チップ　314
逆コンパイラ　372

キャッシュフロー（Chumby）　223
橋頭堡を作る　349
鏡面仕上げのプラスチック　105
共有（デザインファイル）　394
許容差　119
許容差（部品表）　110
ギリギリでの変更　302
禁欲的なデザイン　131

く
グッズやアクセサリ　230
組み込み開発キット（EDK）　164
クラウドファンディング　227, 296, 297, 410
クラムシェルテスト　89
クリス"Akiba"ワン　99
クリスト・アサノビッチ　344
グレー市場　183
クロマキー合成　336
軍用ハードウェアの偽造チップ　178
　□インチキ部品の分類　180
　□偽造防止手法　183
　□米軍サプライチェーンの設計　182

け
携帯電話
　□12ドルの携帯電話　155
　　・エンジニアの権利　164
　　・公開をオープンソースに　163
　　・ハードウェア　157
　□开放源代码との比較　402
　□携帯電話の液晶交換　150
　□定義　160
契約交渉　223
ケース作り（Novena）　263
ゲノム

□遺伝子判定　378
　　□突然変異で病気を予測　378
　　□リファレンス　379
ゲノムにパッチを当てる　380
　　□DNAカッティングの切断範囲　384
　　□遺伝子ドライブ　385
　　□人間をエンジニアリングする　385
　　□バクテリア中のCRISPRs　380
健康に気を遣う　234
検証試験 vs. テスト　129

こ

工芸職人　61
工場　38, 77（品質、名前を挙げた工場も参照）
　　□関係を築くうえでの透明性　138
　　□規模　54
　　□工芸職人たちの重要性　61
　　□探す　407
　　□作業員の食事　55
　　□自動化　64
　　□射出成形　66
　　□熟練工たち　60
　　□深圳のスケール　54
　　□製造ミス　69, 76
　　□作り手が製品の目的を知らない　59
　　□テスト　75
　　□パートナーシップ　137
　　　　・いい関係を築くコツ　138
　　　　・関税　142
　　　　・スクラップの扱い　141
　　　　・送料　142
　　　　・発注外の追加製造の扱い　142
　　　　・見積もり　139
　　□廃棄品　182
　　□品質への貢献　56
　　□不良品も含め代金を支払う　39
抗生物質耐性スーパーバグ　375
工賃　140
小売業者に扱ってもらう　229
小売業者（魅力的な）　408
小売での返品　223
ゴーストシフト　145, 181
コード書きのための権利プロジェクト　166
ゴールデンサンプル（金型サンプル）　71, 115
互換品　182
故障解析サービス　313
個人的なデザインプロセス　136
コピー　146
コミュニティサポート（Novena）　276
コミュニティに支えられた知的財産ルール　154
公開　146, 149（山寨も参照）
コンデンサ　49, 110
コンピュータウィルス（H1N1ウィルスとの比較）　361
　　□H1N1ウィルスのハック　365
　　□一抹の希望　368
　　□液晶交換　150
　　□生物固有のアクセスポート　364
　　□適応性　366
　　□ハッキング　339
　　　　・OSを起動する　355
　　　　・新しいツールチェーンを作る　355
　　　　・橋頭堡を作る　349
　　　　・結末　357
　　　　・システム設計　339
　　　　・デバッガを接続する　351
　　　　・ブートストラップをリバースエンジニアリング　345
　　□ビットとしてのDNAとRNA　362

さ

サーキットステッカー 281（Chibitronicsも参照）
- □ 新しいやり方を構築する 290
- □ 旧正月のサプライチェーンへの影響 303
- □ ギリギリの変更 302
- □ 工場を訪ねる 291
- □ 出荷 295
- □ ステンシル 302
- □ 単一障害点を避ける 301
- □ 単純な要求の複雑さ 298
- □ チェックプロット 299
- □ 背景 281
- □ パターンのステンシル 302
- □ 発送 303
- □ 部品配置ミス 299
- □ プロセス能力試験 293
- □ 翻訳の問題 300

在庫の回転 226
最小注文数量（MOQ） 113
再生品（リファービッシュ品） 180, 183
サイドバイサイド・ボンディング 195
再ボールする 184
材料そのものの仕上げ 132
サテン仕上げのプラスチック 105
サプライチェーンへの旧正月の影響 303
三次構造 383
三種遺伝子再集合 368

し

仕上げ工程（chumby） 132
ジー・チー 283, 295, 301
　（Chibitronicsも参照）
紫外線消去型プログラマブルROM（UV-EPROM） 316, 318
システム・オン・チップのデバイス 344
システム設計 339
ジッパー工場 99
- □ 完全自動化プロセス 102
- □ 需要と希少性の皮肉 105
- □ 半自動化プロセス 103

失敗から学んだこと 398
実務的なデザイン 131
自転車ライト 108, 113
自転車ライトのLED 108, 113
自動化
- □ 組み立て 64
- □ ジッパー工場 102
- □ テストプログラム 128

シャオ・リー 59
射出成形
- □ Novenaの製造 263
- □ 全体的な話 66

山寨 146, 151, 207, 401
（公開も参照）
- □ 携帯電話のハック 339
  - ・ブートストラップをリバースエンジニアリングする 345
  - ・Fernvaleの結末 357
  - ・OSを起動する 355
  - ・新しいツールチェーンを作る 355
  - ・橋頭堡を作る 349
  - ・システム設計 339
  - ・デバッガを接続する 351
- □ コミュニティに支えられた知的財産ルール 154
- □ 猿まね以上のもの 152

修理の文化 242
熟練工たち 60
出荷（サーキットステッカー） 295
「出荷するか死か」という考え方 228
需要と希少性 105

順方向電圧　121, 122
消去
　□セキュリティビット　317
　□フラッシュメモリ　316
　□メモリーカード　331
消費者直結（DTC）ゲノミクスサービス　377
上流にサブミットする　275
ジョー・ペロット　62
ショーン"xobs"クロス　163, 245, 321
　（Novena、SDカードのハッキングも参照）
職人エンジニアリング　243
初心者のためのブレイクアウトボード　270
署名（メモリ内の）　353
シルクスクリーン　88, 91
真空管ラジオの回路図　236
深圳（中国）　37（工場も参照）
　□SEG Electronics Market　44
　□液晶交換　150
　□携帯電話　38
　□山寨企業　152
　□書店　51

す

スイッチ
　□Novena　267
　□検証　129
水平遺伝子移転　376
スーザン・ケア　73
スーパーバグをリバースエンジニアリング
　する　369
　□O104:H4のDNAシーケンス　369
　□Unixのシェルスクリプト　373
　□抗生物質耐性　375
　□リバースエンジニアリングツール
　　371
スカルマーニョ（イタリア）　78

スクラップの扱い　141
スティーブ・トムリン　73, 331
スピーカー（Novena）　267
スペーサー（つなぎ）　381
スマートウォッチ　153
スマートカード　174
スマートフォン　携帯電話を参照
スルーホール　111

せ

正確な品番指定　111
生産候補ステッカー　293
製造　工場を参照
製造業者指定リスト（AVL）　110
製造業者のID　187
製造停止（EOL）　115
製造プロセスに巻きこまれにいく　71
製造ミス　69, 76
精度　66
製品の発送　303
生物学とバイオインフォマティクス　309
　□H1N1ウィルスとコンピュータウィルス
　　の比較　361
　　・H1N1ウィルスのハック　365
　　・一抹の希望　368
　　・インフルエンザの適応メカニズム
　　　366
　　・生物固有のアクセスポート　364
　　・ビットとしてのDNAとRNA　362
　□スーパーバグをリバースエンジニアリング
　　する　369
　　・O104:H4のDNAシーケンス　369
　　・Unixのシェルスクリプト　373
　　・抗生物質耐性　375
　　・生物学のリバースエンジニアリング
　　　ツール　371
　□パーソナライズした遺伝子工学　377

□パッチを当てる　380
　　　　・DNAカッティングの切断範囲　384
　　　　・遺伝子ドライブ　385
　　　　・人間をエンジニアリングする　385
　　　　・バクテリア中のCRISPRs　380
生物固有のアクセスポート　364
積層式CSPパッケージ　195
セキュリティビットの消去　317
セキュリティ問題（SDカード）　330
設定用のヒューズ　313
センサー&マイクロコントローラステッカー　293
洗濯タグ　60
全米国防衛承認法（修正1092号）　179
専用ハードウェアのリアルタイムクロック（RTC）
　　　モジュール　268

そ
創業者への提案　227
宋江　152
相互運用性　409
送料　142

た
大腸菌（E. coli）　375
ダブルショット金型　134
単一障害点を避ける　301
段階的に立ち上げる　232
タンパク質　363, 370
タンパク質のデータベース　371
タンポ印刷　133

ち
チェックプロット　299
チップ
　　　□PCB基板に配線する　96

　　　□SEG Electronics Market　48
　　　□USBメモリ　92
　　　□カバーの開封　314
　　　□偽造　173
　　　　（米軍用ハードウェアの偽造チップも参照）
　　　□手作業でPCB基板上に置く　94
チップマウンタ　65
知的財産（IP）　公開、山寨も参照
　　　西洋モデル vs. 中国モデル　161
　　　全体的な話　145
チャオ師匠　61
中間者（MIMT）攻撃　322, 330, 334
中国　工場、深圳を参照
　　　□技術水準の向上　395
　　　□旧正月のサプライチェーンへの影響　303
　　　□中国語への翻訳の問題　300
著作権　166, 167, 206

つ
作り手が製品の目的を知らない　59

て
抵抗　110
抵抗限流　121
データ表示チャンネル（DDC）　337
デザイン語彙　132
デザインファイルを共有する　394
デザインプロセス　136
手作業でチップをPCB基板上に置く　94
デジタルミレニアム著作権法（DMCA）　166
デスクトップNovena　248, 272
テスト
　　　□PCB基板　89
　　　□vs. 検証試験　129
　　　□フラッシュメモリチップ　93

テスト治具　130, 301
テストプログラム　123
　□アイコンでオペレーターに伝える　128
　□アップデートの仕組み　128
　□ガイドライン　126
　□監査ログ　128
　□実例　124
　□セットアップ　127
テストプログラムのログ　128
テストポイント（Chumby）　217
デバッガを接続する　351
電圧定格（部品表）　110
電気的な許容差　119
電源パススルー基板　272
電源ボード（Novena）　252
電子的なカードIDデータ　187
電子廃棄物の追跡　184
電子フロンティア財団（EFF）　166

と
銅板（PCB基板）　79
特許　165, 224
突然変異で病気を予測　378
トランジスタの高密度化　240

な
ナジャ・ピーク　256

に
二次構造　383
ニセモノ　173
　□FPGA　197
　　・解決策　201
　　・不正なIDコード　198
　　・ホワイトスクリーン問題　197

□microSDカード　185
　・正規品　189
　・調査結果　195
　・データ収集　191
　・徹底解析　190
　・電子的なカードIDデータ　187
　・見た目の違い　186
□米軍用ハードウェアのチップ　178
　・インチキ部品の分類　180
　・偽造防止手法　183
　・米軍サプライチェーンの設計　182
□見事な出来のチップ　173
日本の経済発展　395
ニューバランスの工場　54
入力ネットワーク　120
人間をエンジニアリングする　385

ね
値付け
　□Novena　248
　□なるべく高くする　229
　□品質管理　69

は
バーコードをチップに埋め込む　183
パーソナライズした遺伝子工学　377
ハードウェア・ハッキング　311
　□CSDNインタビュー　398
　□PIC18F1320　313
　　・ICカバーの開封　314
　　・構造の読み取り　315
　　・セキュリティビットの消去　317
　　・フラッシュメモリの消去　316
　　・ほかのデータの保護　319
　□SDカード　321

・潜在的なセキュリティ問題　330
　　　・ホビイストのためのリソース　331
　　　・マイクロコントローラのリバースエン
　　　　ジニアリング　325
　　□SDカードの構造　322
　　□山寨電話　339
　　　・Fernvaleの結末　357
　　　・OSを起動する　355
　　　・新しいツールチェーンを作る　355
　　　・橋頭堡を作る　349
　　　・システム設計　339
　　　・デバッガを接続する　351
　　　・ブートストラップをリバースエンジ
　　　　ニアリングする　345
　　□全体的な話　307
　　□保護コンテンツに合法的にオーバー
　　　レイする　331
ハードウェアスタートアップ　408
ハードウェアをハックする
　　ハードウェア・ハッキングを参照
ハードドライブの選択　274
パートナーシップ
　　□関税　142
　　□工場といい関係を築くコツ　138
　　□工場への見積もり　139
　　□スクラップの扱い　141
　　□送料　142
　　□発注外の追加製造の扱い　142
肺炎マイコプラズマ　359
廃棄物の追跡　184
配送業者　142
バイヤー　222
バクテリア
　　□CRISPRs　380
　　□代謝経路　359

ハッカーフレンドリーなプラットフォーム　212
ハッカー精神　401
ハッキング時のデータ保護　319
パッケージタイプ　111
ハッシュ関数　349
発注外の追加製造の扱い　142
バッテリーパック(Novena)　273
バッテリー輸送規定にまつわる問題　273
パリンドローム配列　381
半自動化プロセス(ジッパー工場)　103
ハンダマスク　88, 91
販売チャネル　226
汎用ブレイクアウトボード(GPBB)　270

ひ

ピークアレイ　256
ひけ　265
ビジネスモデル　394
ビブラポット　102
病気を突然変異で予測　378
表面実装(SMT)　90, 111
品質　69
　　□アメリカでの製造と中国での製造　70
　　□貢献　56
　　□工場テスト　75
　　□製造プロセスに巻きこまれにいく　71
　　□ミス　76
　　□リモートテスト　74
品質評価(QC)部署　71
品質への貢献　56
品番　111

ふ

ファームウェア
　　□Novena　275

□メモリカード　324
フィジカルプログラミング　293
フィル・トローネ　219
フィルム版　83
ブートストラップ式　227
ブートストラップをリバースエンジニアリング
　　　する　345
フォームファクタ　111
フォトレジスト　83
複合材料（Novena）　259
豚インフルエンザ
　　　H1N1ウィルスとコンピュータウィルスの比較を参照
物理的なマーキング　183
歩留まり　118, 122, 142
船便送料　304
部品の貯蓄　185
部品配置ミス（サーキットステッカー）　299
部品表（BOM）　108
　　　□自転車ライト　108, 113
　　　□正確な品番指定　111
　　　□製造業者指定リスト　110
　　　□抵抗、許容差、電圧定格　110
　　　□フォームファクタ　111
　　　□変更をあらかじめ計画しておく　115
　　　□見積もり　139
フライングヘッドテスト　89
プラスチックの仕上がり　105
フラッシュメモリチップ
　　　（USBメモリ用）　92
フラッシュメモリの消去　316
プラットフォームの標準化　242
不良品も含め代金を支払う　39
フレキシブル回路　282
フレキシブル回路の工場　291
フレキシブル基板（FPC）のヘッダ　268

プローブカード　93
フローマーク　265
プログラミング言語　167
プロセスジオメトリ　175
プロセス能力試験　293
プロトスペーサー隣接モチーフ（PAM）　384
フロントベゼル　266

へ
米軍用の偽造防止手法　179, 183
米軍用ハードウェアの偽造チップ　178
　　　□インチキ部品の分類　180
　　　□偽造防止手法　183
　　　□サプライチェーンの設計　182
ペニシリン耐性　372
変更をあらかじめ計画しておく　115
ベンチャーキャピタルからの出資　225, 227

ほ
ポイズンピル（毒薬）　165
放電加工機（EDM）　68
保護コンテンツのハッキング　331
ポリイミド　291
ホワイトスクリーン問題　197
翻訳の問題　300

ま
マージン
　　　□chumby　222
　　　□工場　140
マイク（chumby）　56
マイクロコントローラ
　　　□テストプログラム　124
　　　□メモリカード　324
　　　□リバースエンジニアリング　325

マザーボード
　□chumby One　217
　□Novena　250, 268
マルチチップモジュール（MCM）　343
マレク・ヴァスト　275, 276

み
見積もりのチェック　139

む
ムーアの法則　234, 391

め
メイカームーブメント　390

も
模倣　146

や
薬物耐性　371
ヤング率　259

ゆ
有害物質制限試験（RoHS）　75

よ
四次構造　384

ら
ラジオエレクトロニクス（无线电）　399
ラップトップNovena　248
ラベル変更　181

り
リアルタイムクロック（RTC）モジュール　268
リサイクル　183
リバースエンジニアリング　166
　□スーパーバグ　369
　　・O104:H4のDNAシーケンス　369
　　・Unixのシェルスクリプト　373
　　・抗生物質耐性　375
　　・リバースエンジニアリングツール　371
　□全体的な話　307
　□ブートストラップ　345
　□マイクロコントローラ　325
リファービッシュ品（再生品）　180, 183
リファレンスゲノム　379
リモートテスト　74
量産設計（DFM）　118（テストプログラムも参照）
　□粗利　121
　□概要　118
　□許容差　119
　□テスト vs. 検証試験　129

れ
レーザーイメージング　83
レッドリングオブデス　76

ろ
ロボットコントローラー　112

わ
ワイヤーボンディング　64, 96

著者　アンドリュー"バニー"ファン

ハッカー、メイカー、オープンハードウェアアクティビスト。MITにて電気工学のPh.Dを取得。『Hacking the Xbox』著者。ハードウェアスタートアップや雑誌『MAKE』のテクニカルアドバイザーを務める。
【Blog】https://www.bunniestudios.com
【Twitter】https://twitter.com/bunniestudios

翻訳者　髙須正和 (たかす まさかず)

日本のDIYカルチャーを海外に伝える『ニコ技輸出プロジェクト』や『ニコ技深圳コミュニティ』の発起人。MakerFaire 深圳(中国)、MakerFaire シンガポールなどの運営に携わる。現在、Maker向けツールの開発／販売をしている株式会社スイッチサイエンスのGlobal Business Developmentとして、中国深圳をベースに世界のさまざまなMaker Faireに参加。
著書に『メイカーズのエコシステム』(インプレスR&D)、『世界ハッカースペースガイド』(翔泳社)、『深圳の歩き方』(マッハ新書)、編著に『進化するアカデミア』(イースト・プレス)など。
【Medium】https://medium.com/@tks/
【Twitter】https://twitter.com/tks

監訳者　山形浩生 (やまがた ひろお)

1964年生まれ。小学校1年生の秋から約1年半、父親の海外勤務でアメリカに居住。麻布中学校・高等学校卒業後、東京大学理科I類入学。東京大学大学院工学系研究科都市工学専攻を経て、某調査会社所員となる。1993年からマサチューセッツ工科大学に留学し、マサチューセッツ工科大学不動産センター修士課程を修了。1998年、プロジェクト杉田玄白を創設。
開発コンサルタントとして勤務する傍ら評論活動を行っている。また先鋭的なSFや、前衛文学、経済書や環境問題に関する本の翻訳を多数手がけている。

ブックデザイン	坂川朱音(krran)
DTP	SeaGrape
編集	傳 智之

■ お問い合わせについて

本書に関するご質問は、FAXか書面でお願いいたします。電話での直接のお問合わせにはお答えできませんので、あらかじめご了承ください。また、下記のWebサイトでも質問用フォームを用意しておりますので、ご利用ください。
ご質問の際には、以下を明記してください。

・書籍名
・該当ページ
・返信先(メールアドレス)

ご質問の際に記載いただいた個人情報は質問の返答以外の目的には使用いたしません。お送りいただいたご質問には、できる限り迅速にお答えするよう努力しておりますが、お時間をいただくこともございます。なお、ご質問は本書に記載されている内容に関するもののみとさせていただきます。

■ 問い合わせ先

〒162-0846 東京都新宿区市谷左内町21-13
株式会社技術評論社 書籍編集部
「ハードウェアハッカー」係
FAX：03-3513-6183
Web：https://gihyo.jp/book/2018/978-4-297-10106-0

ハードウェアハッカー
新しいモノをつくる破壊と創造の冒険

2018年 11月 2日 初版 第1刷発行
2018年 11月21日 初版 第2刷発行

著 者	アンドリュー・バニー・ファン
訳 者	高須正和
監訳者	山形浩生
発行者	片岡巌
発行所	株式会社技術評論社 東京都新宿区市谷左内町21-13 電話　03-3513-6150　販売促進部 　　　03-3513-6166　書籍編集部
印刷・製本	株式会社加藤文明社

製品の一部または全部を著作権法の定める範囲を超え、無断で複写、複製、転載、テープ化、ファイルに落とすことを禁じます。
造本には細心の注意を払っておりますが、万一、乱丁(ページの乱れ)や落丁(ページの抜け)がございましたら、小社販売促進部までお送りください。送料小社負担にてお取り替えいたします。

日本語訳　©2018　高須正和、山形浩生
ISBN978-4-297-10106-0　C2033

Printed in Japan